信息科学技术学术著作丛书

非平衡数据分类理论与方法

翟俊海 著

科学出版社

北 京

内 容 简 介

在实际应用中,需要处理的数据常常具有类别不平衡的特点.例如,用于信用卡欺诈检测、垃圾邮件过滤、机械故障诊断、疾病诊断、极端天气预测预报等的数据都是类别非平衡数据.研究非平衡数据分类问题具有重要意义和实际应用价值,引起机器学习领域研究人员的广泛关注.本书结合作者团队在非平衡数据分类中的研究成果,系统介绍非平衡数据分类的理论基础、模型评价、数据级方法、算法级方法和集成学习方法.

本书可作为从事机器学习和数据挖掘研究的科研人员的参考书,也可供人工智能、数据科学与技术、应用数学、计算机科学与技术等专业高年级本科生和研究生学习.

图书在版编目(CIP)数据

非平衡数据分类理论与方法/翟俊海著. —北京: 科学出版社,2024.4
(信息科学技术学术著作丛书)
ISBN 978-7-03-077498-9

Ⅰ.①非⋯ Ⅱ.①翟⋯ Ⅲ.①数据处理 Ⅳ.①TP274

中国国家版本馆 CIP 数据核字 (2023) 第 253198 号

责任编辑:姚庆爽 / 责任校对:崔向琳
责任印制:赵 博 / 封面设计:无极书装

科 学 出 版 社 出版
北京东黄城根北街 16 号
邮政编码:100717
http://www.sciencep.com

保定市中画美凯印刷有限公司印刷
科学出版社发行 各地新华书店经销
*
2024 年 4 月第 一 版 开本:720×1000 1/16
2025 年 1 月第二次印刷 印张:13 1/2
字数:272 000
定价:120.00 元
(如有印装质量问题,我社负责调换)

"信息科学技术学术著作丛书"序

    21 世纪是信息科学技术发生深刻变革的时代，一场以网络科学、高性能计算和仿真、智能科学、计算思维为特征的信息科学革命正在兴起. 信息科学技术正在逐步融入各个应用领域并与生物、纳米、认知等交织在一起，悄然改变着我们的生活方式. 信息科学技术已经成为人类社会进步过程中发展最快、交叉渗透性最强、应用面最广的关键技术.

    如何进一步推动我国信息科学技术的研究与发展；如何将信息技术发展的新理论、新方法与研究成果转化为社会发展的新动力；如何抓住信息技术深刻发展变革的机遇，提升我国自主创新和可持续发展的能力？这些问题的解答都离不开我国科技工作者和工程技术人员的求索和艰辛付出. 为这些科技工作者和工程技术人员提供一个良好的出版环境和平台，将这些科技成就迅速转化为智力成果，将对我国信息科学技术的发展起到重要的推动作用.

    "信息科学技术学术著作丛书"是科学出版社在广泛征求专家意见的基础上，经过长期考察、反复论证之后组织出版的. 这套丛书旨在传播网络科学和未来网络技术，微电子、光电子和量子信息技术、超级计算机、软件和信息存储技术，数据知识化和基于知识处理的未来信息服务业，低成本信息化和用信息技术提升传统产业，智能与认知科学、生物信息学、社会信息学等前沿交叉科学，信息科学基础理论，信息安全等几个未来信息科学技术重点发展领域的优秀科研成果. 丛书力争起点高、内容新、导向性强，具有一定的原创性；体现出科学出版社"高层次、高质量、高水平"的特色和"严肃、严密、严格"的优良作风.

    希望这套丛书的出版，能为我国信息科学技术的发展、创新和突破带来一些启迪和帮助. 同时，欢迎广大读者提出好的建议，以促进和完善丛书的出版工作.

中国工程院院士

中国科学院计算技术研究所原所长

前　言

随着网络技术、无线传感技术、数据存储技术,以及各种移动终端设备的普及,数据的获取越来越容易,存储的数据量也越来越大. 如何从数据中学习具有实际应用价值的规律和规则具有重要的意义. 数据分类是机器学习研究的基本问题. 传统的数据分类方法假设数据的类别分布是平衡的,但是在许多实际应用中,需要处理的数据往往是类别非平衡的. 例如,用于信用卡欺诈检测、垃圾邮件过滤、机械故障诊断、疾病诊断、极端天气预测预报等的数据都是类别非平衡的. 研究非平衡数据分类问题具有重要的意义和实际应用价值,引起机器学习领域研究人员的广泛关注.

本书结合作者团队近年来关于非平衡数据分类的研究成果,系统介绍非平衡数据分类的理论和方法. 第 1 章介绍后续章节要用到的理论基础,包括什么是数据分类,以及解决分类问题的常用方法: K-近邻、决策树、神经网络、极限学习机、支持向量机和集成学习. 第 2 章介绍模型评价. 2.1 节介绍基本度量,2.2 节介绍 ROC 曲线与 AUC 面积,2.3 节介绍损失函数,2.4 节介绍偏差与方差,2.5 节介绍多样性度量. 第 3 章介绍数据级方法,3.1 节对数据级方法进行了概述,3.2 节介绍 SMOTE 算法,3.3 节介绍 B-SMOTE 算法,3.4 节介绍基于生成模型上采样的两类非平衡数据分类算法,3.5 节介绍基于自适应聚类和模糊数据约简下采样的两类非平衡大数据分类算法. 第 4 章介绍算法级方法,4.1 节对算法级方法进行概述,4.2 节介绍基于代价敏感性学习的非平衡数据分类方法,4.3 节介绍基于深度学习的非平衡图像数据分类方法. 第 5 章介绍集成学习方法,5.1 节对集成学习方法进行概述,5.2 节介绍 SMOTEBoost 算法与 SMOTEBagging 算法,5.3 节介绍基于改进 D2GAN 上采样和分类器融合的两类非平衡数据分类,5.4 节介绍基于 MapReduce 和极限学习机集成的两类非平衡大数据分类,5.5 节介绍基于异类最近邻超球上采样和集成学习的两类非平衡大数据分类.

感谢王陈希、齐家兴、王谟瀚、沈矗、张明阳对本书做出的贡献. 曹阳、周学松、贺释千、孙家琪、苗洁、王瑶瑶、孙峥嵘、常旭辉和邱绍新参与了本书的校对工作,对他们也表示感谢. 本书得到河北省科技计划重点项目 "基于深度学习的两类非平衡大数据分类理论、方法及应用研究 (19210310D)"、河北省自然科学项目 " 基于深度学习的长尾可视识别研究 (F2021201020)" 和河北省机器学习与计算智能重点实验室的资助, 在此也表示感谢.

　　限于作者水平, 书中难免存在不妥之处, 恳请各位读者指正.

作　者

2023 年 2 月

目　　录

第 1 章 理 论 基 础

本章介绍后续章节要用到的理论基础. 首先, 介绍什么是数据分类. 然后, 介绍解决数据分类问题的常用方法, 包括 K-近邻、决策树、神经网络、极限学习机、支持向量机和分类器集成.

1.1 数 据 分 类

数据分类是机器学习[1-3] 的基本任务, 为了易于理解, 方便描述, 假设用于机器学习的数据组织成表结构. 如果数据表中包含样例的类别信息, 则称这种数据表为决策表, 否则称为信息表. 下面先给出决策表的两种形式化定义, 然后给出分类问题的定义.

定义 1.1.1 一个决策表是一个二元组 $\mathrm{DT} = \{(\boldsymbol{x}_i, y_i) | \boldsymbol{x}_i \in U, y_i \in C, 1 \leqslant i \leqslant n\}$. 其中, $\boldsymbol{x}_i$ 表示决策表中的第 i 个样例, y_i 表示样例 $\boldsymbol{x}_i$ 对应的类别, C 是样例所属类别的集合, U 是决策表中 n 个样例的集合.

定义 1.1.2 一个决策表是一个四元组 $\mathrm{DT} = (U, A \cup C, V, f)$. 其中, $U = \{\boldsymbol{x}_1, \boldsymbol{x}_2, \cdots, \boldsymbol{x}_n\}$ 是 n 个样例的集合, $A = \{a_1, a_2, \cdots, a_d\}$ 是 d 个条件属性 (或特征) 集合, C 是决策属性 (或类别属性), $V = V_1 \times V_2 \times \cdots \times V_d$ 是 d 个属性值域的笛卡儿积, V_i 是属性 a_i 的值域, $i = 1, 2, \cdots, d$, f 是信息函数 : $U \times A \to V$.

决策表的这两种形式化定义实际上是等价的. 在本书中, 我们会交替使用这两种定义. 包含 n 个样例的决策表的直观表示如表 1.1 所示. 下面给出分类问题的定义.

定义 1.1.3 给定决策表 $\mathrm{DT} = \{(\boldsymbol{x}_i, y_i) | \boldsymbol{x}_i \in U, y_i \in C, 1 \leqslant i \leqslant n\}$, 如果存在一个映射 $f : U \to C$, 使得对于任意的 $\boldsymbol{x}_i \in U$, 都有 $y_i = f(\boldsymbol{x}_i)$ 成立. 用给定的决策表 DT 寻找函数 $y = f(\boldsymbol{x})$ 的问题, 称为分类问题, 函数 $y = f(\boldsymbol{x})$ 也称为分类函数.

说明:

(1) 在分类问题中, 因变量 y 的取值范围是一个由有限个离散值构成的集合 C, 相当于高级程序设计语言 (如 C++ 语言) 中的枚举类型. 若 C 变为实数集 $\mathbf{R}$ 或 $\mathbf{R}$ 中的一个区间 $[a, b]$, 则这类问题称为回归问题. 显然, 分类问题是回归问题的特殊情况.

表 1.1　包含 n 个样例的决策表

x	a_1	a_2	$\cdots$	a_d	y
x_1	x_{11}	x_{12}	$\cdots$	x_{1d}	y_1
x_2	x_{21}	x_{22}	$\cdots$	x_{2d}	y_2
$\vdots$	$\vdots$	$\vdots$		$\vdots$	$\vdots$
x_n	x_{n1}	x_{n2}	$\cdots$	x_{nd}	y_n

(2) 函数 $y = f(x)$ 不一定有解析表达式, 可以用其他的形式, 如树、图、网络来表示.

(3) 如果所有的 V_i 都是实数集 $\mathbf{R}$, 此时 $V = \mathbf{R}^d$.

(4) 在机器学习中, 因为求解分类问题或回归问题时, 要用到样例的类别信息, 所以学习分类函数或回归函数的过程是有导师学习.

下面举几个分类问题的例子.

例 1.1.1 (天气分类问题)　天气分类问题[2] 是一个两类分类问题, 用来预测什么样的天气条件适宜打网球. 天气分类问题数据集是机器学习领域的一个经典数据集, 如表 1.2 所示.

表 1.2　天气分类问题数据集

x	Outlook	Temperature	Humidity	Wind	y(PlayTennis)
x_1	Sunny	Hot	High	Weak	No
x_2	Sunny	Hot	High	Strong	No
x_3	Cloudy	Hot	High	Weak	Yes
x_4	Rain	Mild	High	Weak	Yes
x_5	Rain	Cool	Normal	Weak	Yes
x_6	Rain	Cool	Normal	Strong	No
x_7	Cloudy	Cool	Normal	Strong	Yes
x_8	Sunny	Mild	High	Weak	No
x_9	Sunny	Cool	Normal	Weak	Yes
x_{10}	Rain	Mild	Normal	Weak	Yes
x_{11}	Sunny	Mild	Normal	Strong	Yes
x_{12}	Cloudy	Mild	High	Strong	Yes
x_{13}	Cloudy	Hot	Normal	Weak	Yes
x_{14}	Rain	Mild	High	Strong	No

天气分类问题数据集有 14 个样例, 即 $U = \{x_1, x_2, \cdots, x_{14}\}$; 4 个条件属性, 即 $A = \{a_1, a_2, a_3, a_4\}$, 其中 $a_1 = \text{Outlook}$, $a_2 = \text{Temperature}$, $a_3 = \text{Humidity}$, $a_4 = \text{Wind}$, 它们都是离散值属性, 相当于高级程序设计语言中的枚举类型属性. $V = \prod_{i=1}^{4} V_i$, $V_1 = \{\text{Sunny, Cloudy, Rain}\}$, $V_2 = \{\text{Hot, Mild, Cool}\}$, $V_3 = \{\text{High, Normal}\}$, $V_4 = \{\text{Strong, Weak}\}$. 决策属性 $C = \{y\}$, $y = \text{PlayTennis}$, 只取 Yes 和 No 两个值, 所以天气分类问题是一个两类分类问题. 显然, 从该数据集中找到的分类函数 $y = f(x)$ 不可能有解析表达式. 在 1.4 节, 我们将看到 $y = f(x)$ 可用一棵树表示.

例 1.1.2 (鸢尾花分类问题)　鸢尾花分类问题[4] 是一个三类分类问题, 它根据花萼长 (Sepal length)、花萼宽 (Sepal width)、花瓣长 (Petal length) 和花瓣宽 (Petal width) 四个条件属性对鸢尾花进行分类. 鸢尾花分类问题数据集 Iris 包含三类共 150 个样例, 每类 50 个样例, 如表 1.3 所示.

表 1.3　鸢尾花分类问题数据集

x	a_1	a_2	a_3	a_4	y
x_1	5.1	3.5	1.4	0.2	Iris-setosa
x_2	4.9	3.0	1.4	0.2	Iris-setosa
$\vdots$	$\vdots$	$\vdots$	$\vdots$	$\vdots$	
x_{50}	5.0	3.3	1.4	0.2	Iris-setosa
x_{51}	7.0	3.2	4.7	1.4	Iris-versicolor
x_{52}	6.4	3.2	4.5	1.5	Iris-versicolor
$\vdots$	$\vdots$	$\vdots$	$\vdots$	$\vdots$	
x_{100}	5.7	2.8	4.1	1.3	Iris-versicolor
x_{101}	6.3	3.3	6.0	2.5	Iris-virginica
x_{102}	5.8	2.7	5.1	1.9	Iris-virginica
$\vdots$	$\vdots$	$\vdots$	$\vdots$	$\vdots$	
x_{150}	5.9	3.0	5.1	1.8	Iris-virginica

Iris 数据集有 150 个样例, 即 $U = \{x_1, x_2, \cdots, x_{150}\}$; 4 个条件属性, 即 $A = \{a_1, a_2, a_3, a_4\}$, 其中 a_1 =Sepal length, a_2=Sepal width, a_3=Petal length, a_4=Petal width, 它们都是连续值属性. $V = \prod_{i=1}^{4} V_i$, $V_1 = V_2 = V_3 = V_4 = R$, 即 $V = \mathbf{R}^4$. 决策属性 $C = \{y\}$, $y \in \{$Iris-setosa, Iris-versicolor, Iris-virginica$\}$. 由于 Iris 数据集中的四个条件属性都是连续值属性, 因此该数据集是一个连续值数据集.

例 1.1.3 (助教评估分类问题)　助教评估 (teaching assistant evaluation,TAE) 分类问题[4] 也是一个三类分类问题. 它根据母语是否是英语 (A native English speaker)、课程讲师 (Course instructor)、课程 (Course)、是否正常学期 (A regular semester) 和班级规模 (Class size) 五个条件属性对助教评估分类. 助教评估分类问题数据集包含三类 151 个样例, 第一类 (Low) 49 个样例, 第二类 (Medium)50 个样例, 第三类 (High) 52 个样例, 如表 1.4 所示.

助教评估分类问题数据集有 151 个样例, 即 $U = \{x_1, x_2, \cdots, x_{151}\}$; 5 个条件属性, 即 $A = \{a_1, a_2, \cdots, a_5\}$, 其中, a_1=A native English speaker, a_2=Course instructor, a_3=Course, a_4=A regular semester, a_5=Class size. a_1 表示母语是否是英语, 是一个二值属性; a_2 表示课程讲师, 共 25 位课程讲师, 每位课程讲师用一个符号值表示, 共 25 个值; a_3 表示助教课程, 共 26 门课程, 每门课程用一个符号值表示, 共 26 个值; a_4 表示是否正常学期, 是一个二值属性; a_5 表示班级规模,

是一个数值属性. 显然, TAE 数据集是一个混合类型数据集.

表 1.4　助教评估分类问题数据集

x	a_1	a_2	a_3	a_4	a_5	y
x_1	2	21	2	2	42	Low
x_2	2	22	3	2	28	Low
⋮	⋮	⋮	⋮	⋮	⋮	⋮
x_{49}	2	2	10	2	27	Low
x_{50}	2	6	17	2	42	Medium
x_{51}	2	6	17	2	43	Medium
⋮	⋮	⋮	⋮	⋮	⋮	⋮
x_{99}	2	22	1	2	42	Medium
x_{100}	1	23	3	1	19	High
x_{101}	2	15	3	1	17	High
⋮	⋮	⋮	⋮	⋮	⋮	⋮
x_{151}	2	20	2	2	45	High

1.2　K-近邻

K-近邻 (K-nearest neighbors, K-NN) 算法[5] 是一种著名的分类算法. K-NN 算法的思想非常简单, 对于给定的待分类样例 (也称为测试样例)x, 首先在训练集中寻找距离 x 最近的 K 个样例. 这 K 个样例就是 x 的 K 个最近邻. 然后, 统计这 K 个样例的类别, 类别数最多的即 x 的类别. 图 1.1 所示为 K-NN 算法思想示意图.

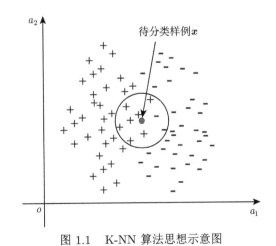

图 1.1　K-NN 算法思想示意图

在图 1.1 中, $K = 9$, 训练集由二维空间的点 (样例) 构成, 每个点用两个属性

(或特征)a_1 和 a_2 描述. 这些样例分成两类, 正类 (positive) 样例用符号 "+" 表示, 负类 (negative) 样例用符号 "−" 表示. 实心的小圆是待分类样例 $\boldsymbol{x}$, 大圆内的其他点是 $\boldsymbol{x}$ 的 9 个最近邻. 可以看出, 在 $\boldsymbol{x}$ 的 9 个最近邻中, 有 7 个属于正类, 2 个属于负类, 所以 $\boldsymbol{x}$ 被分类为正类. K-NN 算法的伪代码在算法 1.1 中给出.

算法 1.1: K-NN 算法

1 输入: 测试样例 $\boldsymbol{x}$, 训练集 $T = \{(\boldsymbol{x}_i, y_i) | \boldsymbol{x}_i \in \mathbf{R}^d, y_i \in C, 1 \leqslant i \leqslant n\}$, 参数 K.

2 输出: $\boldsymbol{x}$ 的类标 $y \in C$.

3 for $(i = 1; i \leqslant n; i = i + 1)$ **do**

4 $\quad$ | 计算 $\boldsymbol{x}$ 到 $\boldsymbol{x}_i$ 之间的距离 $d(\boldsymbol{x}, \boldsymbol{x}_i)$;

5 end

6 在训练集 T 中选择 $\boldsymbol{x}$ 的 K 个最近邻, 构成子集 N;

7 计算 $y = \underset{l \in C}{\mathrm{argmax}} \sum\limits_{\boldsymbol{x} \in N} I(l = \mathrm{class}(\boldsymbol{x}))$;

8 // 其中, $I(\cdot)$ 是特征函数.

9 return y.

下面分析 K-NN 算法的计算时间复杂度. 从算法 1.1 可以看出, K-NN 算法的计算代价主要体现在计算 $\boldsymbol{x}$ 与训练集 T 中每一个样例之间的距离上, 即算法 1.1 中的第 3~5 步. 这个 for 循环的计算时间复杂度为 $O(n)$. 显然, 第 6 步和第 7 步的计算时间复杂度均为 $O(1)$. 因此, K-NN 算法的计算时间复杂度为 $O(n)$.

K-NN 算法的优点是思想简单, 易于编程实现. 但是, K-NN 算法也有如下缺点[6].

(1) 为了分类测试样例 $\boldsymbol{x}$, 需要将整个训练集 T 存储到内存中, 空间复杂度为 $O(n)$.

(2) 为了分类测试样例 $\boldsymbol{x}$, 需要计算它到训练集 T 中每个样例之间的距离, 计算时间复杂度为 $O(n)$.

(3) 在 K-NN 算法中, 训练集 T 中的样例被认为是同等重要的, 没有考虑它们对分类测试样例 $\boldsymbol{x}$ 做出贡献的大小.

针对这些缺点, 研究人员提出许多改进算法. 例如, 为了克服缺点 (1) 和 (2), 一些研究人员提出近似最近邻方法和基于哈希技术的方法[7−10], 还有些研究人员提出基于层次数据结构的方法[11,12]; 为了克服缺点 (3), Keller 等[13] 提出模糊 K-近邻算法. 感兴趣的读者可以参考相关文献.

1.3 决 策 树

决策树是求解分类问题的有效算法, 它既可以解决离散值分类问题, 也可以解决连续值分类问题.

1.3.1 离散值决策树

ID3[14] 算法是著名的决策树算法, 用于解决离散值 (或符号值) 分类问题. 符号值分类问题指决策表中条件属性是离散值属性的分类问题. 属性的取值是一些符号值. 因为 ID3 算法用树描述从决策表中挖掘出的决策 (分类) 规则, 所以称这种树为决策树.

决策树的叶子结点是决策属性的取值 (类别值), 内部结点是条件属性, 分支是条件属性的取值. 例如, 表 1.2 是一个有关天气分类问题的符号值决策表, 图 1.2 是用 ID3 算法生成的决策树. 这棵树共有 5 个叶子结点 (用椭圆框表示), 它们是决策属性 PlayTennis 的取值 (Yes 或 No); 共有 3 个内部结点 (用矩形框表示), 即 Outlook、Humidity 和 Wind. 其中, Outlook 是这棵树的根结点, 有 3 个孩子结点, 即 Sunny、Cloudy 和 Rain, 它们是条件属性 Outlook 的取值. 条件属性 Humidity 和 Wind 各有两个值, 它们各自有两个孩子结点. 下面介绍 ID3 算法.

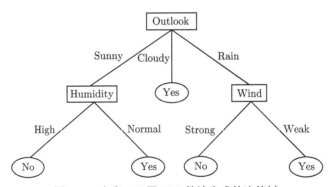

图 1.2   由表 1.2 用 ID3 算法生成的决策树

ID3 算法是一种贪心算法, 它用信息增益作为贪心选择标准 (也称启发式) 来选择树的根结点 (也称扩展属性), 递归地构建决策树. ID3 算法的输入是一个离散值属性决策表, 输出是一棵表示规则的决策树. 在介绍 ID3 算法之前, 先介绍相关的概念.

给定离散值属性决策表 $\mathrm{DT} = (U, A \cup C, V, f)$, 设 $U = \{\boldsymbol{x}_1, \boldsymbol{x}_2, \cdots, \boldsymbol{x}_n\}$, $A = \{a_1, a_2, \cdots, a_d\}$, 即决策表 DT 包含 n 个样例, 每个样例用 d 个属性描述. 又假设决策表中的样例分为 k 类, 即 $C_1, C_2, \cdots, C_k$. C_i 中包含的样例数用 $|C_i|$ 表示, $1 \leqslant i \leqslant k$. 第 i 类样例所占的比例用 $p_i = \dfrac{|C_i|}{n}$ 表示.

定义 1.3.1   给定离散值属性决策表 $\mathrm{DT} = (U, A \cup C, V, f)$, 集合 U 的信息熵定义为

$$H(U) = -\sum_{i=1}^{k} p_i \log_2 p_i \tag{1.1}$$

说明: 式 (1.1) 定义的集合 U 的信息熵, 实际上是把决策属性 PlayTennis 看作随机变量时的信息熵.

定义 1.3.2 给定离散值属性决策表 DT $= (U, A \cup C, V, f)$, 对于 $\forall a \in A$, 属性 a 相对于 U 的信息增益定义为

$$G(a; U) = H(U) - \sum_{v \in V_a} \frac{|U_v|}{|U|} H(U_v) \tag{1.2}$$

说明:

(1) 集合 U 的信息熵是 U 中样例类别的不确定性度量, 当 U 中的样例属于同一个类时, 它的信息熵为 0; 当 U 中的样例属于各个类别的数量相同时, 它的信息熵最大.

(2) V_a 表示属性 a 的值域, U_v 表示由 U 中属性 a 的取值为 v 的样例构成的集合.

(3) 属性 a 的信息增益表示在给定 a 的前提下, 样例类别不确定性的减少. 减少得越多, 说明这个属性越重要.

(4) 实际上, 信息增益就是信息论中的互信息. 它度量的是决策属性与条件属性之间的相关程度.

ID3 算法就是用信息增益作为贪心选择的标准选择扩展属性, 并用选出的扩展属性划分决策表. 然后, 在决策表子集上用信息增益选择子树的根结点, 这样递归地构造决策树. 对于给定的决策表, 用 ID3 算法构造决策树时, 首先计算每一个条件属性的信息增益, 然后按信息增益由大到小排序, 信息增益最大的属性被选择为树的根结点 (扩展属性). ID3 算法的伪代码如算法 1.2 所示.

例 1.3.1 对表 1.2 所示的离散值属性决策表, 给出用 ID3 算法生成决策树的过程.

解 ID3 算法的步骤可大致分为两步, 即选择扩展属性; 划分样例集合, 递归地构建决策树.

1) 选择扩展属性

首先根据式 (1.1) 计算集合 U 的信息熵, 然后根据式 (1.2) 计算每一个条件属性的信息增益. 集合 U 的信息熵为

$$H(U) = -\sum_{i=1}^{2} p_i \log_2 p_i = -\left(\frac{9}{14} \log_2 \frac{9}{14} + \frac{5}{14} \log_2 \frac{5}{14} \right) = 0.94$$

算法 1.2: ID3 算法

1　**输入:** 离散值属性决策表 $DT = (U, A \cup C, V, f)$.

2　**输出:** 决策树.

3　**for** $(i = 1; i \leqslant d; i++)$ **do**

4　　　用式 (1.2) 计算属性 a_i 相对于 U 的信息增益 $G(a_i; U)$;

5　**end**

6　**for** $(i = 1; i \leqslant d; i++)$ **do**

7　　　对信息增益 $G(a_i; U)$ 按由大到小的次序排序, 假定排序的结果为
　　　　$G(a_{i_1}; U), G(a_{i_2}; U), \cdots, G(a_{i_d}; U)$;

8　**end**

9　选择 a_{i_1} 为树的根结点 (扩展属性);

10　根据属性 a_{i_1} 的取值, 将数据集 U 划分为 m 个子集 $U_1, U_2, \cdots, U_m$. 其中, m 是属性 a_{i_1} 取值的个数;

11　**for** $(i = 1; i \leqslant m; i++)$ **do**

12　　　**if** U_i 中的样例属于同一类 **then**

13　　　　　产生一个叶结点;

14　　　**else**

15　　　　　重复步骤 3~10;

16　　　**end**

17　**end**

18　输出决策树.

对于条件属性 Outlook, 相应的 $V_a = \{\text{Sunny, Cloudy, Rain}\}$, 对应的样例子集 (实际上是 3 个等价类) 分别为

$$U_{\text{Sunny}} = \{\boldsymbol{x}_1, \boldsymbol{x}_2, \boldsymbol{x}_8, \boldsymbol{x}_9, \boldsymbol{x}_{11}\}$$

$$U_{\text{Cloudy}} = \{\boldsymbol{x}_3, \boldsymbol{x}_7, \boldsymbol{x}_{12}, \boldsymbol{x}_{13}\}$$

$$U_{\text{Rain}} = \{\boldsymbol{x}_4, \boldsymbol{x}_5, \boldsymbol{x}_6, \boldsymbol{x}_{10}, \boldsymbol{x}_{14}\}$$

其中, 样例子集 U_{Sunny} 有 5 个样例, 3 个负例 (对应类别属性值为 No), 2 个正例 (对应类别属性值为 Yes); 样例子集 U_{Cloudy} 有 4 个样例, 都是正例; 样例子集 U_{Rain} 有 5 个样例, 2 个负例, 3 个正例.

因此, 3 个样例子集的信息熵分别为

$$H(U_{\text{Sunny}}) = -\left(\frac{2}{5}\log_2\frac{2}{5} + \frac{3}{5}\log_2\frac{3}{5}\right) = 0.97$$

$$H(U_{\text{Cloudy}}) = -\left(\frac{4}{4}\log_2\frac{4}{4} + \frac{0}{0}\log_2\frac{0}{0}\right) = 0.00$$

$$H(U_{\text{Rain}}) = -\left(\frac{3}{5}\log_2\frac{3}{5} + \frac{2}{5}\log_2\frac{2}{5}\right) = 0.97$$

因此, 根据式 (1.2), 可得条件属性 Outlook 相对于 U 的信息增益, 即

$$G(\text{Outlook}; U)$$

$$= H(U) - \sum_{v \in V_a} \frac{|U_v|}{|U|} H(U_v)$$

$$= 0.94 - \left(\frac{5}{14}H(U_{\text{Sunny}}) + \frac{4}{14}H(U_{\text{Cloudy}}) + \frac{5}{14}H(U_{\text{Rain}})\right)$$

$$= 0.94 - \left(\frac{5}{14} \times 0.97 + \frac{4}{14} \times 0.00 + \frac{5}{14} \times 0.97\right)$$

$$= 0.24$$

对于条件属性 Temperature, 相应的 $V_a = \{\text{Hot, Mild, Cool}\}$, 对应的 3 个样例子集 (实际上是 3 个等价类) 分别为

$$U_{\text{Hot}} = \{\boldsymbol{x}_1, \boldsymbol{x}_2, \boldsymbol{x}_3, \boldsymbol{x}_{13}\}$$

$$U_{\text{Mild}} = \{\boldsymbol{x}_4, \boldsymbol{x}_8, \boldsymbol{x}_{10}, \boldsymbol{x}_{11}, \boldsymbol{x}_{12}, \boldsymbol{x}_{14}\}$$

$$U_{\text{Cool}} = \{\boldsymbol{x}_5, \boldsymbol{x}_6, \boldsymbol{x}_7, \boldsymbol{x}_9\}$$

其中, 样例子集 U_{Hot} 有 4 个样例, 2 个负例, 2 个正例; 样例子集 U_{Mild} 有 6 个样例, 2 个负例, 4 个正例; 样例子集 U_{Cool} 有 4 个样例, 1 个负例, 3 个正例.

因此, 3 个样例子集的信息熵分别为

$$H(U_{\text{Hot}}) = -\left(\frac{2}{4}\log_2\frac{2}{4} + \frac{2}{4}\log_2\frac{2}{4}\right) = 1.00$$

$$H(U_{\text{Mild}}) = -\left(\frac{2}{6}\log_2\frac{2}{6} + \frac{4}{6}\log_2\frac{4}{6}\right) = 0.92$$

$$H(U_{\text{Cool}}) = -\left(\frac{1}{4}\log_2\frac{1}{4} + \frac{3}{4}\log_2\frac{3}{4}\right) = 0.81$$

因此, 根据式 (1.2), 可得条件属性 Temperature 相对于 U 的信息增益, 即

$$G(\text{Temperature}; U)$$

$$= H(U) - \sum_{v \in V_a} \frac{|U_v|}{|U|} H(U_v)$$

$$= 0.94 - \left(\frac{4}{14} H(U_{\text{Hot}}) + \frac{6}{14} H(U_{\text{Mild}}) + \frac{4}{14} H(U_{\text{Cool}}) \right)$$

$$= 0.94 - \left(\frac{4}{14} \times 1.00 + \frac{6}{14} \times 0.92 + \frac{4}{14} \times 0.81 \right)$$

$$= 0.02$$

对于条件属性 Humidity, 相应的 $V_a = \{\text{High, Normal}\}$, 对应的 2 个样例子集 (实际上是 2 个等价类) 分别为

$$U_{\text{High}} = \{\boldsymbol{x}_1, \boldsymbol{x}_2, \boldsymbol{x}_3, \boldsymbol{x}_4, \boldsymbol{x}_8, \boldsymbol{x}_{12}, \boldsymbol{x}_{14}\}$$

$$U_{\text{Normal}} = \{\boldsymbol{x}_5, \boldsymbol{x}_6, \boldsymbol{x}_7, \boldsymbol{x}_9, \boldsymbol{x}_{10}, \boldsymbol{x}_{11}, \boldsymbol{x}_{13}\}$$

其中, 样例子集 U_{High} 有 7 个样例, 4 个负例, 3 个正例; 样例子集 U_{Normal} 共有 7 个样例, 1 个负例, 6 个正例.

因此, 2 个样例子集的信息熵分别为

$$H(U_{\text{High}}) = -\left(\frac{3}{7} \log_2 \frac{3}{7} + \frac{4}{7} \log_2 \frac{4}{7} \right) = 0.99$$

$$H(U_{\text{Normal}}) = -\left(\frac{1}{7} \log_2 \frac{1}{7} + \frac{6}{7} \log_2 \frac{6}{7} \right) = 0.59$$

因此, 根据式 (1.2), 可得条件属性 Humidity 相对于 U 的信息增益, 即

$$G(\text{Humidity}; U)$$

$$= H(U) - \sum_{v \in V_a} \frac{|U_v|}{|U|} H(U_v)$$

$$= 0.94 - \left(\frac{7}{14} H(U_{\text{High}}) + \frac{7}{14} H(U_{\text{Normal}}) \right)$$

$$= 0.94 - \left(\frac{7}{14} \times 0.99 + \frac{7}{14} \times 0.59 \right)$$

$$= 0.15$$

对于条件属性 Wind, 相应的 $V_a = \{\text{Weak, Strong}\}$, 对应的 2 个样例子集 (实际上是 2 个等价类) 分别为

$$U_{\text{Weak}} = \{\boldsymbol{x}_1, \boldsymbol{x}_3, \boldsymbol{x}_4, \boldsymbol{x}_5, \boldsymbol{x}_8, \boldsymbol{x}_9, \boldsymbol{x}_{10}, \boldsymbol{x}_{13}\}$$

$$U_{\text{Strong}} = \{\boldsymbol{x}_2, \boldsymbol{x}_6, \boldsymbol{x}_7, \boldsymbol{x}_{11}, \boldsymbol{x}_{12}, \boldsymbol{x}_{14}\}$$

其中, 样例子集 U_{Weak} 共有 8 个样例, 2 个负例, 6 个正例; 样例子集 U_{Strong} 共有 6 个样例, 3 个负例, 3 个正例.

因此, 2 个样例子集的信息熵分别为

$$H(U_{\text{Weak}}) = -\left(\frac{2}{8}\log_2\frac{2}{8} + \frac{6}{8}\log_2\frac{6}{8}\right) = 0.81$$

$$H(U_{\text{Strong}}) = -\left(\frac{3}{6}\log_2\frac{3}{6} + \frac{3}{6}\log_2\frac{3}{6}\right) = 1.00$$

因此, 根据式 (1.2), 可得条件属性 Wind 相对于 U 的信息增益, 即

$$G(\text{Wind}; U)$$

$$= H(U) - \sum_{v\in V_a}\frac{|U_v|}{|U|}H(U_v)$$

$$= 0.94 - \left(\frac{8}{14}H(U_{\text{Weak}}) + \frac{6}{14}H(U_{\text{Strong}})\right)$$

$$= 0.94 - \left(\frac{8}{14}\times 0.81 + \frac{6}{14}\times 1.00\right)$$

$$= 0.05$$

对 4 个条件属性按信息增益由大到小排序, 可得

$$G(\text{Outlook}; U) \geqslant G(\text{Humidity}; U) \geqslant G(\text{Wind}; U) \geqslant G(\text{Temperature}; U).$$

因为条件属性 Outlook 的信息增益最大, 所以它被选为扩展属性.

2) 划分样例集合, 递归地构建决策树

用条件属性 Outlook 划分样例集合 U, 可以得到以下 3 个子集, 即

$$U_1 = \{\boldsymbol{x}_1, \boldsymbol{x}_2, \boldsymbol{x}_8, \boldsymbol{x}_9, \boldsymbol{x}_{11}\}$$

$$U_2 = \{\boldsymbol{x}_3, \boldsymbol{x}_7, \boldsymbol{x}_{12}, \boldsymbol{x}_{13}\}$$

$$U_3 = \{\boldsymbol{x}_4, \boldsymbol{x}_5, \boldsymbol{x}_6, \boldsymbol{x}_{10}, \boldsymbol{x}_{14}\}$$

因为 U_2 中的样例属于同一类 (Yes), 所以产生一个叶结点, 如图 1.3 所示. 样例子集 U_1 和 U_3 中的样例属于不同的类, 对这两个子集重复第 1 步.

(1) 对样例子集 U_1 重复第 1 步.

实际上, 样例子集 U_1 是条件属性 Outlook 取值 Sunny 的等价类, 对应的决策表如表 1.5 所示.

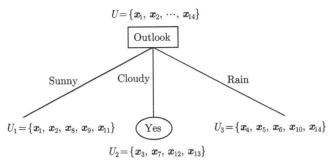

$U = \{\boldsymbol{x}_1, \boldsymbol{x}_2, \cdots, \boldsymbol{x}_{14}\}$

Outlook

Sunny   Cloudy   Rain

$U_1 = \{\boldsymbol{x}_1, \boldsymbol{x}_2, \boldsymbol{x}_8, \boldsymbol{x}_9, \boldsymbol{x}_{11}\}$ Yes $U_3 = \{\boldsymbol{x}_4, \boldsymbol{x}_5, \boldsymbol{x}_6, \boldsymbol{x}_{10}, \boldsymbol{x}_{14}\}$

$U_2 = \{\boldsymbol{x}_3, \boldsymbol{x}_7, \boldsymbol{x}_{12}, \boldsymbol{x}_{13}\}$

图 1.3　扩展属性 Outlook 对样例集合的划分

表 1.5　样例子集 U_1 对应的决策表

$\boldsymbol{x}$	Outlook	Temperature	Humidity	Wind	PlayTennis
$\boldsymbol{x}_1$	Sunny	Hot	High	Weak	No
$\boldsymbol{x}_2$	Sunny	Hot	High	Strong	No
$\boldsymbol{x}_8$	Sunny	Mild	High	Weak	No
$\boldsymbol{x}_9$	Sunny	Cool	Normal	Weak	Yes
$\boldsymbol{x}_{11}$	Sunny	Mild	Normal	Strong	Yes

首先, 计算样例子集 U_1 的信息熵. 因为 U_1 包含 5 个样例, 3 个负例, 2 个正例, 所以 U_1 的信息熵为

$$H(U_1) = -\sum_{i=1}^{2} p_i \log_2 p_i = -\left(\frac{3}{5}\log_2\frac{3}{5} + \frac{2}{5}\log_2\frac{2}{5}\right) = 0.97$$

然后, 计算 3 个条件属性 Temperature、Humidity 和 Wind 相对于子集 U_1 的信息增益 (用表 1.5 或样例子集 U_1 计算).

对于条件属性 Temperature, 相应的 $V_a = \{\text{Hot, Mild, Cool}\}$, 对应的 3 个样例子集 (3 个等价类) 分别为

$$U_{1,\text{Hot}} = \{\boldsymbol{x}_1, \boldsymbol{x}_2\}$$

$$U_{1,\text{Mild}} = \{\boldsymbol{x}_8, \boldsymbol{x}_{11}\}$$

$$U_{1,\text{Cool}} = \{\boldsymbol{x}_9\}$$

其中, 样例子集 $U_{1,\text{Hot}}$ 有 2 个样例, 均为负例; 样例子集 $U_{1,\text{Mild}}$ 有 2 个样例, 1 个负例, 1 个正例; 样例子集 $U_{1,\text{Cool}}$ 有 1 个样例, 为正例.

因此, 3 个样例子集的信息熵分别为

$$H(U_{1,\text{Hot}}) = -\left(\frac{2}{2}\log_2\frac{2}{2} + \frac{0}{2}\log_2\frac{0}{2}\right) = 0.00$$

$$H(U_{1,\text{Mild}}) = -\left(\frac{1}{2}\log_2\frac{1}{2} + \frac{1}{2}\log_2\frac{1}{2}\right) = 1.00$$

$$H(U_{1,\text{Cool}}) = -\left(\frac{1}{1}\log_2\frac{1}{1} + \frac{0}{1}\log_2\frac{0}{1}\right) = 0.00$$

因此, 根据式 (1.2), 可得条件属性 Temperature 相对于子集 U_1 的信息增益, 即

$$G(\text{Temperature}; U_1)$$

$$= H(U_1) - \sum_{v \in V_a} \frac{|U_{1,v}|}{|U_1|} H(U_{1,v})$$

$$= 0.97 - \left(\frac{2}{5}H(U_{1,\text{Hot}}) + \frac{2}{5}H(U_{1,\text{Mild}}) + \frac{1}{5}H(U_{1,\text{Cool}})\right)$$

$$= 0.97 - \left(\frac{2}{5}\times 0.00 + \frac{2}{5}\times 1.00 + \frac{1}{5}\times 0.00\right)$$

$$= 0.57$$

对于条件属性 Humidity, 相应的 $V_a = \{\text{High, Normal}\}$, 对应的 2 个样例子集 (2 个等价类) 分别为

$$U_{1,\text{High}} = \{\boldsymbol{x}_1, \boldsymbol{x}_2\, \boldsymbol{x}_8\}$$

$$U_{1,\text{Normal}} = \{\boldsymbol{x}_9, \boldsymbol{x}_{11}\}$$

其中, 样例子集 $U_{1,\text{High}}$ 有 3 个样例, 均为负例; 样例子集 $U_{1,\text{Normal}}$ 有 2 个样例, 均为正例.

因此, 2 个样例子集的信息熵分别为

$$H(U_{1,\text{High}}) = -\left(\frac{3}{3}\log_2\frac{3}{3} + \frac{0}{3}\log_2\frac{0}{3}\right) = 0.00$$

$$H(U_{1,\text{Normal}}) = -\left(\frac{0}{2}\log_2\frac{0}{2} + \frac{2}{2}\log_2\frac{2}{2}\right) = 0.00$$

因此, 根据式 (1.2), 可得条件属性 Humidity 相对于子集 U_1 的信息增益, 即

$$G(\text{Humidity}; U_1)$$

$$= H(U_1) - \sum_{v \in V_a} \frac{|U_{1,v}|}{|U_1|} H(U_{1,v})$$

$$= 0.97 - \left(\frac{3}{5} H(U_{1,\text{High}}) + \frac{2}{5} H(U_{1,\text{Normal}}) \right)$$

$$= 0.97 - \left(\frac{3}{5} \times 0.00 + \frac{2}{5} \times 0.00 \right)$$

$$= 0.97$$

对于条件属性 Wind, 相应的 $V_a = \{\text{Weak, Strong}\}$, 对应的 2 个样例子集 (2 个等价类) 分别为

$$U_{1,\text{Weak}} = \{\boldsymbol{x}_1, \boldsymbol{x}_8, \boldsymbol{x}_9\}$$

$$U_{1,\text{Strong}} = \{\boldsymbol{x}_2\, \boldsymbol{x}_{11}\}$$

其中, 样例子集 $U_{1,\text{Weak}}$ 有 3 个样例, 2 个负例, 1 正例; 样例子集 $U_{1,\text{Strong}}$ 有 2 个样例, 1 个负例, 1 正例.

因此, 2 个样例子集的信息熵分别为

$$H(U_{1,\text{Weak}}) = -\left(\frac{2}{3} \log_2 \frac{2}{3} + \frac{1}{3} \log_2 \frac{1}{3} \right) = 0.92$$

$$H(U_{1,\text{Strong}}) = -\left(\frac{1}{2} \log_2 \frac{1}{2} + \frac{1}{2} \log_2 \frac{1}{2} \right) = 1.00$$

因此, 根据式 (1.2), 可得条件属性 Wind 相对于子集 U_1 的信息增益, 即

$$G(\text{Wind}; U_1)$$

$$= H(U_1) - \sum_{v \in V_a} \frac{|U_{1,v}|}{|U_1|} H(U_{1,v})$$

$$= 0.97 - \left(\frac{3}{5} H(U_{1,\text{Weak}}) + \frac{2}{5} H(U_{1,\text{Strong}}) \right)$$

$$= 0.97 - \left(\frac{3}{5} \times 0.92 + \frac{2}{5} \times 1.00 \right)$$

$$= 0.02$$

对 3 个条件属性按信息增益由大到小排序, 可得

$$G(\text{Humidity}; U_1) \geqslant G(\text{Temperature}; U_1) \geqslant G(\text{Wind}; U_1)$$

因为条件属性 Humidity 相对于子集 U_1 的信息增益最大, 所以它被选为扩展属性.

用条件属性 Humidity 对 U_1 进行划分, 可以得到 2 个样例子集 (2 个等价类), 即 $U_{11} = U_{1,\text{High}} = \{x_1, x_2, x_8\}$ 和 $U_{12} = U_{1,\text{Normal}} = \{x_9, x_{11}\}$. $U_{1,\text{High}}$ 中的样例都属于同一类 (No), $U_{1,\text{Normal}}$ 中的样例都属于同一类 (Yes), 生成两个叶结点, 如图 1.4 所示.

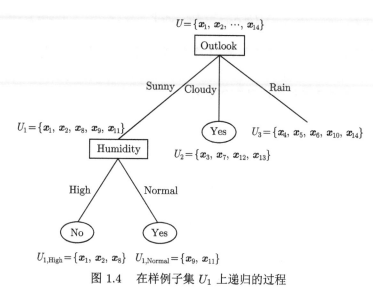

图 1.4　在样例子集 U_1 上递归的过程

(2) 对样例子集 U_3 重复第 1 步.

样例子集 U_3 是条件属性 Outlook 取值 Rain 的等价类, 对应的决策表如表 1.6 所示.

表 1.6　样例子集 U_3 对应的决策表

x	Outlook	Temperature	Humidity	Wind	PlayTennis
x_4	Rain	Mild	High	Weak	Yes
x_5	Rain	Cool	Normal	Weak	Yes
x_6	Rain	Cool	Normal	Strong	No
x_{10}	Rain	Mild	Normal	Weak	Yes
x_{14}	Rain	Mild	High	Strong	No

首先, 计算样例子集 U_3 的信息熵. 因为 U_3 包含 5 个样例, 2 个负例, 3 个正例, 所以 U_3 的信息熵为

$$H(U_3) = -\sum_{i=1}^{2} p_i \log_2 p_i = -\left(\frac{2}{5} \log_2 \frac{2}{5} + \frac{3}{5} \log_2 \frac{3}{5} \right) = 0.97$$

然后, 计算 3 个条件属性 Temperature, Humidity 和 Wind 相对于子集 U_3 的信息增益 (用表 1.6 或样例子集 U_3 计算).

对于条件属性 Temperature, 相应的 $V_a = \{\text{Mild}, \text{Cool}\}$, 对应的 2 个样例子集 (2 个等价类) 分别为

$$U_{3,\text{Mild}} = \{\boldsymbol{x}_4, \boldsymbol{x}_{10}, \boldsymbol{x}_{14}\}$$

$$U_{3,\text{Cool}} = \{\boldsymbol{x}_5, \boldsymbol{x}_6\}$$

其中, 样例子集 $U_{3,\text{Mild}}$ 有 3 个样例, 1 个负例, 2 个正例; 样例子集 $U_{3,\text{Cool}}$ 有 2 个样例, 1 个负例, 1 个正例.

因此, 2 个样例子集的信息熵分别为

$$H(U_{3,\text{Mild}}) = -\left(\frac{1}{3}\log_2\frac{1}{3} + \frac{2}{3}\log_2\frac{2}{3}\right) = 0.92$$

$$H(U_{3,\text{Cool}}) = -\left(\frac{1}{2}\log_2\frac{1}{2} + \frac{1}{2}\log_2\frac{1}{2}\right) = 1.00$$

因此, 根据式 (1.2), 可得条件属性 Temperature 相对于子集 U_3 的信息增益, 即

$$
\begin{aligned}
&G(\text{Temperature}; U_3) \\
&= H(U_3) - \sum_{v \in V_a} \frac{|U_{3,v}|}{|U_3|} H(U_{3,v}) \\
&= 0.97 - \left(\frac{3}{5}H(U_{3,\text{Mild}}) + \frac{2}{5}H(U_{3,\text{Cool}})\right) \\
&= 0.97 - \left(\frac{3}{5} \times 0.92 + \frac{2}{5} \times 1.00\right) \\
&= 0.02
\end{aligned}
$$

对于条件属性 Humidity, 相应的 $V_a = \{\text{High}, \text{Normal}\}$, 对应的 2 个样例子集 (2 个等价类) 分别为

$$U_{3,\text{High}} = \{\boldsymbol{x}_4, \boldsymbol{x}_{14}\}$$

$$U_{3,\text{Normal}} = \{\boldsymbol{x}_5, \boldsymbol{x}_6, \boldsymbol{x}_{10}\}$$

其中, 样例子集 $U_{3,\text{High}}$ 有 2 个样例, 1 个负例, 1 个正例; 样例子集 $U_{3,\text{Normal}}$ 有 3 个样例, 1 个负例, 2 个正例.

因此, 2 个样例子集的信息熵分别为

$$H(U_{3,\text{High}}) = -\left(\frac{1}{2}\log_2\frac{1}{2} + \frac{1}{2}\log_2\frac{1}{2}\right) = 1.00$$

$$H(U_{3,\text{Normal}}) = -\left(\frac{1}{3}\log_2\frac{1}{3} + \frac{2}{3}\log_2\frac{2}{3}\right) = 0.92$$

因此, 根据式 (1.2), 可得条件属性 Humidity 相对于子集 U_3 的信息增益, 即

$$G(\text{Humidity}; U_3)$$

$$= H(U_3) - \sum_{v\in V_a}\frac{|U_{3,v}|}{|U_3|}H(U_{3,v})$$

$$= 0.97 - \left(\frac{2}{5}H(U_{3,\text{High}}) + \frac{3}{5}H(U_{3,\text{Normal}})\right)$$

$$= 0.97 - \left(\frac{2}{5}\times 1.00 + \frac{3}{5}\times 0.92\right)$$

$$= 0.02$$

对于条件属性 Wind, 相应的 $V_a = \{\text{Weak, Strong}\}$, 对应的 2 个样例子集 (2 个等价类) 分别为

$$U_{3,\text{Weak}} = \{\boldsymbol{x}_4, \boldsymbol{x}_5, \boldsymbol{x}_{10}\}$$

$$U_{3,\text{Strong}} = \{\boldsymbol{x}_6, \boldsymbol{x}_{14}\}$$

其中, 样例子集 $U_{3,\text{Weak}}$ 有 3 个样例, 均为正例; 样例子集 $U_{3,\text{Strong}}$ 有 2 个样例, 均为负例.

因此, 2 个样例子集的信息熵分别为

$$H(U_{3,\text{Weak}}) = -\left(\frac{0}{3}\log_2\frac{0}{3} + \frac{3}{3}\log_2\frac{3}{3}\right) = 0.00$$

$$H(U_{3,\text{Strong}}) = -\left(\frac{2}{2}\log_2\frac{2}{2} + \frac{0}{2}\log_2\frac{0}{2}\right) = 0.00$$

因此, 根据式 (1.2), 可得条件属性 Wind 相对于子集 U_3 的信息增益, 即

$$G(\text{Wind}; U_3)$$

$$= H(U_3) - \sum_{v\in V_a}\frac{|U_{3,v}|}{|U_1|}H(U_{3,v})$$

$$= 0.97 - \left(\frac{3}{5} H(U_{3,\text{Weak}}) + \frac{2}{5} H(U_{3,\text{Strong}}) \right)$$

$$= 0.97 - \left(\frac{3}{5} \times 0.00 + \frac{2}{5} \times 0.00 \right)$$

$$= 0.97$$

对 3 个条件属性按信息增益由大到小排序, 可得

$$G(\text{Wind}; U_3) \geqslant G(\text{Humidity}; U_3) = G(\text{Temperature}; U_3)$$

因为条件属性 Wind 相对于子集 U_3 的信息增益最大, 所以它被选为扩展属性.

用条件属性 Wind 对 U_3 进行划分, 可以得到 2 个样例子集 (2 个等价类), 即 $U_{31} = U_{3,\text{Strong}} = \{x_6, x_{14}\}$ 和 $U_{32} = U_{3,\text{Weak}} = \{x_4, x_5, x_{10}\}$. $U_{3,\text{Strong}}$ 中的样例都属于同一类 (Yes), $U_{3,\text{Weak}}$ 中的样例都属于同一类 (No), 生成两个叶结点, 如图 1.5 所示. 最终得到的决策树如图 1.2 所示.

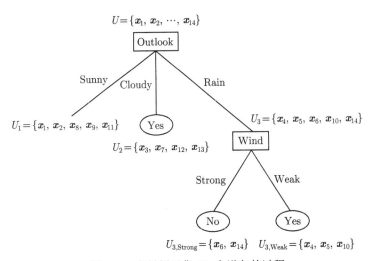

图 1.5　在样例子集 U_3 上递归的过程

决策树 (图 1.2) 中的每一条从根结点到叶结点的路径, 表示一条分类规则. 这样, 决策树中有多少个叶结点就有多少条分类规则. 图 1.2 所示的决策树可转换为以下 5 条分类规则.

规则 1: 如果 Outlook=Sunny 且 Humidity=High, 那么 PlayTennis=No.

规则 2: 如果 Outlook=Sunny 且 Humidity=Normal, 那么 PlayTennis=Yes.

规则 3: 如果 Outlook=Cloudy, 那么 PlayTennis=Yes.

规则 4: 如果 Outlook=Rain 且 Wind=Strong, 那么 PlayTennis=No.

规则 5: 如果 Outlook=Rain 且 Humidity=Weak, 那么 PlayTennis=Yes.

决策树生成后, 对于给定的未知类别的样例, 就可以用决策树预测其类别. 例如, 给定样例 (Rain, Hot, High, Strong), 它在图 1.2 所示决策树中匹配的路径为 Outlook $\xrightarrow{\text{Rain}}$ Wind $\xrightarrow{\text{Strong}}$ No, 因此, 预测其类别为 No.

1.3.2　连续值决策树

解决连续值分类问题的一种直观想法是, 首先对连续值决策表进行离散化, 然后用离散值决策树归纳算法 (如 ID3 算法) 构建决策树. 由于离散化会有信息丢失, 本节介绍一种直接从连续值决策表构建决策树的贪心算法, 即基于非平衡割点的连续值决策树归纳算法[15].

基于非平衡割点的连续值决策树归纳算法可以看作 ID3 算法的推广, 它是在离散化思想的基础上提出的一种决策树归纳算法, 不需要对连续数据进行离散化. 与 ID3 算法类似, 该算法也分为两步, 即选择扩展属性、划分样例集合并递归构建决策树. 选择扩散属性所用的启发式和 ID3 算法类似, 可以是信息增益、Gini 指数、分类错误率等. 与 ID3 算法不同, 这些启发式是用于度量割点的, 而不是直接度量条件属性的, 它们通过找最优割点来确定扩展属性. 划分样例集合的方式和 ID3 算法也不同, 因为离散值属性是等价关系, 而等价关系对应的等价类是对样例集合的自然划分. 连续值属性不是等价关系而是相容关系, 所以连续值属性对样例集合不能形成自然的划分. 它通过割点划分样例集合, 而且这种划分是二分, 所以连续值属性决策树归纳算法构建的决策树是二叉树. 连续值属性决策表也可以表示为一个四元组 $DT = (U, A \cup C, V, f)$, 只是 A 中的任意一个属性都是连续值的. 下面首先介绍割点、平衡割点和非平衡割点的概念, 然后介绍基于非平衡割点的连续值决策树归纳算法.

定义 1.3.3　给定连续值决策表 $DT = (U, A \cup C, V, f)$, $U = \{\boldsymbol{x}_1, \boldsymbol{x}_2, \cdots, \boldsymbol{x}_n\}$, $A = \{a_1, a_2, \cdots, a_d\}$. 对于 $\forall a \in A$, 对 n 个样例在属性 a 上的取值由小到大排序, 排序后每两个值之间的中值, 称为属性 a 的一个割点, a 的所有割点的集合记为 T_a.

显然, 对于 $\forall a \in A$, 属性 a 共有 $n - 1$ 个割点. 下面给出平衡割点和非平衡割点的概念.

定义 1.3.4　给定连续值决策表 $DT = (U, A \cup C, V, f)$, 对于 $\forall a \in A$, 设 t 是属性 a 的一个割点. 如果割点 t 两边的样例属于相同的类别, 则称 t 为平衡割点; 否则, 称 t 为非平衡割点.

表 1.7 是一个包含 2 个条件属性, 12 个样例的连续值属性决策表. 这些样例被分为两类, 分别用 "1" 和 "2" 表示. 对决策表中的样例按属性 a_1 的取值由小

到大排序, 如表 1.8 所示. a_1 有 11 个割点, 即 $t_1, t_2, \cdots, t_{11}$. 其中, 平衡割点有 6 个, 如第 1 个割点 $t_1 = \dfrac{33 + 47.4}{2} = 40.2$, 它两边的样例 $\boldsymbol{x}_{11}$ 和 $\boldsymbol{x}_{10}$ 都属于第 2 类. 非平衡割点有 5 个, 如第 3 个割点 $t_3 = \dfrac{59.4 + 60}{2} = 59.7$, 它两边的样例属于不同的类别, $\boldsymbol{x}_8$ 属于第 2 类, $\boldsymbol{x}_1$ 属于第 1 类. 对决策表中的样例按属性 a_2 的取值由小到大排序, 如表 1.9 所示. a_2 有 8 个平衡割点, 3 个非平衡割点.

表 1.7   具有 12 个样例的连续值属性决策表

$\boldsymbol{x}$	a_1	a_2	c
$\boldsymbol{x}_1$	60.0	18.4	1
$\boldsymbol{x}_2$	81.0	20.0	1
$\boldsymbol{x}_3$	85.5	16.8	1
$\boldsymbol{x}_4$	64.8	21.6	1
$\boldsymbol{x}_5$	61.5	20.8	1
$\boldsymbol{x}_6$	110.1	19.2	1
$\boldsymbol{x}_7$	69.0	20.0	1
$\boldsymbol{x}_8$	59.4	16.0	2
$\boldsymbol{x}_9$	66.0	18.4	2
$\boldsymbol{x}_{10}$	47.4	16.4	2
$\boldsymbol{x}_{11}$	33.0	18.8	2
$\boldsymbol{x}_{12}$	63.0	14.8	2

表 1.8   12 个样例按属性 a_1 排序后的决策表

$\boldsymbol{x}$	a_1	a_2	c
$\boldsymbol{x}_{11}$	33.0	18.8	2
$\boldsymbol{x}_{10}$	47.4	16.4	2
$\boldsymbol{x}_8$	59.4	16.0	2
$\boldsymbol{x}_1$	60.0	18.4	1
$\boldsymbol{x}_5$	61.5	20.8	1
$\boldsymbol{x}_{12}$	63.0	14.8	2
$\boldsymbol{x}_4$	64.8	21.6	1
$\boldsymbol{x}_9$	66.0	18.4	2
$\boldsymbol{x}_7$	69.0	20.0	1
$\boldsymbol{x}_2$	81.0	20.0	1
$\boldsymbol{x}_3$	85.5	16.8	1
$\boldsymbol{x}_6$	110.1	19.2	1

对于 $\forall a \in A$, a 的任意一个割点 t 可以将样例集合 U 划分为两个子集 U_1 和 U_2, 其中 $U_1 = \{\boldsymbol{x} | (\boldsymbol{x} \in U) \wedge (f(\boldsymbol{x}, a) \leqslant t)\}$, $U_2 = \{\boldsymbol{x} | (\boldsymbol{x} \in U) \wedge (f(\boldsymbol{x}, a) > t)\}$. U_1 是由属性 a 的取值小于或等于割点 t 的样例构成的子集, U_2 是由属性 a 的取值大于 t 的样例构成的子集.

我们用 Gini 指数度量割点的重要性, 下面先给出集合 Gini 指数的定义, 然后给出割点 Gini 指数的定义.

表 1.9　　12 个样例按属性 a_2 排序后的决策表

x	a_1	a_2	c
x_{12}	63.0	14.8	2
x_8	59.4	16.0	2
x_{10}	47.4	16.4	2
x_3	85.5	16.8	1
x_1	60.0	18.4	1
x_9	66.0	18.4	2
x_{11}	33.0	18.8	2
x_6	110.1	19.2	1
x_7	69.0	20.0	1
x_2	81.0	20.0	1
x_5	61.5	20.8	1
x_4	64.8	21.6	1

定义 1.3.5　给定连续值决策表 $\mathrm{DT} = (U, A \cup C, V, f)$. 设 U 中的样例被分为 k 类, 分别用 $C_1, C_2, \cdots, C_k$ 表示, 第 i 类样例所占比例为 $p_i = \dfrac{|C_i|}{|U|} (1 \leqslant i \leqslant k)$. 集合 U 的 Gini 指数定义为

$$\mathrm{Gini}(U) = 1 - \sum_{i=1}^{k} p_i^2 \tag{1.3}$$

定义 1.3.6　给定连续值决策表 $\mathrm{DT} = (U, A \cup C, V, f)$. 设 t 是属性 a 的一个割点, 它将样例集合 U 划分为 U_1 和 U_2 两个子集. 割点 t 的 Gini 指数定义为

$$\mathrm{Gini}(t, a, U) = \frac{|U_1|}{|U|} \mathrm{Gini}(U_1) + \frac{|U_2|}{|U|} \mathrm{Gini}(U_2) \tag{1.4}$$

说明:

(1) 集合的 Gini 指数和集合的信息熵类似, 度量的也是集合中样例类别的不确定性. 集合的 Gini 指数越大, 样例类别的混乱程度越高.

(2) 割点的 Gini 指数是割点划分出的两个样例子集 Gini 指数的加权平均值. 割点的 Gini 指数度量的是割点划分出的两个子集中样例类别的不确定性. 显然, 割点的 Gini 指数越小, 这个割点划分出的两个子集中样例类别的不确定性越小, 这个割点也越重要.

(3) 割点 t 的重要性还可以用信息增益和信息熵来度量.

(4) 对于 $\forall a \in A$, a 都有一个最优割点, 称为局部最优割点. 如果 A 中包含 d 个属性, 就可以找到 d 个局部最优割点. 在这 d 个局部最优割点中, Gini 指数最小的割点称为全局最优割点. 它对应的属性即最优属性或扩展属性.

关于全局最优割点, Fayyad 等[15] 证明下面的结论是成立的.

定理 1.3.1 全局最优割点一定是非平衡割点.

根据定理 1.3.1, 我们在找局部最优割点时, 只需计算非平衡割点的 Gini 指数, 这样计算量会大大降低. 算法 1.3 给出了基于非平衡割点的连续值决策树归纳算法的步骤.

算法 1.3: 基于非平衡割点的连续值决策树归纳算法

1 **输入:** 连续值属性决策表 DT $= (U, A \cup C, V, f)$.
2 **输出:** 决策树.
3 **for** (每一个属性 $a \in A$) **do**
4 **for** (属性 a 的每一个非平衡割点 $t \in T_a$) **do**
5   用式 (1.4) 计算非平衡割点 t 的 Gini 指数 Gini(t, a, U);
6 **end**
7 **end**
8 选择属性 a 的局部最优割点 t', 使得 $t' = \underset{t \in T_a}{\mathrm{argmin}} \{\text{Gini}(t, a, U)\}$;
9 将 t' 加入候选全局最优割点集合 T 中;
10 从 T 中找全局最优割点 t^*, 使得 $t^* = \underset{t' \in T}{\mathrm{argmin}} \{\text{Gini}(t', a, U)\}$, t^* 对应的属性即扩展属性 a^*;
11 用全局最优割点 t^* 将数据集 U 划分为 2 个子集 U_1 和 U_2. 其中, $U_1 = \{\boldsymbol{x} | (\boldsymbol{x} \in U) \wedge (f(\boldsymbol{x}, a) \leqslant t^*)\}$, $U_2 = \{\boldsymbol{x} | (\boldsymbol{x} \in U) \wedge (f(\boldsymbol{x}, a) > t^*)\}$;
12 **for** $(i = 1; i \leqslant 2; i++)$ **do**
13 **if** (U_i 中的样例属于同一类) **then**
14   产生一个叶结点;
15 **else**
16   转第 3 步, 重复此过程;
17 **end**
18 **end**
19 输出决策树.

例 1.3.2 对表 1.7 所示的连续值属性决策表, 给出用基于非平衡割点的连续值决策树归纳算法生成决策树的过程.

解 与 ID3 算法类似, 基于非平衡割点的连续值决策树归纳算法的步骤也分为两步, 即选择扩展属性、划分样例集合递归地构建决策树.

1) 选择扩展属性

与 ID3 算法不同, 基于非平衡割点的连续值决策树归纳算法是通过选择最优割点选择扩展属性. 由表 1.8 可知, 条件属性 a_1 有 5 个非平衡割点, 即 $t_1 = \dfrac{59.4+60}{2} = 59.7$、$t_2 = \dfrac{61.5+63}{2} = 62.25$、$t_3 = \dfrac{63+64.8}{2} = 63.9$、$t_4 = \dfrac{64.8+66}{2} = 65.4$、

$t_5 = \dfrac{66 + 69}{2} = 67.5$. 下面分别计算这 5 个非平衡割点的 Gini 增益.

非平衡割点 t_1 将样例集合 U 划分为 U_1 和 U_2 两个子集. 其中, U_1 中的样例在属性 a_1 上的取值均小于或等于 t_1, U_2 中的样例在 a_1 上的取值均大于 t_1. 由表 1.8 可以看出, $U_1 = \{\boldsymbol{x}_8, \boldsymbol{x}_{10}, \boldsymbol{x}_{11}\}$, $U_2 = U - U_1$. U_1 中只包含第 2 类的样例, U_2 中包含 7 个第 1 类的样例, 3 个第 2 类的样例. 根据式 (1.3), 可得

$$\text{Gini}(U) = 1 - \left[\left(\frac{7}{12}\right)^2 + \left(\frac{5}{12}\right)^2\right] = 0.49$$

$$\text{Gini}(U_1) = 1 - \left[\left(\frac{0}{3}\right)^2 + \left(\frac{3}{3}\right)^2\right] = 0.00$$

$$\text{Gini}(U_2) = 1 - \left[\left(\frac{7}{9}\right)^2 + \left(\frac{2}{9}\right)^2\right] = 0.35$$

根据式 (1.4) 可得非平衡割点 t_1 的 Gini 指数, 即

$$\begin{aligned}
\text{Gini}(t_1, a_1, U) &= \frac{|U_1|}{|U|}\text{Gini}(U_1) + \frac{|U_2|}{|U|}\text{Gini}(U_2)\\
&= \frac{3}{12} \times 0 + \frac{9}{12} \times 0.35\\
&= 0.26
\end{aligned}$$

类似地, 可计算条件属性 a_1 的其他 4 个非平衡割点的 Gini 指数, 即 Gini$(t_2, a_1, U) = 0.44$、Gini$(t_3, a_1, U) = 0.36$、Gini$(t_4, a_1, U) = 0.31$、Gini$(t_5, a_1, U) = 0.46$. 在 a_1 的这 4 个非平衡割点中, 因为 $t_1 = \dfrac{59.4 + 60}{2} = 59.7$ 的 Gini 指数最小, 所以 t_1 是 a_1 的局部最优割点 t_1', 将其加入候选全局最优割点集合 T 中.

条件属性 a_2 有 3 个非平衡割点, 它们的 Gini 指数分别为 Gini$(t_1, a_2, U) = 0.26$、Gini$(t_2, a_2, U) = 0.44$、Gini$(t_3, a_2, U) = 0.24$. 在 a_2 的这 3 个非平衡割点中, 因为 $t_3 = \dfrac{18.8 + 19.2}{2} = 19$ 的 Gini 指数最小, 所以 t_3 是 a_2 的局部最优割点 t_2', 将其加入候选全局最优割点集合 T 中.

从 T 中选择全局最优割点, 因为 a_2 的局部最优割点 $t_2' = 19$ 的 Gini 指数 0.24, 小于 a_1 的局部最优割点 $t_1' = 59.7$ 的 Gini 指数 0.26, 所以 $t_2' = 19$ 是全局最优割点 t^*, 相应的属性 a_2 选择为扩展属性.

2) 划分样例集合递归地构建决策树

用条件属性 a_2 的割点 $t^* = 19$ 划分样例集合 U 为两个子集 U_1 和 U_2. 其中, U_1 中包含的样例在属性 a_2 上的取值均小于或等于 19, U_2 中包含的样例在属性

a_2 上的取值均大于 19, 如图 1.6 所示. 因为 U_2 中的样例都属于第 1 类, 所以产生一个类别为 "1" 叶结点. 又 U_1 中的样例不属于同一个类别, 所以在子集 U_1 上重复上述过程, 最终得到的决策树如图 1.7 所示.

图 1.7 所示的决策树有 5 个叶结点, 可以转化为如下 5 条分类规则.

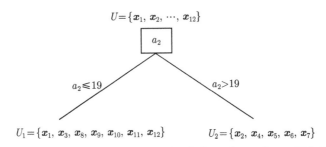

图 1.6　用最优割点 $t^* = 19$ 划分样例集合 U 为 U_1 和 U_2 两个子集

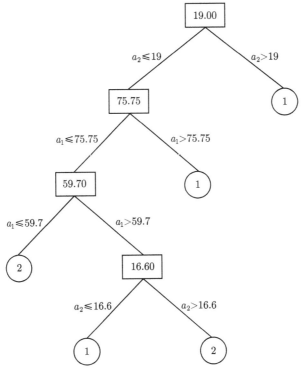

图 1.7　由表 1.7 用基于非平衡割点的连续值决策树归纳算法构建的决策树

规则 1: 如果 $a_1 \leqslant 59.7$ 且 $a_2 \leqslant 19$, 那么分类为 2.

规则 2: 如果 $59.7 < a_1 \leqslant 75.75$ 且 $a_2 \leqslant 16.6$, 那么分类为 1.

规则 3: 如果 $59.7 < a_1 \leqslant 75.75$ 且 $16.6 < a_2 \leqslant 19$, 那么分类为 2.

规则 4: 如果 $a_1 > 75.75$ 且 $a_2 \leqslant 19$, 那么分类为 1.

规则 5: 如果 $a_2 > 19$, 那么分类为 1.

1.4 神 经 网 络

神经网络[16,17] 是一种图计算模型. 作为一种机器学习方法, 神经网络既可以解决分类问题, 也可以解决回归问题. 神经网络的研究可以追溯到 1943 年. 在这一年, Mcculloch 和 Pitts 提出神经元模型, 即著名的 M-P 模型, 开启了神经网络的研究. 神经元模型是神经网络的基本构造单元, 也可以看作一种最简单的神经网络. Rosenblatt 于 1958 年提出感知器模型, 标志着神经网络研究迎来第一次热潮. 这种研究热潮持续了近十年时间. Minsky 和 Papert 于 1969 年从数学的角度证明了单层神经网络逼近能力有限, 甚至连简单的异或问题都不能解决, 自此神经网络研究陷入第一次低潮. Rumelhart 等于 1986 年成功实现了用反向传播 (back propagation, BP) 算法训练多层神经网络, 神经网络研究又迎来第二次研究的热潮. 此后近十年间, BP 算法始终占据统治地位. 但是, BP 算法容易产生过拟合、梯度消失、局部最优等问题. Vapnik 和 Cortes 于 1995 年提出支持向量机 (support vector machine, SVM). 支持向量机具有坚实的理论基础, 在应用中也表现出比神经网络更好的效果, 而神经网络的研究则不冷不热. Hinton 等于 2006 年提出深度学习, 神经网络迎来又一个高潮. 深度学习是训练深度模型 (包括深度神经网络) 的一种算法, 在计算机视觉、语音识别、自然语言处理等领域取得了极大的成功, 成为近几年的研究热点. 本节介绍神经网络的基础知识, 包括神经元模型、梯度下降算法和多层感知器模型.

1.4.1 神经元模型

神经元是神经网络的基本构成单位. 其结构如图 1.8 所示. 其中, $\boldsymbol{x} = (x_1, x_2, \cdots, x_d)$ 是神经元的输入, $\boldsymbol{w} = (w_1, w_2, \cdots, w_d)$ 是连接权, $f(\cdot)$ 是激活函数, b 是神经元的偏置.

由图 1.8 可以看出, 神经元的输出为

$$o = f(\boldsymbol{w} \cdot \boldsymbol{x} + b) = f\left(\sum_{i=1}^{d} w_i x_i + b\right) \tag{1.5}$$

如果把偏置 b 看作一种特殊的连接权 $w_0 = b$, 则相应的输入为 $x_0 = 1$. 此时, $\boldsymbol{x} = (x_0, x_1, \cdots, x_d)$, $\boldsymbol{w} = (w_0, w_1, \cdots, w_d)$, 式 (1.5) 变为

$$o = f(\boldsymbol{w} \cdot \boldsymbol{x} + b) = f\left(\sum_{i=0}^{d} w_i x_i\right) \tag{1.6}$$

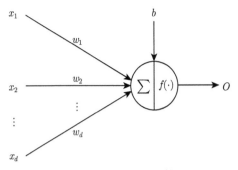

图 1.8　神经元的结构

激活函数的作用是对神经元的输出进行调制. 常用的激活函数包括以下几种.

(1) 阈值函数, 表达式为

$$f(x) = \begin{cases} 1, & x \geqslant 0 \\ 0, & x < 0 \end{cases} \tag{1.7}$$

(2) 分段线性函数, 表达式为

$$f(x) = \begin{cases} 1, & x \geqslant 1 \\ \dfrac{1+x}{2}, & -1 < x < 1 \\ 0, & x \leqslant -1 \end{cases} \tag{1.8}$$

(3) Sigmoid 函数, 表达式为

$$f(x) = \frac{1}{1 + \mathrm{e}^{-\alpha x}} \tag{1.9}$$

其中, α 为大于零的参数.

(4) 双曲正切函数, 表达式为

$$f(x) = \frac{1 - \mathrm{e}^{-2\alpha x}}{1 + \mathrm{e}^{-2\alpha x}} \tag{1.10}$$

其中, α 为大于零的参数.

如果神经元的激活函数为线性函数 $y = x$, 那么称这种神经元为线性元.

1.4.2　梯度下降算法

为易于理解, 我们以不带偏置的线性元为例介绍梯度下降算法. 给定一个训练集 $\mathrm{DT} = \{(\boldsymbol{x}_j, y_j) | 1 \leqslant j \leqslant n\}$, $\boldsymbol{x}_j = (x_{j1}, x_{j2}, \cdots, x_{jd})$ 为训练样例, y_j 为期望

输出. 线性元的训练误差为

$$E(\boldsymbol{w}) = \frac{1}{2} \sum_{j=1}^{n} (y_j - o_j)^2 \tag{1.11}$$

其中, o_j 为线性元关于训练样例 $\boldsymbol{x}_j$ 的实际输出; y_j 为相应的期望输出.

对于 $d = 2$ 的特殊情况, 式 (1.11) 给出的误差曲面如图 1.9 所示. 图中箭头所指的是点 A 处的梯度下降方向. 下面介绍梯度下降算法.

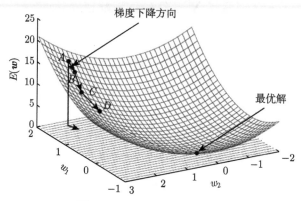

图 1.9　$d = 2$ 时的误差曲面

梯度下降算法是求解最优化问题的一种数值计算方法, 它从某一个初始点 (图 1.9 中的 A 点) 开始, 沿着梯度下降的方向按一定的步长移动到另一点 (图 1.9 中的 B 点), 如此重复进行, 直至找到问题的最优解.

梯度下降的方向是下降最快的方向. 该方向由误差函数的梯度向量决定. 下面给出梯度的定义.

定义 1.4.1　式 (1.12) 给出的导数向量称为误差函数 $E(\boldsymbol{w})$ 的梯度, 记为 $\nabla E(\boldsymbol{w})$, 即

$$\nabla E(\boldsymbol{w}) = \left(\frac{\partial E}{\partial w_1}, \frac{\partial E}{\partial w_2}, \cdots, \frac{\partial E}{\partial w_d} \right) \tag{1.12}$$

说明: 实际上, 由 $\nabla E(\boldsymbol{w})$ 确定的方向是权空间 (或参数空间) 中的最速上升方向, 负梯度方向 $-\nabla E(\boldsymbol{w})$ 是最速下降方向, 如图 1.9 中箭头所指的方向.

梯度下降算法的权值更新规则 (也称 δ 规则) 可由式 (1.13) 给出, 即

$$\boldsymbol{w} = \boldsymbol{w} - \eta \nabla E(\boldsymbol{w}) \tag{1.13}$$

其中, η 为正常数, 称为学习率, 决定了梯度下降的步长.

分量形式的权值更新规则可由式 (1.14) 给出, 即

$$w_i = w_i - \eta \frac{\partial E}{\partial w_i} \tag{1.14}$$

其中

$$
\begin{aligned}
\frac{\partial E}{\partial w_i} &= \frac{\partial}{\partial w_i} \frac{1}{2} \sum_{j=1}^{n} (y_j - o_j)^2 \\
&= \frac{1}{2} \sum_{j=1}^{n} \frac{\partial}{\partial w_i} (y_j - o_j)^2 \\
&= \frac{1}{2} \sum_{j=1}^{n} 2(y_j - o_j) \frac{\partial}{\partial w_i} (y_j - o_j) \\
&= \sum_{j=1}^{n} (y_j - o_j)(-x_{ij})
\end{aligned}
$$

权增量的计算可由式 (1.15) 给出, 即

$$\Delta w_i = \eta \sum_{j=1}^{n} (y_j - o_j) x_{ij} \tag{1.15}$$

针对线性元模型的梯度下降贪心算法的伪代码如算法 1.4 所示.

算法 1.4: 梯度下降贪心算法

1　**输入:** 训练集 $\mathrm{DT} = \{(\boldsymbol{x}, y)\}$, 学习率 η.
2　**输出:** 权向量 $\boldsymbol{w}$.
3　初始化 w_i 为小随机数;
4　**while** (不满足停止条件时) **do**
5　　$\Delta w_i = 0$;
6　　**for** $\forall (\boldsymbol{x}, y) \in \mathrm{DT}$ **do**
7　　　将 $\boldsymbol{x}$ 输入线性元模型, 计算相应的输出 $\boldsymbol{o}$;
8　　　**for** $\forall w_i$ **do**
9　　　　$\Delta w_i = \Delta w_i + \eta(\boldsymbol{y} - \boldsymbol{o}) x_i$;
10　　　**end**
11　　**end**
12　　**for** $\forall w_i$ **do**
13　　　$w_i = w_i + \Delta w_i$;
14　　**end**
15　**end**
16　Return $\boldsymbol{w}$.

1.4.3　多层感知器模型

多层感知器也称多层前馈神经网络. 其结构示意图如图 1.10 所示.

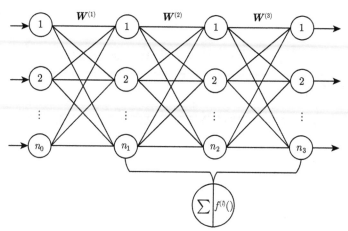

图 1.10　多层感知器结构示意图

　　神经网络的训练 (包括多层感知器) 是指用训练数据确定网络最优参数 (权值、偏置) 的过程. 训练数据的集合称为训练集. 用于训练神经网络的训练集必须是实数值 (连续值) 数据集. 如果用于求解分类问题, 那么数据集还要有类标. 如果用于求解回归问题, 那么数据集还要有期望输出值. 神经网络的测试是指用测试数据评估训练好的神经网络的性能 (泛化能力、测试精度、测试误差). 对于给定的数据集, 一般按一定的比例随机将其划分为训练集和测试集. BP 算法是训练多层前馈神经网络的常用算法. 下面以图 1.10 所示的前馈神经网络为例介绍 BP 算法. BP 算法包括前向传播和后向传播两个阶段.

　　1. 第一个阶段: 前向传播

前向传播是指将数据输入多层前馈神经网络, 计算网络的输出.

在图 1.10 中, 第一层权矩阵为

$$\boldsymbol{W}^{(1)} = \left[w_{ji}^{(1)}\right]_{n_1 \times n_0}, \quad i = 1, 2, \cdots, n_0; j = 1, 2, \cdots, n_1 \tag{1.16}$$

第二层权矩阵为

$$\boldsymbol{W}^{(2)} = \left[w_{rj}^{(2)}\right]_{n_2 \times n_1}, \quad r = 1, 2, \cdots, n_2 \tag{1.17}$$

第三层权矩阵为

$$\boldsymbol{W}^{(3)} = \left[w_{sr}^{(3)}\right]_{n_3 \times n_2}, \quad s = 1, 2, \cdots, n_3 \tag{1.18}$$

对于给定的输入 $\boldsymbol{x} \in \boldsymbol{R}^{n_0 \times 1}$, 第一层的输出为

$$\boldsymbol{x}_{(\text{out},1)} = \boldsymbol{f}^{(1)}\left(\boldsymbol{v}^{(1)}\right) = \boldsymbol{f}^{(1)}\left(\boldsymbol{W}^{(1)}\boldsymbol{x}\right) \in \mathbf{R}^{n_1 \times 1} \tag{1.19}$$

第二层的输出为

$$\boldsymbol{x}_{(\text{out},2)} = \boldsymbol{f}^{(2)}\left(\boldsymbol{v}^{(2)}\right) = \boldsymbol{f}^{(2)}\left(\boldsymbol{W}^{(2)}\boldsymbol{x}_{\text{out},1}\right) \in \mathbf{R}^{n_2 \times 1} \tag{1.20}$$

第三层的输出为

$$\boldsymbol{x}_{(\text{out},3)} = \boldsymbol{f}^{(3)}\left(\boldsymbol{v}^{(3)}\right) = \boldsymbol{f}^{(3)}\left(\boldsymbol{W}^{(3)}\boldsymbol{x}_{\text{out},2}\right) \in \mathbf{R}^{n_3 \times 1} \tag{1.21}$$

整个网络的输出为

$$\boldsymbol{y} = \boldsymbol{x}_{(\text{out},3)} = \boldsymbol{f}^{(3)}\left(\boldsymbol{W}^{(3)}\boldsymbol{f}^{(2)}\left(\boldsymbol{W}^{(2)}\boldsymbol{f}^{(1)}\left(\boldsymbol{W}^{(1)}\boldsymbol{x}\right)\right)\right) \tag{1.22}$$

2. 第二个阶段: 后向传播

后向传播指的是误差后向传播. BP 算法以最速下降梯度法为基础, 最小化下列判据, 即

$$E_q = \frac{1}{2}\left(\boldsymbol{d}_q - \boldsymbol{x}_{\text{out}}^{(3)}\right)^{\text{T}}\left(\boldsymbol{d}_q - \boldsymbol{x}_{\text{out}}^{(3)}\right) \tag{1.23}$$

其中, q 表示样例编号.

应用最速下降梯度法, 网络权值按下式更新, 即

$$\Delta w_{ji}^{(l)} = -\mu^{(l)}\frac{\partial E_q}{\partial w_{ji}^{(l)}}, \quad l = 1, 2, 3 \tag{1.24}$$

对输出层, 网络权值按下式更新, 即

$$\begin{aligned}
\Delta w_{ji}^{(3)} &= -\mu^{(3)}\frac{\partial E_q}{\partial w_{ji}^{(3)}} \\
&= -\mu^{(3)}\frac{\partial E_q}{\partial v_j^{(3)}} \times \frac{\partial v_j^{(3)}}{\partial w_{ji}^{(3)}}
\end{aligned} \tag{1.25}$$

其中

$$\begin{aligned}
\frac{\partial E_q}{\partial v_j^{(3)}} &= \frac{\partial}{\partial v_j^{(3)}}\left[\frac{1}{2}\sum_{h=1}^{n_3}\left(d_{qh} - f(v_h^{(3)})\right)^2\right] \\
&= -\left(d_{qj} - f(v_j^{(3)})\right)g(v_j^{(3)})
\end{aligned} \tag{1.26}$$

$$\frac{\partial v_j^{(3)}}{\partial w_{ji}^{(3)}} = \frac{\partial}{\partial w_{ji}^{(3)}} \left(\sum_{h=1}^{n_2} w_{jh}^{(3)} \times x_{\mathrm{out},h}^{(2)} \right) = x_{\mathrm{out},h}^{(2)} \tag{1.27}$$

式 (1.26) 可以等价地写为

$$\frac{\partial E_q}{\partial v_j^{(3)}} = - \left(d_{qj} - x_{\mathrm{out},j}^{(3)} \right) g(v_j^{(3)}) \stackrel{\mathrm{def}}{=\!=} -\delta_j^{(3)} \tag{1.28}$$

其中, $g(\cdot)$ 为 $f(\cdot)$ 的导数.

将式 (1.27) 和式 (1.28) 代入式 (1.25), 可得

$$\Delta w_{ji}^{(3)} = -\mu^{(3)} \delta_j^{(3)} x_{\mathrm{out},i}^{(2)} \tag{1.29}$$

或

$$w_{ji}^{(3)}(k+1) = w_{ji}^{(3)}(k) + \mu^{(3)} \delta_j^{(3)} x_{\mathrm{out},i}^{(2)} \tag{1.30}$$

其中, k 为迭代的次数.

对隐含层, 类似地有

$$\begin{aligned} \Delta w_{ji}^{(2)} &= -\mu^{(2)} \frac{\partial E_q}{\partial w_{ji}^{(2)}} \\ &= -\mu^{(2)} \frac{\partial E_q}{\partial v_j^{(2)}} \times \frac{\partial v_j^{(2)}}{\partial w_{ji}^{(2)}} \end{aligned} \tag{1.31}$$

其中

$$\begin{aligned} \frac{\partial E_q}{\partial v_j^{(2)}} &= \frac{\partial}{\partial x_{\mathrm{out},j}^{(2)}} \left\{ \frac{1}{2} \sum_{h=1}^{n_3} \left[d_{qh} - f \left(\sum_{p=1}^{n_2} w_{hp}^{(3)} x_{\mathrm{out},p}^{(2)} \right) \right]^2 \right\} \times \frac{\partial x_{\mathrm{out},j}^{(2)}}{\partial v_j^{(2)}} \\ &= - \left[\sum_{h=1}^{n_3} \left(d_{qh} - x_{\mathrm{out},h}^{(3)} \right) g(v_h^{(3)}) w_{hj}^{(3)} \right] g(v_j^{(2)}) \\ &= - \left(\sum_{h=1}^{n_3} \delta_h^{(3)} w_{hj}^{(3)} \right) g(v_j^{(2)}) \\ &\stackrel{\mathrm{def}}{=\!=} -\delta_j^{(2)} \end{aligned} \tag{1.32}$$

$$\frac{\partial v_j^{(2)}}{\partial w_{ji}^{(2)}} = \frac{\partial}{\partial w_{ji}^{(2)}} \left(\sum_{h=1}^{n_1} w_{jh}^{(2)} x_{\mathrm{out},h}^{(1)} \right) = x_{\mathrm{out},i}^{(1)} \tag{1.33}$$

将式 (1.32) 和式 (1.33) 代入式 (1.31), 可得

$$\Delta w_{ji}^{(2)} = -\mu^{(2)} \delta_j^{(2)} x_{\text{out},i}^{(2)} \tag{1.34}$$

或

$$w_{ji}^{(2)}(k+1) = w_{ji}^{(2)}(k) + \mu^{(2)} \delta_j^{(2)} x_{\text{out},i}^{(2)} \tag{1.35}$$

对含有任意个隐含层的前馈神经网络, 可得类似的更新公式, 即

$$w_{ji}^{(l)}(k+1) = w_{ji}^{(l)}(k) + \mu^{(l)} \delta_j^{(l)} x_{\text{out},i}^{(l)} \tag{1.36}$$

对输出层 L, δ 按式 (1.37) 计算, 即

$$\delta_j^{(L)} = \left(d_{qh} - x_{\text{out},j}^{(L)} \right) g \left(v_j^{(L)} \right) \tag{1.37}$$

对隐含层 $l(1 \leqslant l \leqslant L-1)$, δ 按式 (1.38) 计算, 即

$$\delta_j^{(l)} = \left(\sum_{h=1}^{n_{l+1}} \delta_h^{(l+1)} w_{hj}^{(l+1)} \right) g \left(v_j^{(l)} \right) \tag{1.38}$$

BP 算法的伪代码在算法 1.5 中给出.

算法 1.5: BP 算法

1　**输入:** 训练集 $\mathrm{DT} = \{(\boldsymbol{x}, y)\}$, 网络结构参数 $n_0, n_1, \cdots, n_L$.
2　**输出:** 权向量 $\boldsymbol{W}^{(1)}, \boldsymbol{W}^{(2)}, \cdots, \boldsymbol{W}^{(L)}$.
3　**for** $(i = 1; i \leqslant L; i = i+1)$ **do**
4　　用小随机数初始化 $\boldsymbol{W}^{(i)}$;
5　**end**
6　// 下面 **for** 循环中的 n 为样例数;
7　**for** $(i = 1; i \leqslant n; i = i+1)$ **do**
8　　利用式 (1.22) 计算网络的输出;
9　　利用式 (1.37) 式 (1.38) 计算局部误差;
10　　利用式 (1.36) 更新网络权值;
11　**end**
12　**if** (达到预定义的精度要求) **then**
13　　结束;
14　**else**
15　　重复步骤 3~10;
16　**end**
17　Return $\boldsymbol{W}^{(1)}, \boldsymbol{W}^{(2)}, \cdots, \boldsymbol{W}^{(L)}$.

1.4.4　卷积神经网络

卷积神经网络 (convolutional neural network, CNN)[18,19] 是典型的深度学习模型. CNN 可以看作一种多层前馈神经网络, 但是与传统的多层前馈神经网络不同. CNN 的输入是二维模式 (如图像), 其连接权是二维权矩阵 (也称卷积核), 基本操作是二维离散卷积和池化 (pooling). 由于 CNN 可以直接处理二维模式, 因此它在计算机视觉领域得到非常广泛的应用. 研究人员提出许多著名的 CNN 模型, 如 AlexNET[20]、InceptionNet[21]、ResNet[22] 等. CNN 的基本构成单元是卷积神经元, 它是图 1.10 中所示经典神经元的扩展. 具体扩展包括如下 6 个方面.

(1) 输入 $x_i(1 \leqslant i \leqslant d)$ 由标量扩展为矩阵 $\boldsymbol{X}_i(1 \leqslant i \leqslant d)$. 在 CNN 中, $\boldsymbol{X}_i$ 称为输入特征图.

(2) 连接权 $w_i(1 \leqslant i \leqslant d)$ 也由标量扩展为矩阵 $\boldsymbol{W}_i(1 \leqslant i \leqslant d)$. 在 CNN 中, $\boldsymbol{W}_i$ 称为卷积核或卷积滤波器. 一般地, $\boldsymbol{W}_i$ 是阶数较小的矩阵, 如 3×3 或 5×5 的矩阵, 矩阵中的元素是需要学习的权参数.

(3) 标量 w_i 和 x_i 的乘积扩展为矩阵 $\boldsymbol{X}_i$ 和 $\boldsymbol{W}_i$ 的卷积, 卷积的结果依然是一个矩阵 $\boldsymbol{O}_i$. 它的阶数与 $\boldsymbol{X}_i$ 的阶数未必相同.

(4) 求和算子 $\sum$ 由对 $w_i x_i$ 求和扩展为对 $\boldsymbol{X}_i * \boldsymbol{W}_i$ 求和. 其中, 符号 $*$ 是卷积运算符. 换句话说, 求和算子 $\sum$ 由对标量求和扩展为对矩阵求和.

(5) 激活函数 $f(\cdot)$ 由作用到一个标量 $\sum_{i=1}^{d}(w_i x_i + b)$ 扩展为作用到一个矩阵 $\sum_{i=1}^{d}(\boldsymbol{W}_i * \boldsymbol{X}_i + \boldsymbol{I}b) = \sum_{i=1}^{d}(\boldsymbol{O}_i + \boldsymbol{I}b)$. 其中, $\boldsymbol{I}$ 为全 1 矩阵, b 为偏置.

(6) 输出 o 由一个标量扩展为一个矩阵 $\boldsymbol{O}$.

1. 基本概念

CNN 中的基本概念包括卷积、权值共享、局部感受域、池化.

1) 卷积

卷积是 CNN 的核心概念, 它是一种数学运算. 在 CNN 中, 一幅输入图像 (也称输入特征图, 实际上就是一个矩阵) 与一个卷积核作卷积运算, 结果变换成另一幅图像, 称为输出特征图 (也是一个矩阵, 大小可能与输入特征图相同, 也可能大于或小于输入特征图, 这取决于卷积核的大小及卷积操作的方式). 卷积操作示意图如图 1.11 所示.

2) 权值共享

在卷积运算的过程中, 卷积核中的参数应用于输入矩阵 (输入特征图) 的多个位置, 不同的位置共享卷积核中的参数. 这种性质称为权值共享.

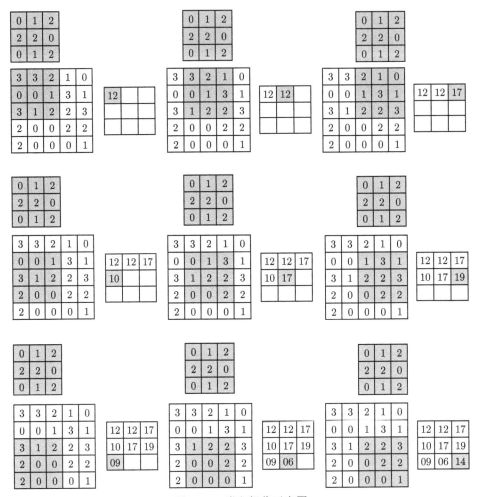

图 1.11　卷积操作示意图

3) 局部感受域

在卷积运算的过程中, 卷积核每移动一次, 它所覆盖的区域 (输入矩阵的一个局部子矩阵) 称为局部感受域.

权值共享使得需要学习的参数大幅度减少. 局部感受域的大小由卷积核的大小决定. 下面讨论影响输出特征图的因素. 影响输出特征图大小的因素包括以下 4 个[23].

(1) 输入特征图的大小 i, 相当于 $i_1 = i_2 = i$, 对应的矩阵是方阵.

(2) 卷积核的大小 k, 相当于 $k_1 = k_2 = k$, 对应的矩阵是方阵.

(3) 卷积核移动的幅度 s, 即卷积核的跨度 (stride), 相当于 $s_1 = s_2 = s$.

(4) 补零 (zero padding) 的个数 p, 相当于 $p_1 = p_2 = p$.

图 1.12 为 $i = 5, k = 3, s = 2, p = 1$ 时的卷积操作示例[23].

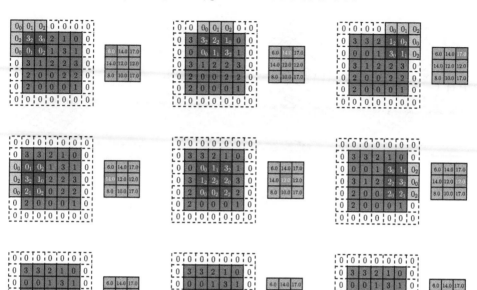

图 1.12 $\quad i = 5, k = 3, s = 2, p = 1$ 时的卷积操作示例

输出特征图的大小 o 与 i, k, s 和 p 之间的关系包括以下几种情况[23].

①**第一种情况:** $s = 1, p = 0$.

关系 1: 对于任意的 i, k, 下列关系成立, 即

$$o = (i - k) + 1 \tag{1.39}$$

图 1.13 为 $i = 4, k = 3, s = 1, p = 0$ 时的卷积操作示例.

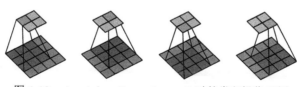

图 1.13 $\quad i = 4, k = 3, s = 1, p = 0$ 时的卷积操作示例

②**第二种情况:** $s = 1, p \neq 0$.

关系 2: 对于任意的 i, k, p, $s = 1$, 下列关系成立, 即

$$o = (i - k) + 2p + 1 \tag{1.40}$$

图 1.14 为 $i = 5, k = 3, s = 1, p = 2$ 时的卷积操作示例.

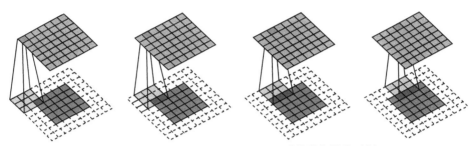

图 1.14 $i = 5, k = 3, s = 1, p = 2$ 时的卷积操作示例

关系 2.1: 对于任意的 i, $k = 2n + 1(k$ 是奇数$)$, $s = 1$ 和 $p = \left\lfloor \dfrac{k}{2} \right\rfloor = n$, 下列关系成立, 即

$$o = i + 2 \left\lfloor \frac{k}{2} \right\rfloor - (k - 1) = i + 2n - 2n = i \tag{1.41}$$

图 1.15 为 $i = 5, k = 3, s = 1, p = 1$ 时的卷积操作示例.

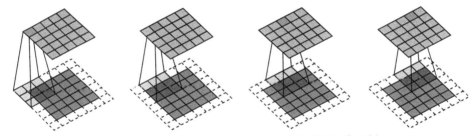

图 1.15 $i = 5, k = 3, s = 1, p = 1$ 时的卷积操作示例

关系 2.2: 对于任意的 i 和 k, $p = k - 2$, $s = 1$, 下列关系成立, 即

$$o = i + 2(k - 1) - (k - 1) = i + (k - 1) \tag{1.42}$$

图 1.16 为 $i = 5, k = 4, s = 1, p = 2$ 时的卷积操作示例.

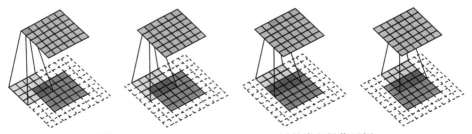

图 1.16 $i = 5, k = 4, s = 1, p = 2$ 时的卷积操作示例

③**第三种情况:** $s \neq 1, p = 0$.

关系 3: 对于任意的 $i, k, s, p = 0$, 下列关系成立, 即

$$o = \left\lfloor \frac{i-k}{s} \right\rfloor + 1 \tag{1.43}$$

图 1.17 为 $i = 5, k = 3, s = 2, p = 0$ 时的卷积操作示例.

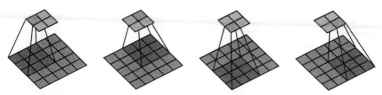

图 1.17　$i = 5, k = 3, s = 2, p = 0$ 时的卷积操作示例

④**第四种情况:** $s \neq 1, p \neq 0$.

关系 4: 对于任意的 i, k, s, p, 下列关系成立, 即

$$o = \left\lfloor \frac{i+2p-k}{s} \right\rfloor + 1 \tag{1.44}$$

图 1.18 为 $i = 5, k = 3, s = 2, p = 1$ 时的卷积操作示例.

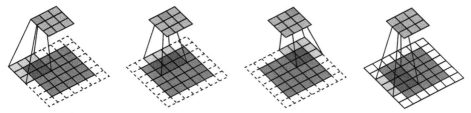

图 1.18　$i = 5, k = 3, s = 2, p = 1$ 时的卷积操作示例

4) 池化

由于图像数据的维数比较高, 为了降低计算量, 引入池化操作. 池化是减小输出特征图大小的运算, 它通过使用一些函数来汇总特征图子区域, 例如取平均值或最大值来减小特征图的大小. 特征图的子区域由池化窗口的大小决定. 下面分别给出平均池化 (图 1.19) 和最大池化 (图 1.20) 的例子, 其中池化窗口的大小为 3×3.

因为对于池化不存在补零之说, 所以 i, k, s 之间存在如下关系.

关系 5: 对于任意的 i, k, s, 下列关系成立, 即

$$o = \left\lfloor \frac{i-k}{s} \right\rfloor + 1 \tag{1.45}$$

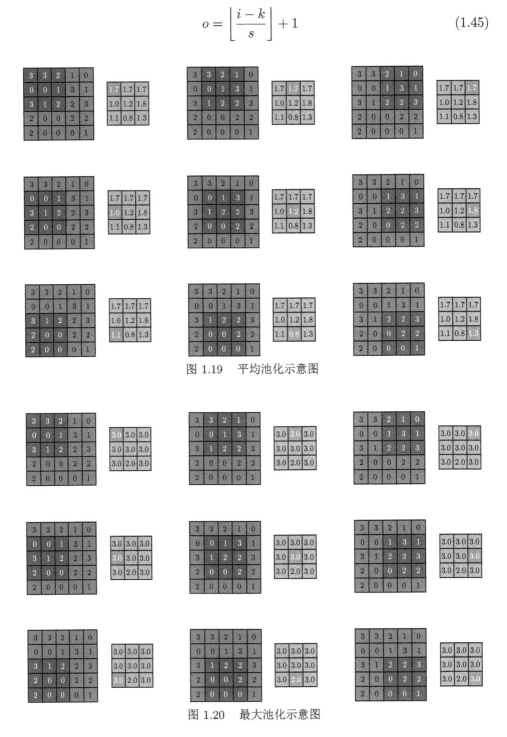

图 1.19　平均池化示意图

图 1.20　最大池化示意图

2. LetNet-5 及其结构详解

1) LetNet-5 概述

LetNet-5[18] 是历史上的第一个 CNN, 是 LeCun 等针对手写数字识别应用设计的 CNN. LetNet-5 的输入层是二维模式 (如图像). 隐含层由 3 个卷积层、2 个采样层和 1 个全连接层构成, 卷积层用于提取图像特征, 采样层用于降维. 输出层由 10 个神经元构成, 对应手写数字的 10 个类别. 卷积层由若干个卷积神经元构成. 卷积神经元与上一层节点 (输出为特征图) 之间的连接权为卷积核. 卷积核通常是一个小矩阵, 其元素是要学习的参数. 卷积核与前一层的特征图 (或输入图像) 做卷积, 以实现特征提取, 并经激活函数进行非线性变换.

从数学的角度看, 第 l 层第 k 个特征图在位置 (i,j) 的值为

$$z_{i,j,k}^l = (\boldsymbol{w}_k^l)^{\mathrm{T}} \boldsymbol{x}_{i,j}^l + b_k^l \tag{1.46}$$

其中, $\boldsymbol{w}_k^l$ 和 b_k^l 分别为第 l 层第 k 个卷积核矩阵和偏置项; $\boldsymbol{x}_{i,j}^l$ 为第 l 层以 (i,j) 为中心的输入子矩阵 (局部感受域).

激活函数将非线性引入 CNN. 令 $a(\cdot)$ 表示非线性激活函数, 则卷积特征 $z_{i,j,k}^l$ 的激活函数值为

$$a_{i,j,k}^l = a\left(z_{i,j,k}^l\right) \tag{1.47}$$

典型的激活函数包括 Sigmoid 激活函数、tanh 激活函数和 ReLU(rectified linear unit) 激活函数. ReLU 激活函数的定义为

$$a_{i,j,k}^l = \max\left(z_{i,j,k}^l, 0\right) \tag{1.48}$$

许多工作显示, ReLU 激活函数比 Sigmoid 激活函数和 tanh 激活函数实验效果好. 但是, ReLU 激活函数也存在不足, 如常数梯度和零梯度效应, 这可能降低 CNN 的训练速度. 为了克服 ReLU 的不足, 研究人员提出几种改进方案[24], 即 leaky ReLU(LReLU)、parametric ReLU(PReLU)、randomized ReLU(RReLU)、exponential linear unit(ELU).

LReLU 函数的定义为

$$a_{i,j,k} = \max(z_{i,j,k}, 0) + \lambda \min(z_{i,j,k}, 0) \tag{1.49}$$

其中, $\lambda \in (0,1)$ 为用户预定义的参数.

PReLU 函数的定义为

$$a_{i,j,k} = \max(z_{i,j,k}, 0) + \lambda_k \min(z_{i,j,k}, 0) \tag{1.50}$$

其中, λ_k 为第 k 个通道可学习的参数.

RReLU 函数的定义为

$$a_{i,j,k}^n = \max(z_{i,j,k}^n, 0) + \lambda_k^n \min(z_{i,j,k}^n, 0) \tag{1.51}$$

其中, $z_{i,j,k}^n$ 表示关于第 n 个样例在位置 (i,j) 的第 k 个通道的值; λ_k^n 为相应样例的随机抽样参数.

ELU 函数的定义为

$$a_{i,j,k} = \max(z_{i,j,k}, 0) + \min(\lambda(\mathrm{e}^{z_{i,j,k}} - 1), 0) \tag{1.52}$$

其中, λ 为用户预定义的参数, 用于控制负值输出的饱和程度.

LetNet-5 的池化层也称采样层. 它紧接着卷积层, 采样神经元和卷积神经元之间的连接方式是一对一的. 采样层的目的是降维, 同时获得特征图的平移不变特性. 设池化函数为 $\mathrm{pool}(\cdot)$, 这样对于每一个特征图 $\boldsymbol{a}_{:,:,k}^l$, 对于 $\forall (m,n) \in R_{ij}$, 经池化运算可得

$$y_{i,j,k}^l = \mathrm{pool}\left(\boldsymbol{a}_{m,n,k}^l\right) \tag{1.53}$$

其中, R_{ij} 为 (i,j) 周围的一个局部区域 (称为池化区域).

几个交替的卷积层和采样层之后是一个单隐含层前馈神经网络.

2) LetNet-5 结构详解

LetNet-5 共包含 8 层, 可分为特征学习器和分类器两部分, 如图 1.21 所示. 其输入层包含 1 个节点, 接收二维输入模式 (32×32 的灰度图像); 输出层包含 10 个节点, 分别对应手写数字的 10 类.

LetNet-5 前三层的详细结构如图 1.22 所示.

LetNet-5 的输入层是需要处理的图像数据. 下面对其余 7 层做详细介绍.

(1) C1 卷积层.

C1 卷积层由 6 个卷积神经元构成, 每一个神经元有一个偏置; 输入是 32×32 的特征图, 即 $i = 32$; 卷积核大小为 5×5, 即 $k = 5$; 跨度为 1, 没有补零, 即 $s = 1$, $p = 0$. 因此, 输出特征图的大小为 $o = (i - k) + 1 = (32 - 5) + 1 = 28$, 即输出特征图大小为 28×28. 在 C1 卷积层中, 因为每一个神经元只和输入特征图连接, 卷积神经元的入度为 1, 对 1 项求和, 相当于没有求和. 激活函数是 $y = x$, 相当于没有激活函数. C1 卷积层参数个数为 $6 \times (5 \times 5 + 1) = 156$ 个.

(2) S2 池化层.

因为 S2 层池化神经元的输入是 C1 层卷积神经元的输出, 所以池化神经元的个数为 6 个, 输入特征图大小为 28×28, 即 $i = 28$; 池化窗口大小为 2×2, 池化操作为池化窗口内元素求和. 显然, 池化神经元输出特征图大小为 14×14. 每个池化窗口有一个可训练的权参数, 还有一个可训练的偏置. 激活函数为 Sigmoid 函数, 参数个数为 $2 \times 6 \times 14 \times 14 = 2352$.

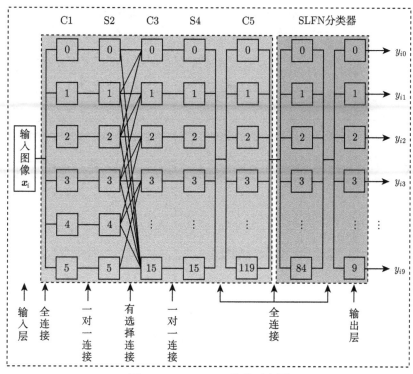

图 1.21　LetNet-5 结构示意图

(3) C3 卷积层.

C3 卷积层由 16 个卷积神经元构成, 输入是 14×14 的特征图, 即 $i = 14$; 卷积核大小为 5×5, 即 $k = 5$; 跨度为 1, 没有补零, 即 $s = 1, p = 0$. 因此, 输出特征图的大小为 $o = (i - k) + 1 = (14 - 5) + 1 = 10$, 即输出特征图大小为 10×10. C3 层卷积神经元与 S2 层池化神经元的连接方式采用有选择连接, 具体连接方式如图 1.23 所示.

C3 层的前 6 个卷积神经元与 S2 中 3 个相邻的特征图相连. 每一个连接的卷积核是 5×5 的, 做卷积运算后, 可以得到 3 个特征图, 然后求和算子对 3 个卷积特征图求和; 每个卷积神经元有一个偏置, 共有 16 个偏置, 激活函数是 $y = x$. 因此, C3 层的前 6 个卷积神经元需要训练的参数共 $6 \times (3 \times 5 \times 5 + 1)$ 个. 接下来, 6 个卷积神经元与 S2 中 4 个相邻特征图相连接 (入度为 4, 求和算子对 4 个特征图求和). 后面的 3 个卷积神经元与 S2 层不相邻的 4 个特征图相连 (入度为 4, 求和算子对 4 个特征图求和). 最后一个卷积神经元与 S2 层中所有的 6 个神经元相连. 显然, C3 层需要训练的参数共有 $6 \times (3 \times 5 \times 5 + 1) + 6 \times (4 \times 5 \times 5 + 1) + 3 \times (4 \times 5 \times 5 + 1) + 1 \times (6 \times 5 \times 5 + 1) = 1516$.

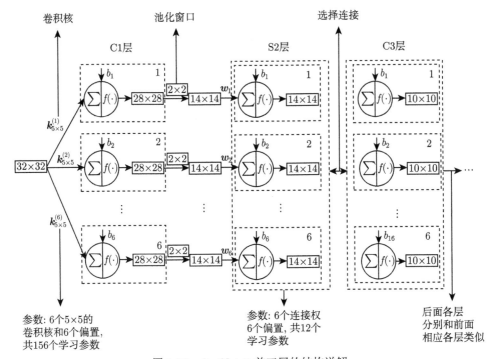

图 1.22　LetNet-5 前三层的结构详解

	0	1	2	3	4	5	6	7	8	9	10	11	12	13	14	15
0	X				X	X	X			X	X	X	X		X	X
1	X	X				X	X	X			X	X	X	X		X
2	X	X	X				X	X	X			X		X	X	X
3		X	X	X			X	X	X	X			X		X	X
4			X	X	X			X	X	X	X		X	X		X
5				X	X	X			X	X	X	X		X	X	X

图 1.23　C3 层卷积神经元与 S2 层池化神经元之间的选择连接方式

(4) S4 池化层.

S4 池化层输入特征图大小为 10×10, 池化窗口大小为 2×2, 池化操作对池化窗口内元素求和, 池化神经元个数为 16, 与 C3 卷积神经元的个数一一对应. 输出特征图大小为 5×5, 每个池化窗口有一个可训练的权参数, 还有一个可训练的偏置, 激活函数取 Sigmoid 函数, 参数个数为 $2 \times 16 \times 5 \times 5 = 800$ 个.

(5) C5 卷积层.

C5 卷积层输入特征图大小为 5×5, 卷积核大小也是 5×5, 卷积神经元个数为 120, 跨度为 1, 没有补零, 连接方式为全连接. 输出特征图大小为 1×1, 退化为一个标量, 每一个卷积神经元有一个偏置, 共 120 个, 参数个数为 $120 \times (16 \times 5 \times 5 + 1) =$

48120. 因为 C5 卷积层每一个神经元与 S4 层 16 个神经元全连接, 所以求和算子是对 16 项 (即 16 个卷积特征图) 求和, 激活函数是 $y = x$, 相当于没有激活函数.

(6) F6 层.

F6 层的输入是 C5 层的 120 维向量, 神经元个数为 84, 采用全连接方式连接. 具体地, 计算输入向量和权重向量之间的点积, 再加上一个偏置, 结果通过 Sigmoid 函数输出, 输出特征图是一个 84 维的向量, 参数个数为 $84 \times (120 + 1) = 10164$.

(7) 输出层.

输出层的输入为 F6 层的 84 维向量, 神经元个数为 10, 分别代表数字 0∼9. 如果节点 i 的值为 0, 那么网络识别的结果是数字 i. 连接方式为全连接, 激活函数采用径向基函数, 输出为 10 维 0-1 向量, 参数个数为 $84 \times 10 = 840$.

3) 卷积神经网络的训练

从宏观上看, CNN 属于前馈网络, 可用 BP 算法来训练. 但是, 因为 CNN 包含池化层, 所以在用 BP 算法进行训练时还需要做些准备工作, 如转置卷积等. 训练 CNN 常用的目标函数 (损失函数) 是交叉熵函数, 二类分类中称为 Logistic 交叉熵损失函数, 多类分类中称为 Softmax 交叉熵损失函数. 它们的定义由式 (1.54) 和式 (1.55) 给出, 即

$$J(\boldsymbol{\theta}) = -\frac{1}{n} \left[\sum_{i=1}^{n} y_i \log \left(h_{\boldsymbol{\theta}}(\boldsymbol{x}_i) \right) + (1 - y_i) \log \left(1 - h_{\boldsymbol{\theta}}(\boldsymbol{x}_i) \right) \right] \tag{1.54}$$

$$J(\boldsymbol{\theta}) = -\frac{1}{n} \left(\sum_{i=1}^{n} \sum_{j=1}^{k} I(y_i = j) \log \frac{\mathrm{e}^{\boldsymbol{\theta}_j^{\mathrm{T}} \boldsymbol{x}_i}}{\sum_{l=1}^{k} \mathrm{e}^{\boldsymbol{\theta}_j^{\mathrm{T}} \boldsymbol{x}_i}} \right) \tag{1.55}$$

其中, $I(\cdot)$ 为指示函数.

CNN 的训练除了与目标函数有关, 还涉及很多因素, 如激活函数、池化函数、正则化技术、优化技术、加速技术等, 以及很多技巧. 详细介绍这些内容超出了本书的范围, 有兴趣的读者可参考文献 [18]、[19] 和 [25].

1.5 极限学习机

极限学习机 (extreme learning machine, ELM)[26,27] 是一种训练单隐含层前馈神经网络的随机化算法. 用极限学习机训练的单隐含层前馈神经网络具有特殊的结构, 如图 1.24 所示. 其特殊性主要体现在以下几点.

(1) 输入层节点没有求和单元, 激活函数是线性函数 $y = x$, 输入层节点只接收外部的输入.

(2) 隐含层节点有求和单元, 激活函数是 Sigmoid 函数, 隐含层节点接收输入层节点的输出.

(3) 输出层节点有求和单元, 激活函数是线性函数 $y = x$, 输出层节点接收隐含层的输出.

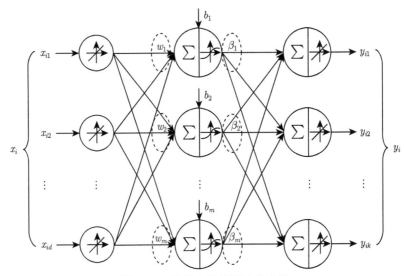

图 1.24　单隐含层前馈神经网络

在极限学习机中, 输入层和隐含层之间的权值及隐含层节点的偏置用随机化方法初始化, 隐含层和输出层之间的权值用分析的方法确定. 实际上, 在极限学习机中, 输入层到隐含层所起的作用是一个随机映射. 它把训练集中的样本点由原空间映射到一个特征空间. 特征空间的维数由隐含层节点的个数确定, 一般情况下, 特征空间的维数比原空间的维数高. 与 BP 算法相比, 极限学习机的优点是不需要迭代调整权参数, 具有非常快的学习速度和非常好的泛化能力.

给定训练集 $D = \{(\boldsymbol{x}_i, \boldsymbol{y}_i) | \boldsymbol{x}_i \in \mathbf{R}^d, \boldsymbol{y}_i \in \mathbf{R}^k, i = 1, 2, \cdots, n\}$, 其中 $\boldsymbol{x}_i$ 是 d 维输入向量, $\boldsymbol{y}_i$ 是 k 维目标向量. 具有 m 个隐含层节点的单隐含层前馈神经网络可表示为

$$f(\boldsymbol{x}_i) = \sum_{j=1}^{m} \boldsymbol{\beta}_j g(\boldsymbol{w}_j \cdot \boldsymbol{x}_i + b_j) \tag{1.56}$$

其中, $\boldsymbol{w}_j = (w_{j1}, w_{j2}, \cdots, w_{jd})^{\mathrm{T}}$ 为输入层节点到隐含层第 j 个节点的权向量; b_j 为隐含层第 j 个节点的偏置, 在极限学习机中 $\boldsymbol{w}_j$ 和 b_j 是随机生成的; $\boldsymbol{\beta}_j = (\beta_{j1}, \beta_{j2}, \cdots, \beta_{jm})^{\mathrm{T}}$ 是隐含层第 j 个节点到输出层节点的权向量, $\boldsymbol{\beta}_j$ 可通过给定的训练集用最小二乘拟合来估计, $\boldsymbol{\beta}_j$ 应满足

$$f(\boldsymbol{x}_i) = \sum_{j=1}^{m} \boldsymbol{\beta}_j g(\boldsymbol{w}_j \cdot \boldsymbol{x}_i + b_j) = y_i \tag{1.57}$$

式 (1.57) 可写成如下紧凑形式, 即

$$\boldsymbol{H}\boldsymbol{\beta} = \boldsymbol{Y} \tag{1.58}$$

其中

$$\boldsymbol{H} = \begin{bmatrix} g(\boldsymbol{w}_1 \cdot \boldsymbol{x}_1 + b_1) & \cdots & g(\boldsymbol{w}_m \cdot \boldsymbol{x}_1 + b_m) \\ \vdots & & \vdots \\ g(\boldsymbol{w}_1 \cdot \boldsymbol{x}_n + b_1) & \cdots & g(\boldsymbol{w}_m \cdot \boldsymbol{x}_n + b_m) \end{bmatrix} \tag{1.59}$$

$$\boldsymbol{\beta} = (\boldsymbol{\beta}_1^{\mathrm{T}}, \cdots, \boldsymbol{\beta}_m^{\mathrm{T}})^{\mathrm{T}} \tag{1.60}$$

$$\boldsymbol{Y} = (\boldsymbol{y}_1^{\mathrm{T}}, \cdots, \boldsymbol{y}_n^{\mathrm{T}})^{\mathrm{T}} \tag{1.61}$$

$\boldsymbol{H}$ 是单隐含层前馈神经网络的隐含层输出矩阵, 它的第 j 列是隐含层第 j 个节点相对于输入 $\boldsymbol{x}_1, \boldsymbol{x}_2, \cdots, \boldsymbol{x}_n$ 的输出, 它的第 i 行是隐含层相对于输入 $\boldsymbol{x}_i$ 的输出. 如果单隐含层前馈神经网络的隐含层节点个数等于样例的个数, 那么矩阵 $\boldsymbol{H}$ 是可逆方阵. 此时, 用单隐含层前馈神经网络能零误差逼近训练样例. 一般情况下, 单隐含层前馈神经网络的隐含层节点个数远小于训练样例的个数. 此时, $\boldsymbol{H}$ 不是一个方阵, 线性系统 (1.58) 也没有精确解, 可以通过求解下列优化问题的最小范数最小二乘解来代替式 (1.58) 的精确解, 即

$$\min_{\boldsymbol{\beta}} \|\boldsymbol{H}\boldsymbol{\beta} - \boldsymbol{Y}\| \tag{1.62}$$

优化问题 (1.62) 的最小范数最小二乘解可通过下式求得, 即

$$\hat{\boldsymbol{\beta}} = \boldsymbol{H}^{\dagger}\boldsymbol{Y} \tag{1.63}$$

其中, $\boldsymbol{H}^{\dagger}$ 为矩阵 $\boldsymbol{H}$ 的 Moore-Penrose 广义逆矩阵.

在式 (1.62) 中, 引入权值正则化项, 可得

$$\min_{\boldsymbol{\beta}} \|\boldsymbol{\beta}\| + \lambda \|\boldsymbol{H}\boldsymbol{\beta} - \boldsymbol{Y}\| \tag{1.64}$$

其中, λ 为控制参数.

优化问题 (1.64) 的最小范数最小二乘解可由式 (1.65) 给出[28], 即

$$\hat{\boldsymbol{\beta}} = \begin{cases} \boldsymbol{H}^{\mathrm{T}} \left(\dfrac{\boldsymbol{I}}{\lambda} + \boldsymbol{H}\boldsymbol{H}^{\mathrm{T}} \right)^{-1} \boldsymbol{Y}, & n \leqslant m \\ \left(\dfrac{\boldsymbol{I}}{\lambda} + \boldsymbol{H}^{\mathrm{T}}\boldsymbol{H} \right)^{-1} \boldsymbol{H}^{\mathrm{T}}\boldsymbol{Y}, & n > m \end{cases} \tag{1.65}$$

其中, n 为训练集中包含的样例数; m 为隐含层节点的个数.

因为一般情况下 $n \gg m$, 所以优化问题 (1.64) 的最小范数最小二乘解为

$$\hat{\boldsymbol{\beta}} = \left(\frac{\boldsymbol{I}}{\lambda} + \boldsymbol{H}^{\mathrm{T}} \boldsymbol{H} \right)^{-1} \boldsymbol{H}^{\mathrm{T}} \boldsymbol{Y} \tag{1.66}$$

极限学习机算法的伪代码在算法 1.6 中给出.

算法 1.6: 极限学习机算法

---

1 **输入:** 训练集 $D = \{(\boldsymbol{x}_i, \boldsymbol{y}_i) | \boldsymbol{x}_i \in \mathbf{R}^d, \boldsymbol{y}_i \in \mathbf{R}^k, i = 1, 2, \cdots, n\}$, 激活函数 $g(\cdot)$, 隐含层节点个数 m, 控制参数 λ.

2 **输出:** 权矩阵 $\boldsymbol{\beta}$.

3 **for** $(j = 1; j \leqslant m; j++)$ **do**

4   随机生成输入层权值 $\boldsymbol{w}_j$ 和隐含层节点的偏置 b_j;

5 **end**

6 **for** $(i = 1; i \leqslant n; i++)$ **do**

7   **for** $(j = 1; j \leqslant m; j++)$ **do**

8   计算隐含层输出矩阵 $\boldsymbol{H}$;

9   **end**

10 **end**

11 利用式 (1.66) 计算输出层权矩阵 $\hat{\boldsymbol{\beta}}$;

12 输出 $\hat{\boldsymbol{\beta}}$.

1.6 支持向量机

支持向量机[29-31] 是解决分类问题, 特别是二类分类问题的有效方法. 本节针对二类分类问题, 介绍支持向量机的基础知识.

1.6.1 线性可分支持向量机

下面首先介绍什么是线性可分问题, 然后介绍求解线性可分问题的支持向量机. 作为求解分类问题的算法, 支持向量机的输入是一个连续值属性决策表, 称为训练集. 为描述方便, 本节将具有两个类别的连续值属性决策表形式化地表示为 $D = \{(\boldsymbol{x}_i, y_i) | \boldsymbol{x}_i \in \mathbf{R}^d, y_i \in \{+1, -1\}\}$, $1 \leqslant i \leqslant n$. 下面给出线性可分问题的定义.

定义 1.6.1 给定训练集 $D = \{(\boldsymbol{x}_i, y_i) | \boldsymbol{x}_i \in \mathbf{R}^d, y_i \in \{+1, -1\}\}$, $1 \leqslant i \leqslant n$. 若存在 $\boldsymbol{w} \in \mathbf{R}^d, b \in \mathbf{R}$ 和正整数 ε, 使得对所有使 $y_i = +1$ 的 $\boldsymbol{x}_i$, 有 $(\boldsymbol{w} \cdot \boldsymbol{x}_i) + b > \varepsilon$, 而对所有使 $y_i = -1$ 的 $\boldsymbol{x}_i$, 有 $(\boldsymbol{w} \cdot \boldsymbol{x}_i) + b < \varepsilon$, 则称训练集 D 线性可分. 同时, 称相应的二类分类问题是线性可分的.

　　图 1.25 所示为二维二类线性可分问题的几何意义示意图. 图中 "+" 代表正类样例, "–" 代表负类样例. 可以看出, 对于二维二类线性可分问题, 存在许多直线能将两类样例分开, 如图 1.26 所示. 那么, 哪条直线是最好的呢? 又如何求解呢, 即如何选取 w 和 b 呢?

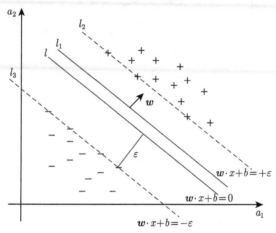

图 1.25　　二维二类线性可分问题的几何意义示意图

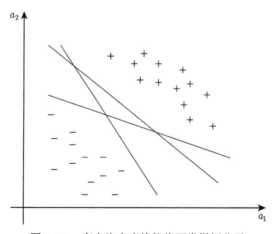

图 1.26　　存在许多直线能将两类样例分开

　　假设分类直线的法方向 w 已经确定, 图 1.25 中直线 l_1 就是一条能正确分类两类点的直线, 但是不唯一. l_2 和 l_3 是两条极端直线, 这两条极端直线之间的距离 $\rho = 2\varepsilon$ 称为与法方向 w 相对应的"间隔". 我们应该选取使间隔达到最大的法方向 w, 如图 1.27 所示. 处于两条极端直线正中间的那条直线 l 是最好的, 称为最优分类直线. 对应地, 在高维空间中称为最优分类超平面.

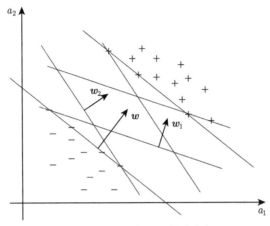

图 1.27   具有最大间隔的法方向 $\boldsymbol{w}$

给定适当的法方向 $\hat{\boldsymbol{w}}$ 后, 这两条极端直线可分别表示为

$$(\hat{\boldsymbol{w}} \cdot \boldsymbol{x}) + \hat{b} = \varepsilon_1 \tag{1.67}$$

$$(\hat{\boldsymbol{w}} \cdot \boldsymbol{x}) + \hat{b} = \varepsilon_2 \tag{1.68}$$

调整截距 $\hat{b}$, 可把这两条直线分别表示为

$$(\hat{\boldsymbol{w}} \cdot \boldsymbol{x}) + \hat{b} = +\varepsilon \tag{1.69}$$

$$(\hat{\boldsymbol{w}} \cdot \boldsymbol{x}) + \hat{b} = -\varepsilon \tag{1.70}$$

显然, 我们应选取的 l_2 和 l_3 正中间的那条直线 l, 即

$$(\hat{\boldsymbol{w}} \cdot \boldsymbol{x}) + \hat{b} = 0 \tag{1.71}$$

令 $\boldsymbol{w} = \dfrac{\hat{\boldsymbol{w}}}{\varepsilon}$, $b = \dfrac{\hat{b}}{\varepsilon}$, 则式 (1.69) 和式 (1.70) 可等价地写为

$$(\boldsymbol{w} \cdot \boldsymbol{x}) + b = +1 \tag{1.72}$$

$$(\boldsymbol{w} \cdot \boldsymbol{x}) + b = -1 \tag{1.73}$$

最优分类直线 l 的方程可等价地写为

$$(\boldsymbol{w} \cdot \boldsymbol{x}) + b = 0 \tag{1.74}$$

如图 1.28 所示, 设 $\boldsymbol{x}$ 和 $\boldsymbol{x}_1$ 分别是分类直线 l 和 l_2 上的点, 则

$$(\boldsymbol{w} \cdot \boldsymbol{x}) + b = 0 \tag{1.75}$$

$$(\boldsymbol{w} \cdot \boldsymbol{x}_1) + b = 1 \tag{1.76}$$

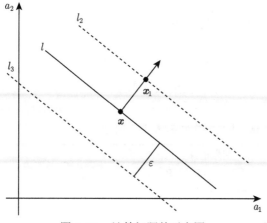

图 1.28 计算间隔的示意图

式 (1.76) 减去式 (1.75), 可得 $\boldsymbol{w} \cdot (\boldsymbol{x}_1 - \boldsymbol{x}) = 1$, 即 $\| \boldsymbol{w} \| \times \| \boldsymbol{x}_1 - \boldsymbol{x} \| \cos 0 = 1$, 从而可得

$$\varepsilon = \| \boldsymbol{x}_1 - \boldsymbol{x} \| = \frac{1}{\| \boldsymbol{w} \|} \tag{1.77}$$

因此, 可得两条极端直线之间的距离为 $\rho = \dfrac{2}{\| \boldsymbol{w} \|}$.

根据极大化 "间隔" 的思想, 可以得到如下最优化问题, 即

$$
\begin{aligned}
&\max_{\boldsymbol{w},b} \quad \frac{2}{\| \boldsymbol{w} \|} \\
&\text{s.t.} \quad
\begin{cases}
\boldsymbol{w} \cdot \boldsymbol{x}_i + b \geqslant +1, & y_i = +1 \\
\boldsymbol{w} \cdot \boldsymbol{x}_i + b \leqslant -1, & y_i = -1
\end{cases}
\end{aligned}
\tag{1.78}
$$

或等价地写为

$$
\begin{aligned}
&\min_{\boldsymbol{w},b} \quad \frac{\| \boldsymbol{w} \|}{2} \\
&\text{s.t.} \quad y_i(\boldsymbol{w} \cdot \boldsymbol{x}_i + b) \geqslant 1, \quad i = 1, 2, \cdots, n
\end{aligned}
\tag{1.79}
$$

根据最优化理论[32-34], 约束优化问题 (1.79) 的对偶问题为

$$\min_{\boldsymbol{\alpha}} \frac{1}{2} \sum_{i=1}^{n} \sum_{j=1}^{n} y_i y_j \alpha_i \alpha_j (\boldsymbol{x}_i \cdot \boldsymbol{x}_j) - \sum_{j=1}^{n} \alpha_j$$

$$\text{s.t.} \quad \sum_{i=1}^{n} y_i \alpha_i = 0 \tag{1.80}$$

$$\alpha_i \geqslant 0, \quad i = 1, 2, \cdots, n$$

其中, $\boldsymbol{\alpha} = (\alpha_1, \alpha_2, \cdots, \alpha_n)$ 为拉格朗日乘子.

对偶优化问题 (1.80) 可用标准的二次规划方法来求解. 这样, 求解线性可分问题的支持向量机算法的步骤如算法 1.7 所示.

算法 1.7: 求解线性可分问题的支持向量机算法

1. **输入:** 训练集 $D = \{(\boldsymbol{x}_i, y_i) | \boldsymbol{x}_i \in \mathbf{R}^d, y_i \in \{+1, -1\}\}$, $1 \leqslant i \leqslant n$.
2. **输出:** 决策函数 $f(\boldsymbol{x}) = \text{sign}(\boldsymbol{w}^* \cdot \boldsymbol{x} + b^*)$.
3. 构造约束优化问题 (1.79);
4. 求解对偶优化问题 (1.80), 得到最优解 $\boldsymbol{\alpha}^* = (\alpha_1^*, \alpha_2^*, \cdots, \alpha_n^*)$;
5. 计算 $\boldsymbol{w}^* = \sum_{i=1}^{n} y_i \alpha_i^* \boldsymbol{x}_i$;
6. 选择 $\boldsymbol{\alpha}^*$ 的一个正分量 α_j^*, 并计算 $b^* = y_j - \sum_{i=1}^{n} y_i \alpha_i^* (\boldsymbol{x}_i \cdot \boldsymbol{x}_j)$;
7. 构造最优分类超平面 $\boldsymbol{w}^* \cdot \boldsymbol{x} + b^* = 0$;
8. 输出决策函数 $f(\boldsymbol{x}) = \text{sign}(\boldsymbol{w}^* \cdot \boldsymbol{x} + b^*)$.

说明: 支持向量是指训练集中的某些样本点 $\boldsymbol{x}_i$. 事实上, 约束优化问题 (1.80) 的解 $\boldsymbol{\alpha}^*$ 的每一个分量 α_i^* 都与一个样本点相对应. 支持向量机算法构造的分类超平面仅依赖那些对应 α_i^* 不为零的样本点 $\boldsymbol{x}_i$, 而与其他样本点无关. 这些样本点 $\boldsymbol{x}_i$ 称为支持向量. 显然, 只有支持向量对最终求得的分类超平面的法方向 $\boldsymbol{w}$ 有影响, 而与非支持向量无关.

1.6.2 近似线性可分支持向量机

对于近似线性可分问题, 任何分类超平面都必有错分的情况, 此时不能再要求所有训练点满足约束条件 $y_i (\boldsymbol{w}_i \cdot \boldsymbol{x}_i + b) \geqslant 1, 1 \leqslant i \leqslant n$. 为此, 引入松弛变量 ξ_i, 把约束条件放松为 $y_i (\boldsymbol{w}_i \cdot \boldsymbol{x}_i + b) + \xi_i \geqslant 1, 1 \leqslant i \leqslant n$. 显然, $\boldsymbol{\xi} = (\xi_1, \xi_2, \cdots, \xi_n)$ 体现了训练集中的样本点被错误分类的情况, 可以由 $\boldsymbol{\xi}$ 构造训练集被错误分类的程度. 例如, 可用 $\sum_{i=1}^{n} \xi_i$ 描述训练集被错误分类的程度. 此时, 仍要求 "间隔" 尽量大, 而要求上式尽量小, 这样约束优化问题 (1.79) 就变为

$$\min_{\boldsymbol{w}, b, \boldsymbol{\xi}} \frac{\|\boldsymbol{w}\|}{2} + C \sum_{i=1}^{n} \xi_i \tag{1.81}$$

$$\text{s.t.} \quad y_i (\boldsymbol{w} \cdot \boldsymbol{x}_i + b) + \xi_i \geqslant 1, \quad i = 1, 2, \cdots, n$$

其中, $C > 0$ 为可选的惩罚参数.

类似地, 约束优化问题 (1.81) 的对偶问题为

$$\min_{\boldsymbol{\alpha}} \frac{1}{2} \sum_{i=1}^{n} \sum_{j=1}^{n} y_i y_j \alpha_i \alpha_j (\boldsymbol{x}_i \cdot \boldsymbol{x}_j) - \sum_{j=1}^{n} \alpha_j$$

$$\text{s.t.} \quad \sum_{i=1}^{n} y_i \alpha_i = 0$$

$$0 \leqslant \alpha_i \leqslant C, \quad i = 1, 2, \cdots, n$$

$$(1.82)$$

因此, 可以得到求解近似线性可分问题的支持向量机算法 (算法 1.8).

算法 1.8: 求解近似线性可分问题的支持向量机算法

1　**输入:** 训练集 $D = \{(\boldsymbol{x}_i, y_i) | \boldsymbol{x}_i \in \mathbf{R}^d, y_i \in \{+1, -1\}\}$, $1 \leqslant i \leqslant n$, 参数 C.

2　**输出:** 决策函数 $f(\boldsymbol{x}) = \text{sign}(\boldsymbol{w}^* \cdot \boldsymbol{x} + b^*)$.

3　选取适当的参数 C, 构造约束优化问题 (1.81);

4　求解约束优化问题 (1.82), 可得最优解 $\boldsymbol{\alpha}^* = (\alpha_1^*, \alpha_2^*, \cdots, \alpha_n^*)$;

5　计算 $\boldsymbol{w}^* = \sum\limits_{i=1}^{n} y_i \alpha_i^* \boldsymbol{x}_i$;

6　选择 $\boldsymbol{\alpha}^*$ 的一个正分量 α_j^*, 并计算 $b^* = y_j - \sum\limits_{i=1}^{n} y_i \alpha_i^* (\boldsymbol{x}_i \cdot \boldsymbol{x}_j)$;

7　构造最优分类超平面 $(\boldsymbol{w}^* \cdot \boldsymbol{x}) + b^* = 0$;

8　输出决策函数 $f(\boldsymbol{x}) = \text{sign}(\boldsymbol{w}^* \cdot \boldsymbol{x} + b^*)$.

1.6.3　线性不可分支持向量机

对于线性不可分问题, 支持向量机的处理思路是, 首先将训练集中的样本点通过核方法[35] 映射到高维特征空间. 由于在高维特征空间中, 样本点变得稀疏, 原本线性不可分的问题变为可分问题或近似线性可分. 然后, 在高维特征空间构造约束优化问题并求解该优化问题.

设样本点 $\boldsymbol{x}$ 经非线性映射 $\varphi(\cdot)$ 变换后变为 $z = \varphi(\boldsymbol{x})$, 则在高维特征空间中, 约束优化问题 (1.82) 变为

$$\min_{\boldsymbol{\alpha}} \frac{1}{2} \sum_{i=1}^{n} \sum_{j=1}^{n} y_i y_j \alpha_i \alpha_j (\varphi(\boldsymbol{x}_i) \cdot \varphi(\boldsymbol{x}_j)) - \sum_{j=1}^{n} \alpha_j$$

$$\text{s.t.} \quad \sum_{i=1}^{n} y_i \alpha_i = 0$$

$$0 \leqslant \alpha_i \leqslant C, \quad i = 1, 2, \cdots, n$$

$$(1.83)$$

进行变换后, 无论变换的具体形式如何, 变换对支持向量机的影响是把两个样本点在原空间的内积 $\boldsymbol{x}_i \cdot \boldsymbol{x}_j$ 变成高维特征空间的内积 $\varphi(\boldsymbol{x}_i) \cdot \varphi(\boldsymbol{x}_j)$, 记为 $K(\boldsymbol{x}_i, \boldsymbol{x}_j) = \varphi(\boldsymbol{x}_i) \cdot \varphi(\boldsymbol{x}_j)$, 称其为核函数. 这样在高维特征空间中, 优化问题 (1.83) 变为

$$\min_{\boldsymbol{\alpha}} \frac{1}{2} \sum_{i=1}^{n} \sum_{j=1}^{n} y_i y_j \alpha_i \alpha_j K(\boldsymbol{x}_i, \boldsymbol{x}_j) - \sum_{j=1}^{n} \alpha_j$$

$$\text{s.t.} \quad \sum_{i=1}^{n} y_i \alpha_i = 0 \tag{1.84}$$

$$0 \leqslant \alpha_i \leqslant C, \quad i = 1, 2, \cdots, n$$

类似地, 可以得到求解线性不可分问题的支持向量机算法 (算法 1.9).

算法 1.9: 求解线性不可分问题的支持向量机算法

1 **输入**: 训练集 $D = \{(\boldsymbol{x}_i, y_i)|\boldsymbol{x}_i \in \mathbf{R}^d, y_i \in \{+1, -1\}\}$, $1 \leqslant i \leqslant n$, 参数 C.
2 **输出**: 决策函数 $f(\boldsymbol{x}) = \text{sign}(\boldsymbol{w}^* \cdot \boldsymbol{x} + b^*)$.
3 选取适当的核函数 $K(\cdot, \cdot)$, 将训练集 D 映射到高维特征空间;
4 选取适当的参数 C, 在高维特征空间构造约束优化问题 (1.84);
5 求解约束优化问题 (1.84), 得到最优解 $\boldsymbol{\alpha}^* = (\alpha_1^*, \alpha_2^*, \cdots, \alpha_n^*)$;
6 计算 $\boldsymbol{w}^* = \sum\limits_{i=1}^{n} y_i \alpha_i^* \boldsymbol{x}_i$;
7 选择 $\boldsymbol{\alpha}^*$ 的一个正分量 α_j^*, 并计算 $b^* = y_j - \sum\limits_{i=1}^{n} y_i \alpha_i^* (\boldsymbol{x}_i \cdot \boldsymbol{x}_j)$;
8 构造最优分类超平面 $(\boldsymbol{w}^* \cdot \boldsymbol{x}) + b^* = 0$;
9 输出决策函数 $f(\boldsymbol{x}) = \text{sign}(\boldsymbol{w}^* \cdot \boldsymbol{x} + b^*)$.

说明:

(1) 从计算的角度, 不论 $\varphi(\boldsymbol{x})$ 产生的变换空间维数有多高. 这个空间中支持向量机的求解都可以在原空间通过核函数 $K(\boldsymbol{x}_i, \boldsymbol{x}_j)$ 进行, 这样就避免了高维空间里的计算问题, 而且计算核函数的复杂度和计算内积的复杂度没有实质性的增加.

(2) 只需要知道核函数 $K(\boldsymbol{x}_i, \boldsymbol{x}_j)$, 而没有必要知道 $\varphi(\boldsymbol{x})$ 的具体形式. 换句话说, 用支持向量机求解线性不可分问题, 可通过直接设计核函数 $K(\boldsymbol{x}_i, \boldsymbol{x}_j)$, 而不用设计变换函数 $\varphi(\boldsymbol{x})$, 但是需要满足一定的条件. 下面的定理 1.6.1[29-31] 给出了这一条件.

定理 1.6.1 (Mercer 条件) 对于任意的对称函数 $K(\boldsymbol{x}, \boldsymbol{y})$, 它是某个特征空

间中内积运算的充分必要条件是, 对于任意的 $\varphi \neq 0$ 且 $\int \varphi^2(\boldsymbol{x})\mathrm{d}\boldsymbol{x} < 0$, 有

$$\iint K(\boldsymbol{x}, \boldsymbol{y})\varphi(\boldsymbol{x})\varphi(\boldsymbol{y})\mathrm{d}\boldsymbol{x}\mathrm{d}\boldsymbol{y} > 0 \tag{1.85}$$

进一步可以证明[36], 这个条件还可以放松为满足如下条件的正定核, 即 $K(\boldsymbol{x}, \boldsymbol{y})$ 是定义在空间 U 上的对称函数, 并且对任意的样本点 $\boldsymbol{x}_1, \boldsymbol{x}_2, \cdots, \boldsymbol{x}_n \in U$ 和任意的实系数 $\alpha_1, \alpha_2, \cdots, \alpha_n$, 都有

$$\sum_{i=1}^{n}\sum_{j=1}^{n}\alpha_i\alpha_j K(\boldsymbol{x}_i, \boldsymbol{x}_j) \geqslant 0 \tag{1.86}$$

对于满足正定条件的正定核, 肯定存在一个从空间 U 到内积空间 H 的变换 $\varphi(\boldsymbol{x})$, 使得

$$K(\boldsymbol{x}, \boldsymbol{y}) = \varphi(\boldsymbol{x}) \cdot \varphi(\boldsymbol{y}) \tag{1.87}$$

这样构成的空间在泛函分析中称为再生希尔伯特空间.

常用的核函数包含以下 3 种[36].

(1) 多项式核函数, 即

$$K(\boldsymbol{x}, \boldsymbol{y}) = (\boldsymbol{x} \cdot \boldsymbol{y} + 1)^q \tag{1.88}$$

(2) 径向基核函数, 即

$$K(\boldsymbol{x}, \boldsymbol{y}) = \exp\left(-\frac{\parallel \boldsymbol{x} - \boldsymbol{y} \parallel^2}{\sigma^2}\right)^q \tag{1.89}$$

(3) Sigmoid 核函数, 即

$$K(\boldsymbol{x}, \boldsymbol{y}) = \tanh\left(v(\boldsymbol{x} \cdot \boldsymbol{y}) + c\right) \tag{1.90}$$

说明:

(1) 支持向量机通过选择不同的核函数来实现不同形式的非线性分类器, 即不同形式的非线性支持向量机. 当核函数选为线性内积时就是线性支持向量机. 若选择径向基核函数, 支持向量机能够实现一个径向基函数神经网络的功能. 若采用 Sigmoid 核函数, 支持向量机能够实现一个三层前馈神经网络的功能, 隐含层节点的个数就是支持向量的个数.

(2) 选择核函数及其中参数的基本做法是首先尝试简单的选择, 如线性核. 当结果不能满足要求时, 再考虑非线性核. 如果选择径向基核函数, 则首先应该选择宽度比较大的核, 宽度越大越接近线性, 然后尝试减小宽度, 增加非线性程度.

1.7 集 成 学 习

1.7.1 集成学习简介

集成学习[37-39] 也称分类器融合或多分类器系统. 它通过训练几个基本分类器来预测一个未知样例的类别, 应用某种集成策略将基本分类器的所有输出进行集成, 以获得最终的分类结果. 多分类器集成如图 1.29 所示. 集成学习的主要目标是通过训练多个基本分类器并将它们组合在一起, 从而获得一个优于每个基本分类器的新分类器, 从而提高单个分类器的性能. 其基本思想是, 从原始数据集构造几个训练集, 并在每一个训练集上训练一个基本分类器, 当遇到未知类别的样例时, 用集成这些基本分类器的预测结果作为未知样例的类别. 众所周知, 每一个基本分类器都会错误分类样例. 我们希望不同的基本分类器错误分类的样例是不同的, 这就是所谓的误差多样性[40,41]. 基本分类器多样性越高, 集成学习的性能就越好. 这已成为集成学习中的普遍原则.

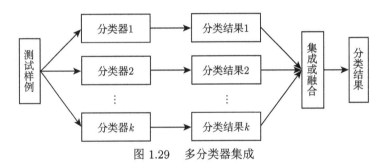

图 1.29　多分类器集成

在集成学习中, 基本分类器的构造和选择是关键问题, 直接影响集成分类系统的性能. 训练具有一定误差多样性的基本分类器可以提高集成分类系统的性能. 构造具有一定误差多样性的基本分类器有两种常用的方法[42]. 一种是基于样例子集的方法, 如图 1.30 所示. 另一种是基于属性子集的方法, 如图 1.31 所示.

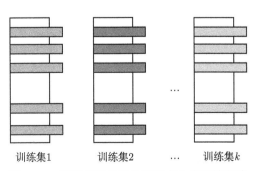

图 1.30　基于样例子集构造基本分类器的方法

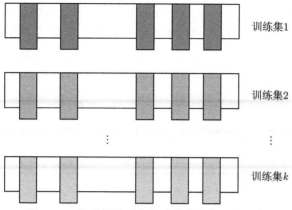

图 1.31   基于属性子集构造基本分类器的方法

1.7.2 Bagging 算法

Bagging 算法[43] 的基本思想是从原始数据集中采用有放回的自助抽样 (boot-strap sampling with replacement) 构造用于训练基本分类器的训练集. 假设原始数据集中包含 n 个样例, 这样每个样例被选中的概率为 $\frac{1}{n}$, 没有被选中的概率为 $1 - \frac{1}{n}$. 当抽样次数 m 充分大时, 样例没有被选中的概率为 $\lim\limits_{m \to \infty} \left(1 - \frac{1}{n}\right)^m = \frac{1}{e} \approx 36\%$. 这 36% 没有被选中的样例称为袋外 (out-of-bag, OOB) 数据. 它们用集成系统中基本分类器分类的错误率称为袋外误差 (OOB error). 显然, 每次自助抽样时, 抽样的大小取 64% 最合理. Bagging 算法的伪代码如算法 1.10 所示.

算法 1.10: Bagging 算法

---

1 **输入:** 训练集 T, 迭代次数 N, 抽样大小 n, 弱学习器 I.

2 **输出:** 集成分类器 $H(x) = \text{sign}\left(\sum\limits_{i=1}^{N} h_i(x)\right)$, 其中 $h_i \in [-1, 1]$ 是归纳出的分类器.

3 **for** $(i = 1; i \leqslant N; i = i + 1)$ **do**

4 | 用有放回抽样从训练集 T 中随机抽样大小为 n 的子集 T_i;

5 | // 在 T_i 上训练弱学习器 I;

6 | $h_i = I(T_i)$;

7 **end**

8 $H(x) = \text{sign}\left(\sum\limits_{i=1}^{N} h_i(x)\right)$;

9 return $H(x)$.

Bagging 算法的设计者后来又提出一种改进算法[44] Ivotes. 该算法根据样例

的重要性创建连续的数据集. 重要样例是那些由没有使用这些样例进行训练的分类器组成的集成分类器错误分类的困难样例. Ivotes 算法的伪代码如算法 1.11 所示.

算法 1.11: Ivotes 算法

1   **输入:** 训练集 T, 迭代次数 N, 抽样大小 n, 弱学习器 I.

2   **输出:** 集成分类器 $H(x) = \mathrm{sign}\left(\sum\limits_{i=1}^{N} h_i(x)\right)$, 其中 $h_i \in [-1, 1]$ 是归纳出的分类器.

3   $e_{\mathrm{new}} = 0.5$;

4   **while** $(e_{\mathrm{new}} < e_{\mathrm{old}})$ **do**

5      $e_{\mathrm{old}} = e_{\mathrm{new}}$;

6      $S_i = \varnothing$;

7   **while** $(\mathrm{size}(S_i) < n)$ **do**

8   从 S 中随机选择一个样例 x;

9   **if** (x 被袋外分类器错误分类) **then**

10   将样例 x 加入 S_i 中;

11   **else**

12   将样例 x 以概率 $\dfrac{e_{\mathrm{old}}}{1 - e_{\mathrm{old}}}$ 加入 S_i 中;

13   **end**

14   **end**

15      $h_i = I(S_i)$;

16   用袋外误差更新 e_{new};

17   **end**

18   $H(x) = \mathrm{sign}\left(\sum\limits_{i=1}^{N} h_i(x)\right)$;

19   **return** $H(x)$.

1.7.3   Boosting 算法

Bagging 算法以有放回自助抽样的方式从原始数据集中抽样若干个训练集, 并在这些训练集上训练基本分类器, 然后用多数投票方法集成这些基本分类器. Bagging 算法中基本分类器的训练可以并行进行. 与 Bagging 算法不同, Boosting 算法在整个数据集上以串行方式训练若干个分类器. 这些基本分类器的性能通过样例加权机制逐步得到提升, 这也是 Boosting 算法名称的由来. AdaBoost 是 Boosting 算法中最具代表性的算法[45], 它使用整个数据集连续地训练每个分类器, 但是每一轮之后, 它将更多的重点放在较难分类的样例上. 具体地, 每次迭代后, 增加误分类样例的权重, 而正确分类样例的权值会降低. 最后, 当分类一个新的样例时, 每个分类器给出加权投票, 类标签按多数选择. AdaBoost 算法的伪代码如算法 1.12 所示.

算法 1.12: AdaBoost 算法

1 **输入:** 训练集 $T = \{\boldsymbol{x}_i, y_i\}(1 \leqslant i \leqslant n)$, $y_i \in C$, $C = \{c_1, c_2, \cdots, c_k\}$, 迭代次数 N, 弱学习器 I.

2 **输出:** 集成分类器 $H(x) = \underset{y \in C}{\operatorname{argmax}} \sum\limits_{i=1}^{N} \ln \left(\dfrac{1}{\beta_i} \right) [h_i(\boldsymbol{x}) = y]$, 其中 h_i 是归纳出的分类器, β 是分配的权值.

3 **for** $(i = 1; i \leqslant n; i = i + 1)$ **do**

4      $D_1(i) = \dfrac{1}{n}$;

5 **end**

6 **for** $(i = 1; i \leqslant N; i = i + 1)$ **do**

7      $h_i = I(T, D_i)$;

8      $\varepsilon_i = \sum\limits_{j=1}^{n} D_i(j)[h_i(\boldsymbol{x}_j) \neq y_j]$;

9   **if** $(\varepsilon_i > 0.5)$ **then**

10          $N = i - 1$;

11      $\beta_i = \dfrac{1}{2} \ln \left(\dfrac{1 - \varepsilon_i}{\varepsilon_i} \right)$;

12   **for** $(i = 1; i \leqslant n; i = i + 1)$ **do**

13          $D_{i+1}(j) = D_i(j) \cdot \beta_i^{1 - [h_i(\boldsymbol{x}_j) \neq y_j]}$;

14   **end**

15   标准化 D_{i+1} 为一个正常分布;

16 **end**

17 $H(x) = \underset{y \in C}{\operatorname{argmax}} \sum\limits_{i=1}^{N} \ln \left(\dfrac{1}{\beta_i} \right) [h_i(\boldsymbol{x}) = y]$;

18 **return** $H(x)$.

1.7.4 随机森林算法

随机森林算法[46] 是受 Bagging 算法和决策树算法的启发而提出的一种集成学习算法. 将 Bagging 算法的有放回自助抽样思想应用于特征空间 (也称属性空间), 每次自助抽样可得到原始特征空间的一个子集, 从而得到原始数据集在这个特征空间的一个投影数据子集, 用决策树算法在这个数据子集上可以学习得到一棵决策树. 重复这一过程 k 次, 可以得到规模为 k 的一个随机森林.

也可以将这种自助抽样的思想应用于样例空间, 或者同时应用于特征空间和样例空间. 在特征空间中, 自助抽样是沿垂直方向抽样, 在样例空间中, 自助抽样是沿水平方向抽样, 在特征空间和样例空间同时自助抽样是既沿垂直方向抽样, 又沿水平方向抽样. 基于随机抽样样例子集的随机森林算法 (沿水平方向进行随机抽样的随机森林算法) 的伪代码如算法 1.13 所示. 基于随机抽样特征子集 (或属性子集) 的随机森林算法 (沿垂直方向进行随机抽样的随机森林算法) 的伪代码如算法 1.14 所示. 基于随机抽样样例子集和随机抽样特征子集的随机森林算法 (沿水平和垂直两个方向同时进行随机抽样的随机森林算法) 的伪代码如算法 1.15 所示.

算法 1.13: 基于随机抽样样例子集的随机森林算法

1　**输入:** 训练集 $T = \{(\boldsymbol{x}_i, y_i)|\boldsymbol{x}_i \in \mathbf{R}^d, y_i \in C, 1 \leqslant i \leqslant n\}$, 森林中决策树的个数 l, 随机抽取的样例子集大小 m, 测试样例 $\boldsymbol{x}$.

2　**输出:** $\boldsymbol{x}$ 的类标 $y \in C$.

3　// 用 Bagging 算法, 通过随机抽样样例子集从训练集随机生成 l 个子集,
　　// 每次抽取 63% 的样例

4　**for** $(i = 1; i \leqslant l; i = i + 1)$ **do**

5　　通过随机抽样样例子集从训练集 T 中有放回地随机抽取一个子集 T_i;

6　**end**

7　// 用 T_i 作为训练集, 调用基于非平衡割点的决策树算法生成决策树 DT_i

8　**for** $(i = 1; i \leqslant l; i = i + 1)$ **do**

9　　从属性全集中通过全局最优割点选择扩展属性;

10　　用扩展属性及其最优割点分隔训练集 T_i, 递归构建决策树 DT_i;

11　**end**

12　得到随机森林 $\mathrm{RF} = \{\mathrm{DT}_1, \mathrm{DT}_2, \cdots, \mathrm{DT}_l\}$;

13　对测试样例 $\boldsymbol{x}$, 集成 RF 对 $\boldsymbol{x}$ 的分类结果;

14　输出 $\boldsymbol{x}$ 的类标 y.

算法 1.14: 基于随机抽样属性子集的随机森林算法

1　**输入:** 训练集 $T = \{(\boldsymbol{x}_i, y_i)|\boldsymbol{x}_i \in \mathbf{R}^d, y_i \in C, 1 \leqslant i \leqslant n\}$, 森林中决策树的个数 l, 随机抽取的属性子集大小 m, 测试样例 $\boldsymbol{x}$

2　**输出:** $\boldsymbol{x}$ 的类标 $y \in C$.

3　// 用 Bagging 算法, 通过随机抽样属性子集从训练集随机生成 l 个子集,
　　// 每次抽取 63% 的样例

4　**for** $(i = 1; i \leqslant l; i = i + 1)$ **do**

5　　通过随机抽样属性子集从训练集 T 中有放回地随机抽取一个子集 T_i;

6　**end**

7　// 用 T_i 作为训练集, 调用基于非平衡割点的决策树算法生成决策树 DT_i

8　**for** $(i = 1; i \leqslant l; i = i + 1)$ **do**

9　　从属性子集中通过全局最优割点选择扩展属性;

10　　用扩展属性及其最优割点分隔训练集 T_i, 并递归地构建决策树 DT_i

11　**end**

12　得到随机森林 $\mathrm{RF} = \{\mathrm{DT}_1, \mathrm{DT}_2, \cdots, \mathrm{DT}_l\}$;

13　对测试样例 $\boldsymbol{x}$, 集成 RF 对 $\boldsymbol{x}$ 的分类结果;

14　输出 $\boldsymbol{x}$ 的类标 y.

算法 1.15: 基于随机抽样样例子集和随机抽样特征子集的随机森林算法

1 输入: 训练集 $T = \{(\boldsymbol{x}_i, y_i) | \boldsymbol{x}_i \in \mathbf{R}^d, y_i \in C, 1 \leqslant i \leqslant n\}$, 森林中决策树的个数 l, 随机抽取的特征子集大小 m, 测试样例 $\boldsymbol{x}$

2 输出: $\boldsymbol{x}$ 的类标 $y \in C$.

3 // 用 Bagging 算法, 从训练集随机生成 l 个子集, 每次抽取 63% 的样例

4 for $(i = 1; i \leqslant l; i = i + 1)$ **do**

5   从训练集 T 中有放回地随机抽取一个子集 T_i;

6 end

7 // 用 T_i 作为训练集, 用随机化决策树算法生成决策树 DT_i

8 for $(i = 1; i \leqslant l; i = i + 1)$ **do**

9   随机抽取大小为 m 的属性子集;

10   从随机生成的属性子集中选择扩展属性和最优割点;

11   用选择的扩展属性和最优割点分隔训练集;

12 end

13 得到随机森林 $\mathrm{RF} = \{\mathrm{DT}_1, \mathrm{DT}_2, \cdots, \mathrm{DT}_l\}$;

14 对测试样例 $\boldsymbol{x}$, 集成 RF 对 $\boldsymbol{x}$ 的分类结果;

15 输出 $\boldsymbol{x}$ 的类标 y.

关于这 3 个算法, 有以下几点说明.

(1) 在算法 1.13 中, 如果用 1.1 节介绍的决策表的术语来描述, 训练集 T 可以用一个 4 元组表示, 即 $T = (U, A \cup C, V, f)$. 算法 1.13 可概括为, 首先用 Bagging 算法从样例全集 U 中用有放回抽样随机抽样 l 个样例子集; 然后, 在这 l 个样例子集上用决策树算法生成 l 棵决策树, 构成一个随机森林; 最后, 用随机森林对测试样例进行分类, 得到其类别.

(2) 在算法 1.14 中, 用决策表 4 元组的术语描述. 算法 1.14 可概括为, 首先用 Bagging 算法从条件属性全集 A 中用有放回抽样随机抽样 l 个属性子集, U 在这 l 个属性子集上投影得到 l 个样例子集; 然后, 在这 l 个样例子集上用决策树算法生成 l 棵决策树, 构成一个随机森林; 最后, 用随机森林对测试样例进行分类, 得到其类别.

(3) 在算法 1.15 中, 用决策表 4 元组的术语描述, 算法 1.15 可概括为, 首先用 Bagging 算法从样例全集 U 中用有放回抽样随机抽样 l 个样例子集. 需要注意的是, 每一个子集中的样例依然用属性全集 A 中的 d 个属性表示, 这 l 个样例子集可表示为 $T_1 = (U_1, A \cup C, V, f), T_2 = (U_2, A \cup C, V, f), \cdots, T_l = (U_l, A \cup C, V, f)$. 如果对于每一个抽样得到的样例子集 U_i 对属性全集 A 抽样 l_i 次, 在样例子集 U_i 上可得到一个包含 l_i 棵决策树的森林. 在样例全集 U 上得到的森林是由 $\sum\limits_{i=1}^{l} l_i$ 棵

树构成的大规模森林, 它由 l 个子森林构成. 当然, 若 $l_i = 1(1 \leqslant i \leqslant l)$, 则在样例子集 U_i 上得到一棵决策树 (规模最小单位森林). 在这种情况时, 样例全集 U 上得到的森林是由 l 棵树构成的. 随机森林构造好后, 后续步骤是一样的.

1.7.5　模糊积分集成算法

模糊积分[42,47] 作为一种数学工具, 能够很好地刻画分类器集成中基本分类器之间的交互作用. 这些内容已超出本书的范围, 有兴趣的读者可参考文献 [48]. 给定训练集 T, $\Omega = \{\omega_1, \omega_2, \cdots, \omega_k\}$ 是类别标签的集合, 从 T 训练出的 l 个分类器集合记为 $C = \{C_1, C_2, \cdots, C_l\}$. 对于任意的测试样例 $\boldsymbol{x}$, $D_i(\boldsymbol{x}) = (\mu_{i1}(\boldsymbol{x}),$ $\mu_{i2}(\boldsymbol{x}), \cdots, \mu_{ik}(\boldsymbol{x}))$, 其中 $\mu_{ij}(\boldsymbol{x}) \in [0,1]$ 表示分类器 $C_i(1 \leqslant i \leqslant l)$ 将测试样例 $\boldsymbol{x}$ 分类到第 $j(1 \leqslant j \leqslant k)$ 类的支持度 (隶属度), $\sum\limits_{j=1}^{k} \mu_{ij}(\boldsymbol{x}) = 1$. 下面先介绍基本概念, 然后介绍模糊积分集成算法.

定义 1.7.1　给定测试样例 $\boldsymbol{x}$, 称 $l \times k$ 阶的矩阵 DM 为 $\boldsymbol{x}$ 的决策矩阵, 即

$$\mathrm{DM}(\boldsymbol{x}) = \begin{bmatrix} \mu_{11}(\boldsymbol{x}) & \cdots & \mu_{1j}(\boldsymbol{x}) & \cdots & \mu_{1k}(\boldsymbol{x}) \\ \vdots & & \vdots & & \vdots \\ \mu_{i1}(\boldsymbol{x}) & \cdots & \mu_{ij}(\boldsymbol{x}) & \cdots & \mu_{ik}(\boldsymbol{x}) \\ \vdots & & \vdots & & \vdots \\ \mu_{l1}(\boldsymbol{x}) & \cdots & \mu_{lj}(\boldsymbol{x}) & \cdots & \mu_{lk}(\boldsymbol{x}) \end{bmatrix}_{l \times k} \tag{1.91}$$

矩阵 DM 的第 i 行表示分类器 C_i 将 $\boldsymbol{x}$ 分类为第 j 类的支持度, 矩阵 DM 的第 j 列表示 $\boldsymbol{x}$ 被不同的分类器分类到第 j 类的支持度.

定义 1.7.2　给定分类器集合 $C = \{C_1, C_2, \cdots, C_l\}$, $P(C)$ 是 C 的幂集. C 上的模糊测度 g 定义为满足如下两个条件的函数 $g: P(C) \to [0,1]$.

(1) $g(\varnothing) = 0$, $g(C) = 1$.

(2) $\forall A, B \subseteq C$, 若 $A \subset B$, 则 $g(A) \leqslant g(B)$.

如果 $\forall A, B \subseteq C$, 且 $A \cap B = \varnothing$, 则称 g 为 λ 模糊测度, 若

$$g(A \cup B) = g(A) + g(B) + \lambda g(A)g(B) \tag{1.92}$$

其中, $\lambda > -1$ 且 $\lambda \neq 0$, 由下式确定, 即

$$\lambda + 1 = \prod_{i=1}^{l}(1 + \lambda g_i) \tag{1.93}$$

其中, g_i 表示在单个分类器上的模糊测度, 称为模糊密度.

说明: 理论上已经证明, 不论 l 等于多少, 式 (1.93) 的解 λ 只有一个.

确定 g_i 的方法通常有以下三种, 即

$$
\begin{aligned}
g_i &= p_i \\[4pt]
g_i &= \frac{p_i}{2} \\[4pt]
g_i &= \delta \frac{p_i}{\sum\limits_{j=1}^{l} p_j}, \quad \delta \in [0,\,1]
\end{aligned}
\tag{1.94}
$$

其中, p_i 为分类器 C_i 在验证集的验证精度 (或测试集的测试精度).

说明:

(1) 模糊密度的 3 种取法, 虽然值有较大的差异, 但是对最终结果的影响不大 (有人做过这方面的实验).

(2) 文献中用第三种取法的较多, δ 取值越大, 越突出单个分类器的作用; δ 取值越小, 越突出集成分类器的作用.

定义 1.7.3 给定分类器集合 $C = \{C_1, C_2, \cdots, C_l\}$, g 是 C 上的模糊测度, 函数 $h : C \to \mathbf{R}^+$ 关于 g 的 Choquet 积分定义为

$$(C) \quad \int h\mathrm{d}\mu = \sum_{i=1}^{l}(h(C_i) - h(C_{i-1}))g(A_i) \tag{1.95}$$

其中, $0 \leqslant h(C_1) \leqslant h(C_2) \leqslant \cdots \leqslant h(C_l) \leqslant 1$, $h(C_0) = 0$; $A_i = \{C_1, C_2, \cdots, C_i\} \subseteq C$, $g(A_0) = 0$.

基于模糊积分的分类器集成算法的伪代码在算法 1.16 中给出.

说明:

(1) 定义 1.7.3 中的排序也可以由大到小, 但是被积函数相应地变为 $(h(C_{i-1}) - h(C_i))$, 即要保证积分值非负.

(2) 类似地, 在算法 1.16 的第 9 步, 也可以由小到大排序. 相应地, 第 15 步中的被积函数变为 $(d_{i_tj}(\boldsymbol{x}) - d_{i_{t-1}j}(\boldsymbol{x}))$.

算法 1.16: 基于模糊积分的分类器集成算法

1　**输入:** 训练集 $T = \{(\boldsymbol{x}_i, y_i) | \boldsymbol{x}_i \in \mathbf{R}^d, y_i \in Y\}$, $i = 1, 2, \cdots, n$, Y 是类标的集合,

　　$|Y| = k$, 测试样例 $\boldsymbol{x}$.

2　**输出:** $\boldsymbol{x}$ 的类标.

3　用训练集 T 训练 l 个分类器 (要求输出为后验概率);

4　用式 (1.94) 中的某种方法确定 l 个基本分类器 $C = \{C_1, C_2, \cdots, C_l\}$ 的模糊密度

　　$g_1, g_2, \cdots, g_l$;

5　用式 (1.93) 计算 λ;

6　对测试样例 $\boldsymbol{x}$, 用式 (1.91) 计算决策矩阵 $\mathrm{DM}(\boldsymbol{x})$;

7　**for** $(j = 1; j \leqslant k; j = j + 1)$ **do**

8　　// 对 $\mathrm{DM}(\boldsymbol{x})$ 的各列独立排序, 即对第 j 列排序时和其他列无关;

　　　// 还需要注意分类器也随之排序.

9　　对 $\mathrm{DM}(\boldsymbol{x})$ 的第 j 列由大到小排序, 记为 $(d_{i_1 j}, d_{i_2 j}, \cdots, d_{i_l j})$;

10　　令 $g(A_1) = g_{i_1}$;

11　　**for** $(t = 2; t \leqslant l; t = t + 1)$ **do**

12　　　用式 (1.92) 递归计算 $g(A_t) = g_{i_t} + g(A_{t-1}) + \lambda g_{i_t} g(A_{t-1})$;

13　　**end**

14　　// 因为对于不同的列, 排序的结果可能不同, A_i 也就不同, 所以计算

　　　// 得到的 $g(A_i)$ 就不同.

15　　用式 (1.95) 计算 $\mu_j(\boldsymbol{x}) = \sum\limits_{t=2}^{l} \big(d_{i_{t-1}j}(\boldsymbol{x}) - d_{i_t j}(\boldsymbol{x})\big) g(A_{t-1})$;

16　**end**

17　// 对每一类都要计算一个隶属度. 计算第 j 类的隶属度时, 要对决策矩阵的第 j

　　// 列由大到小排序. 所以, 排序要做 k 次. k 为类别数, l 为基本分类器个数.

　　// 决策矩阵是 l 行 k 列的矩阵, 其阶数 $l \times k$ 一般都不高.

18　用 $\mu_{j^*} = \underset{1 \leqslant j \leqslant k}{\arg\max}\{\mu_j(\boldsymbol{x})\}$ 确定 $\boldsymbol{x}$ 的类标 j^*;

19　输出 $\boldsymbol{x}$ 的类标 j^*.

第 2 章   模 型 评 价

在机器学习领域, 评价分类器模型性能常用的度量指标是分类精度, 但是仅适用于类别平衡的场景. 在类别非平衡的分类场景中, 用测试精度作为分类器模型的评价指标就不行了. 为什么呢? 下面通过一个例子说明理由. 假设一个两类的数据集包含 100 个样例, 其中正类样例 95 个, 负类样例 5 个. 用随机猜想的方法, 分类精度都能达到 0.95, 假设出现一种极端情况, 被错误分类的 5 个样例正好是那 5 个正类样例. 虽然分类精度 0.95 很高, 但是全部 5 个正类样例都分错了, 而分错一个正类样例比分错一个负类样例代价要高很多. 例如, 在疾病诊断中, 把一个有病的患者诊断为没有病, 比把一个没有病的患者诊断为有病代价要高得多. 因此, 用分类精度作为模型的评价指标是不行的. 本章介绍几种适用于非平衡场景分类器模型评价的度量.

2.1   基 本 度 量

考虑两类分类问题, 给定一个分类器 f 和一个包含 n 个样例的两类数据集 $S = S^+ \cup S^-$, S^+ 表示正类样例的集合, S^- 表示负类样例的集合. 设 $|S^+| = n^+$, $|S^-| = n^-$, 即正类样例的集合 S^+ 包含 n^+ 个样例, 负类样例的集合 S^- 包含 n^- 个样例. 显然, $n = n^+ + n^-$. 如果 $|S^+| \ll |S^-|$, 则称 S 是一个非平衡数据集, $\mathrm{IR} = \dfrac{n^+}{n^-}$ 称为非平衡率.

给定一个分类器 f 和一个测试样例 x, 用 f 对 x 进行分类有四种可能的结果.

(1) 如果样例 x 属于正类 S^+, 而分类器 f 将其分类为正类 (正确分类), 则这种情况称为真阳性 (true positive, TP).

(2) 如果样例 x 属于正类 S^+, 而分类器 f 将其分类为负类 (错误分类), 则这种情况称为假阴性 (false negative, FN).

(3) 如果样例 x 属于负类 S^-, 而分类器 f 将其分类为正类 (错误分类), 则这种情况称为假阳性 (false positive, FP).

(4) 如果样例 x 属于负类 S^-, 而分类器 f 将其分类为负类 (正确分类), 则这种情况称为真阴性 (true negative, TN).

可以用一个矩阵表示这四种可能的结果, 这个矩阵称为混淆矩阵 (confusion matrix), 也称列联表 (contingency table), 如表 2.1 所示.

表 2.1   混淆矩阵

真实类别	预测类别	
	positive	negative
positive	TP	FN
negative	FP	TN

设 S^+ 中被 f 正确分类 (分类为正类) 的样例数为 n^{TP}, S^+ 中被 f 错误分类 (分类为负类) 的样例数为 n^{FN}; S^- 中被 f 正确分类 (分类为负类) 的样例数为 n^{TN}, S^- 中被 f 错误分类 (分类为正类) 的样例数为 n^{FP}. 下面定义的基本度量是基于混淆矩阵给出的.

定义 2.1.1   真阳性率 (true positive rate, TPR) 定义为

$$\text{TPR} = \frac{n^{\text{TP}}}{n^+} = \frac{n^{\text{TP}}}{n^{\text{TP}} + n^{\text{FN}}} \tag{2.1}$$

真阳性率也称召回率 (recall) 或敏感度 (sensitivity).

定义 2.1.2   假阳性率 (false positive rate, FPR) 定义为

$$\text{FPR} = \frac{n^{\text{FP}}}{n^-} = \frac{n^{\text{FP}}}{n^{\text{FP}} + n^{\text{TN}}} \tag{2.2}$$

定义 2.1.3   真阴性率 (true negative rate, TNR) 定义为

$$\text{TNR} = \frac{n^{\text{TN}}}{n^-} = \frac{n^{\text{TN}}}{n^{\text{FP}} + n^{\text{TN}}} = 1 - \text{FPR} \tag{2.3}$$

真阴性率也称特异性 (specificity).

定义 2.1.4   假阴性率 (false negative rate, FNR) 定义为

$$\text{FNR} = \frac{n^{\text{FN}}}{n^+} = \frac{n^{\text{FN}}}{n^{\text{FN}} + n^{\text{TP}}} \tag{2.4}$$

定义 2.1.5   精确度 (precision) 定义为

$$\text{precision} = \frac{n^{\text{TP}}}{n^-} = \frac{n^{\text{TP}}}{n^{\text{TP}} + n^{\text{FP}}} \tag{2.5}$$

定义 2.1.6   准确度 (accuracy) 定义为

$$\text{accuracy} = \frac{n^{\text{TP}} + n^{\text{TN}}}{n^+ + n^-} = \frac{n^{\text{TP}} + n^{\text{TN}}}{n} \tag{2.6}$$

说明: 注意精确度和正确度之间的差别, 精确度描述的是在预测为正类的样例中, 预测正确的样例所占的比例; 准确度描述的是在所有样例中, 预测正确的样例所占的比例.

基于精确度和召回率, 可定义 F 度量 (F-measure).

定义 2.1.7　F 度量定义为

$$\text{F-measure} = \frac{(1 + \beta)^2 \times \text{Recall} \times \text{Precision}}{\beta^2 \times \text{Recall} + \text{Precision}} \tag{2.7}$$

其中, β 为一个调整精确度与召回率相对重要性的参数.

基于召回率和特异性, 可定义 G 均值.

定义 2.1.8　G 均值 (G-mean) 定义为

$$\text{G-mean} = \sqrt{\text{Recall} \times \text{Specificity}} \tag{2.8}$$

2.2　ROC 曲线与 AUC 面积

2.2.1　ROC 曲线

以 FPR 为横轴、TPR 为纵轴的二维平面称为 ROC(receiver operating characteristic, 受试者工作特征) 平面. 在 ROC 平面上绘制的曲线, 称为 ROC 曲线[49,50]. 对于离散分类器, 如决策树或基于规则集的分类器, 它们的输出结果是一个类别, 当这种分类器应用于一个测试集时, 它得到一个单一的混淆矩阵, 对应于 ROC 空间中的一个点. 换句话说, 离散分类器在 ROC 空间中只生成一个点.

在图 2.1 中, A 点对应的分类为完美分类, B 点对应的分类为较好分类, C 点对应的分类为随机猜想分类, D 点对应的分类为较坏分类. 显然, 对于一个可接受的分类算法, 它对应的 ROC 曲线应该在对角线的左上方.

对于非离散分类器, 如朴素贝叶斯分类器或神经网络, 其输出结果是一个后验概率或分数, 表示测试样例属于某一类的隶属度或分数值. 这样的排序或评分分类器可以与阈值一起使用生成一个离散分类器. 对于不同的阈值, 可以在 ROC 空间生成一个不同的点. 当阈值从 $-\infty$ 变化到 $+\infty$ 时, 在 ROC 空间会生成一条曲线, 称为 ROC 曲线, 如图 2.2 所示. 显然, 生成 ROC 曲线的过程就是生成 ROC 点的过程. 生成 ROC 点的算法伪代码如算法 2.1 所示[50].

为了更准确地用 ROC 曲线刻画分类器模型的性能, 可用 k-折交叉验证的思想, 将一个数据集划分成 k 个子集, 让每一个子集作一次测试集, 将其他 $k - 1$ 个子集的并集作为训练集, 训练一个分类器, 在 ROC 空间可以得到一条对应的曲线. 因此, k 个测试集, 可以得到 k 条 ROC 曲线. 与 k-折交叉验证中求平均测试精度的思想类似, 可对这 k 条 ROC 曲线求平均, 得到一条平均 ROC 曲线. 显然,这条平均 ROC 曲线能更好地刻画分类器模型的性能. 平均 ROC 曲线可分为两种, 即垂直平均 ROC 曲线和阈值平均 ROC 曲线. 图 2.3 和图 2.4 分别为垂直平均 ROC 曲线和阈值平均 ROC 曲线的示意图. 相应的绘制算法伪代码在算法 2.2 和算法 2.3 中给出[50].

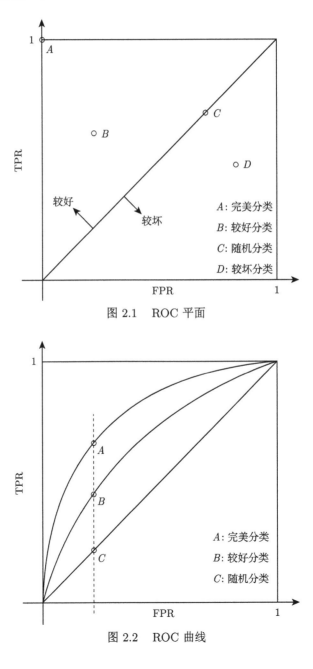

图 2.1　ROC 平面

图 2.2　ROC 曲线

算法 2.1: 生成 ROC 点的算法

---

1 输入: 测试集 L, 分类器 $f()$, 正类样例数 n^+, 负类样例数 n^-.

2 输出: 按 FPR 递增的 ROC 点的序列 R.

3 用分类器 $f()$ 对测试集 L 中的样例进行分类, 计算每个样例对应的得分, 并根据得分
    值对 L 中的样例按降序排序, 排序后的测试集记为 L_{sorted};

4 $n^{\text{FP}} = n^{\text{TP}} = 0$;

5 $R = \varnothing$;

6 $f_{\text{prev}} = -\infty$;

7 $i = 1$;

8 while $(i \leqslant |L_{\text{sorted}}|)$ **do**

9   **if** $(f(i) \neq f_{\text{prev}})$ **then**

10 $R = R \cup \left\{ \left(\dfrac{n^{\text{FP}}}{n^-}, \dfrac{n^{\text{TP}}}{n^+} \right) \right\}$;

11 $f_{\text{prev}} = f(i)$

12   **if** $(L_{\text{sorted}}[i]$ 是一个正类样例$)$ **then**

13 $n^{\text{TP}} = n^{\text{TP}} + 1$;

14   **else**

15 $n^{\text{FP}} = n^{\text{FP}} + 1$;

16   **end**

17 $i = i + 1$;

18 end

19 $R = R \cup \left\{ \left(\dfrac{n^{\text{FP}}}{n^-}, \dfrac{n^{\text{TP}}}{n^+} \right) \right\}$;

20 return R.

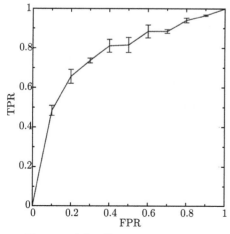

图 2.3 垂直平均 ROC 曲线示意图

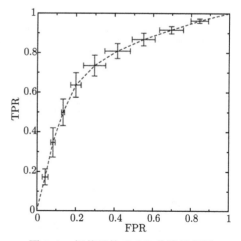

图 2.4 阈值平均 ROC 曲线示意图

算法 2.2: 垂直平均 ROC 曲线绘制算法

---

1 输入: n^{FP}, 假阳性样例数; n^{rocs}, 抽样 ROC 曲线数; $\mathrm{ROCS}[n^{\mathrm{rocs}}]$, 包含 n^{rocs} 个元
　素的 ROC 曲线数组; $n^{\mathrm{pts}}[m]$, ROC 曲线 m 上点的个数, 每一个 ROC 点包括两个
　元素 (FPR 和 TPR).

2 输出: 数组 $\mathrm{TPRAvg}[n^{\mathrm{FP}} + 1]$.

3 $s = 1$;

4 **for** $(\mathrm{FPR}_{\mathrm{sample}} = 0 \rightarrow 1 \, \mathrm{by} \, \mathrm{step} \dfrac{1}{n^{\mathrm{FP}}})$ **do**

5 $\quad$ TPRSum = 0;

6 $\quad$ **for** $(i = 1; i \leqslant n^{\mathrm{rocs}}; i = i + 1)$ **do**

7 $\quad\quad$ $\mathrm{TPRSum}+ = \mathrm{TPR\_FOR\_FPR}(\mathrm{FPR}_{\mathrm{sample}}, \mathrm{ROCS}[i], n^{\mathrm{pts}}[i])$;

8 $\quad$ **end**

9 $\quad$ $\mathrm{TPRAvg}[s] = \dfrac{\mathrm{TPRSum}}{n^{\mathrm{rocs}}}$;

10 $\quad$ $s = s + 1$;

11 **end**

12 $\mathrm{TPR\_FOR\_FPR}(\mathrm{FPR}_{\mathrm{sample}}, \mathrm{ROC}, n^{\mathrm{pts}})$

13 $i = 1$;

14 **while** $((i < n^{\mathrm{pts}}) \, \& \, (\mathrm{ROC}[i + 1].\mathrm{FPR} \leqslant \mathrm{FPR}_{\mathrm{sample}}))$ **do**

15 $\quad$ $i = i + 1$;

16 **end**

17 **if** $(\mathrm{ROCS}[i].\mathrm{FPR} = \mathrm{FPR}_{\mathrm{sample}})$ **then**

18 $\quad$ Return $\mathrm{ROC}[i].\mathrm{TPR}$;

19 **else**

20 $\quad$ Return $\mathrm{INTERPOLATE}(\mathrm{ROC}[i], \mathrm{ROC}[i + 1], \mathrm{FPR}_{\mathrm{sample}})$;

21 **end**

22 $\mathrm{INTERPOLATE}(\mathrm{ROCP1}, \mathrm{ROCP2}, X)$
　 slope=(ROCP2.TPR-ROCP1.TPR)/(ROCP2.FPR-ROCP1.FPR);

23 return ROCP1.TPR+slope$\times(X-$ROCP1.FPR$)$.

　　ROC 曲线有一个非常好的特性, 即它们对类别分布的变化不敏感. 如果测试
集中正类样例与负类样例的比例发生变化, ROC 曲线也不会发生变化. 这使得它
成为评价非平衡分类器模型的合适的候选者. 如何用 ROC 曲线定量地评价分类
器模型的性能呢?

2.2.2　AUC 面积

　　AUC(area under curve)[51,52] 是指 ROC 曲线下的面积. AUC 的值越大, 对
应分类器模型的性能越好.

　　定义 2.2.1　给定一个两类数据集 $S = S^+ \cup S^-$, $f()$ 是一个两类分类器, 对
于任意的 $\boldsymbol{x}^+ \in S^+$ 和 $\boldsymbol{x}^- \in S^-$, f 的 AUC 面积定义为

$$\text{AUC}(f) = P(f(\boldsymbol{x}^+) > f(\boldsymbol{x}^-)) \tag{2.9}$$

说明:

(1) AUC 度量了一个正类样例的得分高于一个负类样例得分的概率.

(2) Wilcoxon-Man-Whitney 统计量是 AUC(f) 的无偏估计量.

下面给出 Wilcoxon-Man-Whitney 统计量的定义.

算法 2.3: 阈值平均 ROC 曲线绘制算法

1　**输入:** n^{FP}, 假阳性样例数; n^{rocs}, 抽样 ROC 曲线数; $\text{ROCS}[n^{\text{rocs}}]$, 包含 n^{rocs} 个元素的 ROC 曲线数组; $n^{\text{pts}}[m]$, ROC 曲线 m 上点的个数, 每一个 ROC 点包括两个元素 FPR, TPR 和 SCORE.

2　**输出:** 数组 $\text{Avg}[n^{\text{FP}} + 1]$.

3　初始化数组 T 包含所有 ROC 点的所有 SCOREs;

4　对数组 T 按降序排序;

5　$s = 1$;

6　**for** $(\text{tidx} = 1 \rightarrow \text{length}(T) \, \text{bystep} \, \dfrac{\text{int}(\text{length}(T))}{n^{\text{FP}}})$ **do**

7　　　$\text{FPRSum} = 0$;

8　　　$\text{TPRSum} = 0$;

9　　　**for** $(i = 1; i \leqslant n^{\text{rocs}}; i = i + 1)$ **do**

10　　　　　$p = \text{ROC\_POINT\_AT\_THRESHOLD}(\text{ROCS}[i], n^{\text{pts}}[i], T[\text{tidx}])$;

11　　　　　$\text{FPRSum} += p.\text{FPR}$;

12　　　　　$\text{TPRSum} += p.\text{TPR}$;

13　　　**end**

14　　　$\text{Avg}[s] = (\text{FPRSum}/n^{\text{rocs}}, \text{TPRSum}/n^{\text{rocs}})$;

15　　　$s = s + 1$;

16　**end**

17　$\text{ROC\_POINT\_AT\_THRESHOLD}(\text{ROC}, n^{\text{pts}}, \text{thresh})$

18　$i = 1$;

19　**while** $((i < n^{\text{pts}}) \text{and} (\text{ROC}[i].\text{SCORE} > \text{thresh}))$ **do**

20　　　$i = i + 1$;

21　**end**

22　Return $\text{ROC}[i]$.

定义 2.2.2　给定一个两类数据集 $S = S^+ \cup S^-$, $f()$ 是一个两类分类器, Wilcoxon-Man-Whitney 统计量定义为

$$\text{AUC}(f; S^+ \cup S^-) = \dfrac{\displaystyle\sum_{\boldsymbol{x}^+ \in S^+} \sum_{\boldsymbol{x}^- \in S^-} I(f(\boldsymbol{x}^+) > f(\boldsymbol{x}^-))}{|S^+| \cdot |S^-|} \tag{2.10}$$

其中, $I()$ 为特征函数.

当 $f(\boldsymbol{x}^+) > f(\boldsymbol{x}^-)$ 为真时, $I(f(\boldsymbol{x}^+) > f(\boldsymbol{x}^-)) = 1$; 当 $f(\boldsymbol{x}^+) > f(\boldsymbol{x}^-)$ 为假时, $I(f(\boldsymbol{x}^+) > f(\boldsymbol{x}^-)) = 0$.

众所周知, 在非平衡数据分类中, AUC 面积是比分类精度更合适的评价分类算法性能的指标. 但是, 因为 AUC 不可导, 所以 AUC 不能直接作为损失函数用梯度下降算法进行优化. 常用的方法是对 AUC 进行光滑化处理或寻找可导的代理函数[51-54]. 实际上, AUC 的计算并不像 AUC 优化那样难, AUC 的计算相对简单, 算法 2.4 给出了计算 AUC 面积的算法伪代码.

算法 2.4: 计算 AUC 面积的算法

1   **输入:** L, 测试集; $f(i)$, 概率分类器分类样例 i 是正类的估计值; n^+, 正类样例数; n^-, 负类样例数.

2   **输出:** A, AUC 面积.

3   对 L 中的元素按 f 的值降序排序, 排序后的 L 记为 L_{sorted};

4   $n^{\text{FP}} = n^{\text{TP}} = 0$;

5   $n_{\text{prev}}^{\text{FP}} = n_{\text{prev}}^{\text{TP}} = 0$;

6   $A = 0$;

7   $f_{\text{prev}} = -\infty$;

8   $i = 1$;

9   **while** $(i \leqslant |L_{\text{sorted}}|)$ **do**

10   **if** $(f(i) \neq f_{\text{prev}})$ **then**

11       $A = A + \text{TRAPEZOID\_AREA}(n^{\text{FP}}, n_{\text{prev}}^{\text{FP}}, n^{\text{TP}}, n_{\text{prev}}^{\text{TP}})$;

12       $f_{\text{prev}} = f(i)$;

13       $n_{\text{prev}}^{\text{FP}} = n^{\text{FP}}$;

14       $n_{\text{prev}}^{\text{TP}} = n^{\text{TP}}$;

15   **if** $(i$ 是一个正类样例$)$ **then**

16       $n^{\text{TP}} = n^{\text{TP}} + 1$;

17   **else**

18       $n^{\text{FP}} = n^{\text{FP}} + 1$;

19   **end**

20     $i = i + 1$;

21 **end**

22 $A = A + \text{TRAPEZOID\_AREA}(n^{\text{FP}}, n_{\text{prev}}^{\text{FP}}, n^{\text{TP}}, n_{\text{prev}}^{\text{TP}})$;

23 $A = \dfrac{A}{n^{\text{TP}} \times n^{\text{FP}}}$;

24 $\text{TRAPEZOID\_AREA}(X1, X2, Y1, Y2)$

25 $\text{Base} = |X1 - X2|$;

26 $\text{Height}_{\text{avg}} = \dfrac{Y1 + Y2}{2}$;

27 $\text{Return Base} \times \text{Height}_{\text{avg}}$.

在多类分类问题中, 混淆矩阵是 $k \times k$ 的矩阵, $k > 2$ 是类别数. 因为只有第 i 类分到第 i 类才是正确分类, 所以正确分类的情况有 k 种, 即主对角线上元素对应的情况. 处在非对角线上的元素都是错误分类的情况, 显然错误分类的情况有 $k^2 - k$ 种. 对于 $k = 3$ 时的分类问题, 错误分类的情况就有 $3^2 - 3 = 6$ 种. 此时, ROC 由二维曲线扩展为七维空间的六维多面体. 由此可见, 针对多类分类问题直接分析 ROC 和 AUC 要难得多, 一种简单的方法是采用一对多的方法, 将多类分类问题转化为多个两类分类问题, 这样 AUC 面积的计算可用式 (2.11) 计算, 即

$$\text{AUC}(f) = \frac{1}{|C|(|C| - 1)} \sum_{\{c_i, c_j \in C\}} \text{AUC}(f; c_i, c_j) \tag{2.11}$$

其中, C 为类别标签的集合.

2.3 损 失 函 数

在机器学习中, 损失函数是用来度量真实值与预测值不一致程度的函数. 对于不同的机器学习任务, 损失函数的定义也不同, 但都与要优化的目标函数紧密相关. 本节介绍常用的损失函数.

1. 0-1 损失

给定一个数据集 $D = \{(\boldsymbol{x}_i, y_i) | \boldsymbol{x} \in \mathbf{R}^n, y \in Y; 1 \leqslant i \leqslant n\}$, $f(\boldsymbol{x})$ 是从数据集 D 学习得到的预测函数. 0-1 损失是指如果预测值 $f(\boldsymbol{x}_i)$ 和目标值 y_i 不相等, 则损失为 1; 否则, 损失为 0. 0-1 损失函数是最简单直观的损失函数. 其定义为

$$L(y_i, f(\boldsymbol{x}_i)) = \begin{cases} 1, & y_i \neq f(\boldsymbol{x}_i) \\ 0, & y_i = f(\boldsymbol{x}_i) \end{cases} \tag{2.12}$$

0-1 损失函数虽然简单直观, 但它对每个预测错误的点都施以相同的惩罚. 显然, 这对于许多实际问题是不合适的. 另外, 0-1 损失函数是不连续的非凸函数, 难以作为目标函数进行优化.

2. 平均绝对损失

平均绝对损失也称 L_1 损失, 其定义为

$$L(y_i, f(\boldsymbol{x}_i)) = \frac{1}{n} \sum_{i=1}^{n} |y_i - f(\boldsymbol{x}_i)| \tag{2.13}$$

L_1 损失的优点是对于 $\forall \boldsymbol{x}_i$, 都有稳定的梯度, 不会产生梯度爆炸问题, 解的稳健性好. 其不足是不能求导, 不方便优化.

3. 均方误差损失

均方误差损失函数是常见的损失函数. 最小二乘法用的就是这种损失函数. 均方误差损失也称 L_2 损失, 其定义为

$$L(y_i, f(\boldsymbol{x}_i)) = \frac{1}{n}\sum_{i=1}^{n}(y_i - f(\boldsymbol{x}_i))^2 \tag{2.14}$$

L_2 损失的优点是对于 $\forall \boldsymbol{x}_i$, 都连续光滑, 方便求导, 具有较为稳定的解. 其不足是当预测值与目标值相差很大时, 容易产生梯度爆炸现象, 这是 L_2 损失的最大问题.

4. 光滑 L_1 损失

为了克服 L_1 损失和 L_2 损失的不足, 研究人员提出光滑 L_1 损失[55], 其定义为

$$\mathrm{Smooth}_{L_1}(x) = \begin{cases} 0.5x^2, & |x| < 1 \\ |x| - 0.5, & 其他 \end{cases} \tag{2.15}$$

当 x 较小时, 式 (2.15) 等价于 L_2 损失, 保持光滑性. 当 x 较大时, 式 (2.15) 等价于 L_1 损失, 可以限制数值的大小. 光滑 L_1 损失能够解决梯度爆炸问题.

5. Hinge 损失

Hinge 损失常用于支持向量机, 其定义为

$$L_{hl} = \max(0, 1 - yf(\boldsymbol{x})) \tag{2.16}$$

Hinge 损失函数表示, 如果样例 $\boldsymbol{x}$ 被 $f(\boldsymbol{x})$ 正确分类, 则损失为 0; 否则, 损失为 $1 - yf(\boldsymbol{x})$. 预测值 $f(\boldsymbol{x})$ 介于 -1 和 $+1$ 之间, 目标值 y 的值要么为 -1, 要么为 $+1$. Hinge 损失函数鲁棒性较强, 对异常点和噪声点不敏感.

6. 交叉熵损失

交叉熵损失包括两类交叉熵损失和多类交叉熵损失. 两类交叉熵损失也称 Logistic 损失, 其定义为

$$L_{\mathrm{bce}} = \frac{1}{n}\sum_{i=1}^{n}L_i = -\frac{1}{n}\sum_{i=1}^{n}[y_i \log p_i + (1 - y_i)\log(1 - p_i)] \tag{2.17}$$

其中, n 为样本数; y_i 为样本 $\boldsymbol{x}_i$ 的期望类别, 正类为 1, 负类 0; p_i 为样本 $\boldsymbol{x}_i$ 为正类的概率.

多类交叉熵损失是两类交叉熵损失的扩展, 其定义为

$$L_{\text{mce}} = \frac{1}{n}\sum_{i=1}^{n}L_i = -\frac{1}{n}\sum_{i=1}^{n}\sum_{j=1}^{k}y_{ij}\log p_{ij} \tag{2.18}$$

其中, k 为类别数; y_{ij} 为取值为 0 或 1 的符号函数, 如果样本 $\boldsymbol{x}_i$ 的真实类别等于 j, 则取值为 1, 否则取值为 0; p_{ij} 为样本 $\boldsymbol{x}_i$ 属于类别 j 的预测概率.

7. Softmax 损失

Softmax 损失是一种基于 Softmax 函数计算类别后验概率的损失, 广泛应用于多分类问题中. 用 Softmax 函数计算类别后验概率的公式为

$$p_i = \frac{\exp(y_i)}{\sum_{j=1}^{k}\exp(y_j)} \tag{2.19}$$

Softmax 损失的定义为

$$L_{sl} = -\log(p_i) = -\log\left(\frac{\exp(y_i)}{\sum_{j=1}^{k}\exp(y_j)}\right) \tag{2.20}$$

其中, k 为类别数.

8. 加权 Softmax 损失

对于非平衡数据分类, 常用的是加权 Softmax 损失. 设数据集中样例总数为 n, 第 i 类的样例数为 n_i, 加权因子为 $\pi_i = \frac{n_i}{n}$, 加权 Softmax 损失定义为

$$L_{wsl} = -\frac{1}{\pi_i}\log(p_i) = -\frac{1}{\pi_i}\log\left(\frac{\exp(y_i)}{\sum_{j=1}^{k}\exp(y_j)}\right) \tag{2.21}$$

9. 类平衡损失

类平衡损失[56] 是定义在有效样本数基础上的. 设数据集 D 包含 k 类样本, k 个类别标签简记为 $y = \{y_1, y_2, \cdots, y_k\}$. 第 i 类包含的样本数为 $n_i(1 \leqslant i \leqslant k)$, 数据集 D 包含的样本总数为 $n = \sum_{i=1}^{k}n_i$. 整个数据集 D 的有效样本

数定义为 $(1-\beta^n)/(1-\beta)$, β 是一个超参数. 显然, 第 i 类包含的有效样本数为 $(1-\beta^{n_i})/(1-\beta)$. 对于 $\forall \boldsymbol{x} \in D$, 假设分类模型 $f(\boldsymbol{x})$ 将其分类到各个类别的后验概率为 $\boldsymbol{p} = (p_1, p_2, \cdots, p_k)^{\mathrm{T}}$. 令样本 $\boldsymbol{x}$ 分类到第 i 类 y_i 的分类损失为 $L(\boldsymbol{p}, \boldsymbol{x}, y_i)$, 类平衡损失定义为

$$L_{\mathrm{cbl}} = \frac{1-\beta}{1-\beta^{n_i}} L(\boldsymbol{p}, \boldsymbol{x}, y_i) \tag{2.22}$$

其中, $L(\boldsymbol{p}, \boldsymbol{x}, y_i)$ 为任何类型的损失函数.

例如, 如果损失函数是 Softmax 损失, 那么相应的类平衡损失变为

$$L_{\mathrm{cbl}} = -\frac{1-\beta}{1-\beta^{n_i}} \log\left(\frac{\exp(y_i)}{\displaystyle\sum_{j=1}^{k} \exp(y_j)}\right) \tag{2.23}$$

10. Logit 调整损失

Logit 调整损失[57] 是对最大化交叉熵损失的改进, 其定义为

$$L_{\mathrm{lal}} = -\log \frac{\mathrm{e}^{f_y(\boldsymbol{x}) + \tau \times \log \pi_y}}{\displaystyle\sum_{y' \in C} \mathrm{e}^{f_{y'}(\boldsymbol{x}) + \tau \times \log \pi_{y'}}} \tag{2.24}$$

其中, τ 为超参数; $\pi_y = \dfrac{n_y}{n}$ 为类别 y 的样例所占的比例.

11. 平衡 Softmax 损失

在 Softmax 损失的基础上, 研究人员还提出平衡 Softmax 损失[58], 其定义为

$$L_{bsl} = -\log\left(\frac{\pi_i \exp(z_i)}{\displaystyle\sum_j \pi_j \exp(z_j)}\right) \tag{2.25}$$

其中, z_j 为相对于第 j 类的预测 Logit 值.

12. 平衡损失

平衡损失[59] 和平衡 Softmax 损失类似, 其定义为

$$L_{el} = -\log\left(\frac{\exp(z_i)}{\displaystyle\sum_j w_j \exp(z_j)}\right) \tag{2.26}$$

其中, w_j 为加权因子.

13. 动态类加权平衡损失

动态类加权平衡损失[60] 基于类频率和真实类的预测概率进行动态加权. 动态加权方案根据预测分数自适应调整权重, 允许模型对不同难度水平的样例进行动态调整, 从而导致由少数类样本驱动的梯度更新, 即

$$L_{\mathrm{dwb}} = -\frac{1}{n} \sum_{i=1}^{n} \sum_{j=1}^{k} w_j^{1-p_{ij}} y_{ij} \log p_{ij} - p_{ij}(1 - p_{ij}) \tag{2.27}$$

其中, y_{ij} 为样例 $\boldsymbol{x}_i$ 编码向量的第 j 个元素; p_{ij} 为样例 $\boldsymbol{x}_i$ 属于第 j 类的预测概率; w_j 为类加权参数, 即

$$w_j = \log \left(\frac{\max(n_j | j \in C)}{n_j} + 1 \right) \tag{2.28}$$

其中, n_j 为第 j 类包含的样例数; C 为类别标签的集合.

14. 影响平衡损失

影响平衡损失[61] 的基本思想是根据样本对决策边界的影响对样本进行重新加权, 以创建一个更一般化的决策边界. 样本的影响通过影响函数刻画, 影响函数通过删除样本估计预测模型 (如深度神经网络) 参数的变化. 变换越大, 说明样本的影响力越大. 影响函数定义为

$$I(\boldsymbol{x}; \boldsymbol{w}) = -H^{-1} \nabla_{\boldsymbol{w}} L(y, f(\boldsymbol{x}, \boldsymbol{w})) \tag{2.29}$$

其中, $H = \frac{1}{n} \sum_{i=1}^{n} \nabla_{\boldsymbol{w}}^2 L(y_i, f(\boldsymbol{x}_i, \boldsymbol{w}))$ 为 Hessian 矩阵.

影响加权因子的定义为

$$\mathrm{IB}(\boldsymbol{x}; \boldsymbol{w}) = ||\nabla_{\boldsymbol{w}} L(y, f(\boldsymbol{x}, \boldsymbol{w}))||_1 \tag{2.30}$$

其中, $|| \cdot ||_1$ 表示 L_1 范数.

影响平衡损失的定义为

$$L_{\mathrm{IB}} = \frac{1}{m} \sum_{(\boldsymbol{x}, y) \in D_m} \lambda_i \frac{L(y, f(\boldsymbol{x}, \boldsymbol{w}))}{||f(\boldsymbol{x}, \boldsymbol{w}) - y||_1 \times ||h||_1} \tag{2.31}$$

其中, m 为小批量 (mini-batch) 的大小; $\lambda_i = \alpha n_i^{-1} / \sum_{j=1}^{k} n_j^{-1}$, n_i 为训练集中第 i 类包含的样例数, α 为超参数; $h = [h_1, h_2, \cdots, h_L]^{\mathrm{T}}$ 为隐含层特征向量.

15. LDAM 损失

LDAM (label-distribution-aware margin, 标签分布感知边距) 损失[62] 是受最小化基于间隔的泛化误差界启发而提出的一种非平衡学习损失函数. 其定义为

$$L_{\mathrm{ldam}} = -\log\left(\frac{\exp(z_y - \Delta_y)}{\sum\limits_{j=1}^{k}\exp(z_j - \Delta_j)}\right) \tag{2.32}$$

其中, z_y 为相对于类别 y 的预测 Logits 值; Δ_y 为相对于类别 y 的间隔.

16. 自动平衡优化损失

自动平衡优化损失[63] 是 $\boldsymbol{w}$、$\boldsymbol{l}$、$\boldsymbol{\Delta}$ 控制的, 用于非平衡学习的损失函数, $\boldsymbol{w} = (w_1, w_2, \cdots, w_k)$, $\boldsymbol{l} = (l_1, l_2, \cdots, l_k)$, $\boldsymbol{\Delta} = (\Delta_1, \Delta_2, \cdots, \Delta_k)$. 自动平衡优化损失的定义为

$$L_{\mathrm{abol}} = w_y \log\left(1 + \sum_{j \neq y} \mathrm{e}^{l_j - l_y} \times \mathrm{e}^{\Delta_j f_j(\boldsymbol{x}) - \Delta_y f_y(\boldsymbol{x})}\right) \tag{2.33}$$

其中, w_y 为与类别 y 相关的加权参数; $l_y = \log \pi_y$; Δ_y 为与类别 y 相关的惩罚参数.

17. Focal 损失

Focal 损失[64] 是为了解决目标检测中正负样本比例不平衡问题而提出的, 是在交叉熵损失的基础上改进而来的. 我们知道, 在两类分类中, 对于单个样本, 交叉熵损失可写为

$$L_{\mathrm{bce}} = y \log p_y + (1 - y)\log(1 - p_y) = \begin{cases} -\log p_y, & y = 1 \\ -\log(1 - p_y), & y = 0 \end{cases} \tag{2.34}$$

Focal 损失的定义为

$$L_{fl} = \begin{cases} -\alpha(1 - p_y)^\gamma \log p_y, & y = 1 \\ -(1 - \alpha)p_y^\gamma \log(1 - p_y), & y = 0 \end{cases} \tag{2.35}$$

Focal 损失是在交叉熵损失中加一个因子 γ, 当 $\gamma > 0$ 时, 将减少易分类样本的损失, 更关注容易错分的样本. 此外, 加入平衡因子 α, 平衡正负样本比例不均衡.

18. Dice 损失

Dice 损失是用 Dice 系数定义的. Dice 系数是一种集合相似性度量, 其定义为

$$DC = \frac{2|X \cap Y|}{|X| + |Y|} \tag{2.36}$$

其中, $|X \cap Y|$ 表示集合 X 和 Y 的交集中包含的元素个数; $|X|$ 和 $|Y|$ 表示集合 X 和 Y 中包含的元素个数.

Dice 损失的定义为

$$L_{\mathrm{dl}} = 1 - DC = 1 - \frac{2|X \cap Y|}{|X| + |Y|} \tag{2.37}$$

19. 对比损失

对比损失最早出现在文献 [65] 中, 用于数据降维. 其基本思想是本来相似的样本, 经过降维后, 在特征空间中, 两个样本仍旧相似; 原本不相似的样本, 经过降维后, 在特征空间中, 两个样本仍旧不相似. 与普通的对样本求和的损失函数不同, 对比损失函数是对成对的样本 (样本对) 损失求和. 设 $\boldsymbol{x}_1$ 和 $\boldsymbol{x}_2$ 是数据集 D 中的一对样本 (样本对), y 是与这一样本对对应的二值标号. 如果 $\boldsymbol{x}_1$ 和 $\boldsymbol{x}_2$ 是正样本对 (如 $\boldsymbol{x}_1$ 和 $\boldsymbol{x}_2$ 相似, 或 $\boldsymbol{x}_1$ 和 $\boldsymbol{x}_2$ 属于同一类), 那么 $y = 1$; 如果 $\boldsymbol{x}_1$ 和 $\boldsymbol{x}_2$ 是负样本对, 那么 $y = 0$. 令 $d_{\boldsymbol{w}}(\boldsymbol{x}_1, \boldsymbol{x}_2)$ 是要学习的 $\boldsymbol{x}_1$ 和 $\boldsymbol{x}_2$ 之间的参数化距离度量, $\boldsymbol{w}$ 是要学习的参数. $d_{\boldsymbol{w}}(\boldsymbol{x}_1, \boldsymbol{x}_2)$ 的抽象定义为

$$d_{\boldsymbol{w}}(\boldsymbol{x}_1, \boldsymbol{x}_2) = ||f_{\boldsymbol{w}}(\boldsymbol{x}_1) - f_{\boldsymbol{w}}(\boldsymbol{x}_2)||_2 \tag{2.38}$$

将 $d_{\boldsymbol{w}}(\boldsymbol{x}_1, \boldsymbol{x}_2)$ 简记为 $d_{\boldsymbol{w}}$, 对比损失可形式化定义为

$$L_{cl} = \sum_{i=1}^{n_p} L(\boldsymbol{w}, (y, \boldsymbol{x}_1, \boldsymbol{x}_2)^i) \tag{2.39}$$

其中, n_p 为样本对的个数; $(y, \boldsymbol{x}_1, \boldsymbol{x}_2)^i$ 为第 i 个样本对; $L(\boldsymbol{w}, (y, \boldsymbol{x}_1, \boldsymbol{x}_2)^i)$ 为相对于第 i 个样本对的损失, 即

$$L(\boldsymbol{w}, (y, \boldsymbol{x}_1, \boldsymbol{x}_2)^i) = (1 - y)L_{\mathrm{sim}}(d_{\boldsymbol{w}}^i) + yL_{\mathrm{dsim}}(d_{\boldsymbol{w}}^i) \tag{2.40}$$

其中, $L_{\mathrm{sim}}(\cdot)$ 为相对于一对相似样本对的偏损函数; $L_{\mathrm{dsim}}(\cdot)$ 为相对于一对不相似样本对的偏损函数.

作为一个例子, 下面给出一个具体的对比损失函数, 即

$$L(\boldsymbol{w}, (y, \boldsymbol{x}_1, \boldsymbol{x}_2)) = \frac{1-y}{2}(d_{\boldsymbol{w}})^2 + \frac{y}{2}(\max(0, m - d_{\boldsymbol{w}}))^2 \tag{2.41}$$

其中, $m > 0$ 为间隔参数, 定义特征空间中围绕点 $f_{\boldsymbol{w}}(\boldsymbol{x})$ 的一个半径.

20. Range 损失

Range 损失[66] 是受对比损失的启发而提出的. 不同于定义在单个正样例对和负样例对上的对比损失, Range 损失是在一个小批量内所有样本对之间的总体距离上定义的, 即

$$L_{rl} = \alpha L_{\text{intra}} + \beta L_{\text{inter}} \tag{2.42}$$

其中, α 和 β 为权参数; L_{intra} 为类间损失; L_{inter} 为类内损失.

L_{intra} 的定义为

$$L_{\text{intra}} = \sum_{I' \subseteq I} L_{\text{intra}}^{I'} = \sum_{I' \subseteq I} \frac{k}{\sum\limits_{j=1}^{k} \dfrac{1}{D_j}}, \quad 1 \leqslant j \leqslant k \tag{2.43}$$

其中, I 为当前小批量中所有样本下标的集合; D_j 为第 j 个最大距离.

L_{inter} 的定义为

$$\begin{aligned} L_{\text{inter}} &= \max(M - D_{\text{center}}, 0) \\ &= \max(M - ||\overline{\boldsymbol{x}}_Q - \overline{\boldsymbol{x}}_R||_2^2, 0) \end{aligned} \tag{2.44}$$

其中, D_{center} 为两个类中心之间的最短距离; M 为 D_{center} 的最大优化间隔; Q 和 R 为当前小批量中两个距离最近的类; $\overline{\boldsymbol{x}}_Q$ 和 $\overline{\boldsymbol{x}}_R$ 分别为这两个类的中心.

21. Triplet 损失

Triplet 损失[67] 是在最近邻分类背景下产生的. 设嵌入函数 (深度神经网络)$f(\boldsymbol{x}) \in \boldsymbol{R}^d$ 将一幅图像 $\boldsymbol{x}$ 嵌入 (变换) d-维欧几里得距离的超球上, 即要求满足 $||f(\boldsymbol{x})||_2 = 1$. 要确保一个特定对象的图像样本 $\boldsymbol{x}_i^a$(锚点样本), 如一个人的人脸图像, 与任何其他人的图像样本 $\boldsymbol{x}_i^n$(负样本) 相比, 更接近于同一个人的所有其他人脸图像 $\boldsymbol{x}_i^p$(正样本), 即 $\forall (\boldsymbol{x}_i^a, \boldsymbol{x}_i^p, \boldsymbol{x}_i^n) \in \mathcal{T}$, 要求满足如下条件, 即

$$||\boldsymbol{x}_i^a - \boldsymbol{x}_i^p||_2^2 + \alpha < ||\boldsymbol{x}_i^a - \boldsymbol{x}_i^n||_2^2 \tag{2.45}$$

其中, α 为正样本对和负样本对之间的间隔; $\mathcal{T}$ 为训练集中所有可能的三元组集合; n 为 $\mathcal{T}$ 的势.

Triplet 损失定义为

$$L_{tl} = \sum_{i=1}^{n} \left(||f(\boldsymbol{x}_i^a) - f(\boldsymbol{x}_i^p)||_2^2 - ||f(\boldsymbol{x}_i^a) - f(\boldsymbol{x}_i^n)||_2^2 + \alpha \right) \tag{2.46}$$

22. 大间隔余弦损失及其改进

大间隔余弦损失 (large margin cosine loss)[68] 是基于类间距离和类内距离约束的损失. 其定义为

$$L_{\mathrm{lmc}} = -\frac{1}{m}\sum_{i=1}^{m}\log\frac{\mathrm{e}^{s(\cos(\theta_{y_n})-m_c)}}{\mathrm{e}^{s(\cos(\theta_{y_n})-m_c)}+\sum\limits_{j\neq y_n}^{k}\mathrm{e}^{s\cos(\theta_j)}} \tag{2.47}$$

其中, m 为小批量的大小; k 为类别数; y_n 为第 n 个样本的类标; m_c 为控制余弦间隔幅度超参数.

设第 n 个样本的特征向量为 $\boldsymbol{f}_n$, 类别 y_n 的权向量为 $\boldsymbol{w}_n$, θ_{y_n} 为两个向量的夹角, 对这两个向量进行 L_2 归一化, s 为归一化因子.

研究人员对大间隔余弦损失进行了改进[69], 提出一种改进的大间隔余弦损失. 其定义为

$$L_{\mathrm{ilmc}} = -\frac{1}{m}\sum_{i=1}^{m}\log\frac{\mathrm{e}^{s[\cos(\theta_{y_n}+\alpha_y)-m_c]}}{\mathrm{e}^{s[\cos(\theta_{y_n}+\alpha_y)-m_c]}+\sum\limits_{j\neq y_n}^{k}\mathrm{e}^{s\cos(\theta_j+\alpha_y)}} \tag{2.48}$$

23. 累积加角间隔损失及其改进

累积加角间隔损失 (additive angular margin loss)[70] 也是基于类间距离和类内距离约束的损失. 其定义为

$$L_{\mathrm{aam}} = -\frac{1}{m}\sum_{i=1}^{m}\log\frac{\mathrm{e}^{s[\cos(\theta_{y_n}+m_a)]}}{\mathrm{e}^{s[\cos(\theta_{y_n}+m_a)]}+\sum\limits_{j\neq y_n}^{k}\mathrm{e}^{s\cos(\theta_j)}} \tag{2.49}$$

其中, m_a 为一个可加角度间隔惩罚项.

文献 [69] 给出一种改进的累积加角间隔损失. 其定义为

$$L_{\mathrm{aam}} = -\frac{1}{m}\sum_{i=1}^{m}\log\frac{\mathrm{e}^{s[\cos(\theta_{y_n}+\alpha_y+m_a)]}}{\mathrm{e}^{s[\cos(\theta_{y_n}+\alpha_y+m_a)]}+\sum\limits_{j\neq y_n}^{k}\mathrm{e}^{s\cos(\theta_j+\alpha_y)}} \tag{2.50}$$

24. 中心损失

中心损失 (center loss)[71] 的目标是在保持不同类的特性可分离的同时尽量减少类内变化. 其定义为

$$L_{cl} = \frac{1}{2}\sum_{i=1}^{m}\|\boldsymbol{x}_i - \boldsymbol{c}_{y_i}\|_2^2 \tag{2.51}$$

其中, $c_{y_i} \in \mathbf{R}^d$ 为特征空间第 y_i 个类的中心.

关于更多适用于非平衡学习的损失函数, 有兴趣的读者可参考文献 [72].

2.4　偏差与方差

给定一个数据集 $D = \{(\boldsymbol{x}_i, y_i) | \boldsymbol{x} \in \mathbf{R}^n, y \in Y; 1 \leqslant i \leqslant n\}$, 机器学习问题是基于数据集 D 构造 (学习) 一个函数 $y = f(\boldsymbol{x})$, 使得 $f(\boldsymbol{x})$ 近似等于期望响应 y. 一般地, 通过最小化预定义的代价函数来选择 $f(\boldsymbol{x})$, 常用的代价函数是式 (2.52) 中给出的误差平方和, 即

$$\sum_{i=1}^{n} (y_i - f(\boldsymbol{x}_i))^2 \tag{2.52}$$

在学习问题中, 若 Y 是实数集合 $\mathbf{R}$ 或其子集, 则这种机器学习问题称为回归问题. 若 Y 的元素是一些离散值, 那么这种机器学习问题称为分类问题. 显然, 分类问题是回归问题的特殊情况.

对于任意函数 $f(\boldsymbol{x})$ 和任意固定的 $\boldsymbol{x}$, 有

$$\begin{aligned}
E\left[(y - f(\boldsymbol{x}))^2 | \boldsymbol{x}\right] =& E\left[((y - E[y|\boldsymbol{x}]) + (E[y|\boldsymbol{x}] - f(\boldsymbol{x})))^2 | \boldsymbol{x}\right] \\
=& E\left[(y - E[y|\boldsymbol{x}])^2 | \boldsymbol{x}\right] + (E[y|\boldsymbol{x}] - f(\boldsymbol{x}))^2 \\
& + 2E\left[(y - E[y|\boldsymbol{x}]) | \boldsymbol{x}\right] \times (E[y|\boldsymbol{x}] - f(\boldsymbol{x})) \\
=& E\left[(y - E[y|\boldsymbol{x}])^2 | \boldsymbol{x}\right] + (E[y|\boldsymbol{x}] - f(\boldsymbol{x}))^2 \\
& + 2\left(E[y|\boldsymbol{x}] - E[y|\boldsymbol{x}]\right) \times (E[y|\boldsymbol{x}] - f(\boldsymbol{x})) \\
=& E\left[(y - E[y|\boldsymbol{x}])^2 | \boldsymbol{x}\right] + (E[y|\boldsymbol{x}] - f(\boldsymbol{x}))^2 \\
\geqslant& E\left[(y - E[y|\boldsymbol{x}])^2 | \boldsymbol{x}\right]
\end{aligned} \tag{2.53}$$

式 (2.53) 说明, 在所有关于 $\boldsymbol{x}$ 的函数中, 对于给定的 $\boldsymbol{x}$, 在均方误差意义下, $E[y|\boldsymbol{x}]$ 是最好的预测因子.

显然, 函数 f 是依赖数据集 D 的, 用 $f(\boldsymbol{x}; D)$ 代替 $f(\boldsymbol{x})$ 以显式形式表示这种依赖关系. 给定 D 和 $\boldsymbol{x}$, f 作为 y 的预测的有效性度量可由式 (2.54) 给出, 即

$$E\left[(y - f(\boldsymbol{x}; D))^2 | \boldsymbol{x}; D\right] \tag{2.54}$$

根据式 (2.54), 可得

$$E\left[(y - f(\boldsymbol{x}; D))^2 \, | \boldsymbol{x}; D\right]$$
$$= E\left[(y - E[y|\boldsymbol{x}])^2 \, | \boldsymbol{x}, D\right] + (f(\boldsymbol{x}; D) - E[y|\boldsymbol{x}])^2 \tag{2.55}$$

因为式 (2.55) 的第一项不依赖 D, 所以第二项是左边项的估计值. 其期望由式 (2.56) 给出, 即

$$E_D\left[(f(\boldsymbol{x}; D) - E[y|\boldsymbol{x}])^2\right]$$
$$= E_D\left[((f(\boldsymbol{x}; D) - E_D[f(\boldsymbol{x}; D)]) + (E_D[f(\boldsymbol{x}; D)] - E[y|\boldsymbol{x}]))^2\right]$$
$$= E_D\left[(f(\boldsymbol{x}; D) - E_D[f(\boldsymbol{x}; D)])^2\right] + E_D\left[(E_D[f(\boldsymbol{x}; D)] - E[y|\boldsymbol{x}])^2\right]$$
$$\quad + 2E_D\left[(f(\boldsymbol{x}; D) - E_D[f(\boldsymbol{x}; D)]) \times (E_D[f(\boldsymbol{x}; D)] - E[y|\boldsymbol{x}])\right]$$
$$= E_D\left[(f(\boldsymbol{x}; D) - E_D[f(\boldsymbol{x}; D)])^2\right] + (E_D[f(\boldsymbol{x}; D)] - E[y|\boldsymbol{x}])^2 \tag{2.56}$$
$$\quad + 2E_D\left[f(\boldsymbol{x}; D) - E_D[f(\boldsymbol{x}; D)]\right] \times (E_D[f(\boldsymbol{x}; D)] - E[y|\boldsymbol{x}])$$
$$= \underbrace{(E_D[f(\boldsymbol{x}; D)] - E[y|\boldsymbol{x}])^2}_{\text{偏差}} + \underbrace{E_D\left[(f(\boldsymbol{x}; D) - E_D[f(\boldsymbol{x}; D)])^2\right]}_{\text{方差}}$$

在机器学习领域, 预测误差由偏差 (bias) 和方差 (variance) 两部分构成已经是被广泛接受的事实. 但是, 偏差和方差是一对矛盾的组合体, 对于一个学习算法而言, 减少预测误差的偏差, 却可能增加方差. 这就是所谓的偏差-误差窘境[73]. 对于不同的机器学习问题, 偏差和方差的最佳平衡点也不同.

因为对于任何机器学习问题, 都存在泛化性能的偏差-方差平衡, 所以将偏差-方差分析应用于任何类型的损失函数都是可行的, 例如针对分类问题的 0-1 损失函数.

2.5 多样性度量

对于不同的机器学习任务, 多样性概念的内涵也不同. 例如, 对于分类任务的分类器集成而言, 多样性指构成集成系统的基本分类器应具有 "个性", 通常指它们错误分类的样例应具有较大的差异. 又如, 对于非平衡学习中少数类数据的上采样, 人工生成的样例要有各自的 "特性", 彼此之间要能相互区分有差异. 在分类器集成中, 直觉告诉我们, 用有放回抽样好, 如 Bagging. 抽样若干数据子集训练的基本分类器的多样性, 要比用无放回抽样, 如将数据集随机划分为若干个互不相交的子集, 训练的基本分类器的多样性差一点. 但是, 理论证明这一直觉难度

很大, 有兴趣的读者可以深入研究这一问题. 我们要介绍的多样性是指分类器集成中基本分类器的多样性[74-78], 首先介绍成对多样性度量, 然后介绍非成对多样性度量, 最后介绍分类器集成的多样性与分类精度之间的关系.

2.5.1 成对多样性度量

设 $D = \{\boldsymbol{x}_1, \boldsymbol{x}_2, \cdots, \boldsymbol{x}_n\}$ 是 n 个样例的集合, $C = \{C_1, C_2, \cdots, C_l\}$ 是 l 个分类器的集合, 分类器 C_i 的输出记为 $\boldsymbol{y}_i = (y_{1i}, y_{2i}, \cdots, y_{ni})$. 如果分类器 C_i 正确分类 $\boldsymbol{x}_j$, 则 $y_{ji} = 1$; 否则, $y_{ji} = 0$. 设 C_i 和 C_j 是一对基本分类器, 它们之间的关系可以用表 2.2 所示的列联表描述.

表 2.2　描述一对基本分类器之间关系的列联表

分类器 C_i	分类器 C_j	
	正确 (1)	错误 (0)
正确 (1)	n^{11}	n^{10}
错误 (0)	n^{01}	n^{00}

显然, n^{11} 是被分类器 C_i 和 C_j 正确分类的样例数; n^{10} 是被分类器 C_i 正确分类, 而被 C_j 错误分类的样例数; n^{01} 是被分类器 C_i 错误分类, 而被 C_j 正确分类的样例数; n^{00} 是被分类器 C_i 和 C_j 都错误分类的样例数.

1. Q 统计量

Q 统计量是最早提出的一种基本分类器多样性度量. 其定义为

$$Q_{ij} = \frac{n^{11}n^{00} - n^{01}n^{10}}{n^{11}n^{00} + n^{01}n^{10}} \tag{2.57}$$

从式 (2.57) 可以看出, Q_{ij} 的值介于 -1 和 $+1$ 之间. 对于度量的分类器, Q_{ij} 的期望值等于 0. 倾向于正确分类相同样例的分类器, $Q_{ij} > 0$; 对不同样例错误分类的分类器, $Q_{ij} < 0$.

对于分类器集成中的 l 个分类器, 所有分类器对 Q 统计量的平均值为

$$Q_{\mathrm{av}} = \frac{2}{l(l-1)} \sum_{i=1}^{l-1} \sum_{j=i+1}^{l} Q_{ij} \tag{2.58}$$

2. 相关系数

对于任意两个分类器 C_i 和 C_j 的输出 $\boldsymbol{y}_i$ 和 $\boldsymbol{y}_j$, 相关系数的定义为

$$\rho_{ij} = \frac{n^{11}n^{00} - n^{01}n^{10}}{\sqrt{(n^{11} + n^{10})(n^{01} + n^{00})(n^{11} + n^{01})(n^{10} + n^{00})}} \tag{2.59}$$

3. 不一致度量

对于任意两个分类器 C_i 和 C_j, 不一致度量 (disagreement measure) 的定义为

$$\text{dis}_{ij} = \frac{n^{01} + n^{10}}{n} = \frac{n^{01} + n^{10}}{n^{11} + n^{10} + n^{01} + n^{00}} \tag{2.60}$$

对于分类器集成中的 l 个分类器, 所有分类器对不一致度量的平均值为

$$\text{dis}_{\text{av}} = \frac{2}{l(l-1)} \sum_{i=1}^{l-1} \sum_{j=i+1}^{l} \text{dis}_{ij} \tag{2.61}$$

4. 双错误度量

对于任意两个分类器 C_i 和 C_j, 双错误度量 (double-fault measure) 的定义为

$$\text{df}_{ij} = \frac{n^{01} + n^{10}}{n} = \frac{n^{00}}{n^{11} + n^{10} + n^{01} + n^{00}} \tag{2.62}$$

5. 成对 Kappa 系数

对于任意两个分类器 C_i 和 C_j, 成对 Kappa 系数 (pairwise Kappa coefficient) 的定义为

$$\text{pkc}_{ij} = \frac{2(n^{11}n^{00} - n^{10}n^{01})}{(n^{11} + n^{10})(n^{10} + n^{00})(n^{11} + n^{01})(n^{01} + n^{00})} \tag{2.63}$$

2.5.2 非成对多样性度量

1. 熵度量

对于任意的样例 $\boldsymbol{x}_j$ 和 l 个分类器构成的集成系统, 设 $Y(\boldsymbol{x}_j) = \sum_{i=1}^{l} y_{ji}$, $Y(\boldsymbol{x}_j)$ 表示 l 个基本分类器中正确分类样例 $\boldsymbol{x}_j$ 的分类器的个数. 熵的定义为

$$E = \frac{1}{n} \sum_{j=1}^{n} \frac{1}{\left(l - \left\lceil \frac{l}{2} \right\rceil\right)} \min\{Y(\boldsymbol{x}_j), l - Y(\boldsymbol{x}_j)\} \tag{2.64}$$

2. Kohavi-Wolpert 度量

Kohavi-Wolpert 度量的定义为

$$\text{KW} = \frac{1}{nl^2} \sum_{j=1}^{n} Y(\boldsymbol{x}_j)(l - Y(\boldsymbol{x}_j)) \tag{2.65}$$

Kohavi-Wolpert 度量和平均不一致度量之间具有下面的关系[74], 即

$$\text{KW} = \frac{l-1}{2l} \text{dis}_{\text{av}} \tag{2.66}$$

3. 评判者间一致性度量

设 $\overline{p}$ 表示 l 个基本分类器分类精度的平均值, $\overline{p} = \dfrac{1}{nl} \sum\limits_{j=1}^{n} \sum\limits_{i=1}^{l} y_{ji}$, 评判者间一致性度量 (interrater agreement measure) 的定义为

$$\text{iam} = 1 - \frac{\dfrac{1}{l} \sum\limits_{j=1}^{n} Y(\boldsymbol{x}_j)(l - Y(\boldsymbol{x}_j))}{n(l-1)\overline{p}(1-\overline{p})} \tag{2.67}$$

iam 与 KW 度量和 dis_{av} 之间具有下面的关系, 即

$$\text{iam} = 1 - \frac{l}{(l-1)\overline{p}(1-\overline{p})}\text{KW} = 1 - \frac{1}{2\overline{p}(1-\overline{p})}\text{dis}_{\text{av}} \tag{2.68}$$

4. 混淆度量

混淆度量 (ambiguity measure) 的定义为[76]

$$\overline{a} = \frac{1}{nl} \sum_{j=1}^{n} \sum_{i}^{l} a_i(\boldsymbol{x}_j) \tag{2.69}$$

其中

$$a_i(\boldsymbol{x}_j) = \begin{cases} 1, & \text{分类器 } C_i \text{ 与集成系统中大多数分类器的预测不一致} \\ 0, & \text{其他} \end{cases} \tag{2.70}$$

5. “好” 与 “坏” 多样性度量

设 $\boldsymbol{1} = (1,1,\cdots,1)^{\mathrm{T}}$, 记 $Y_{ji} = \boldsymbol{y}_i \cdot \boldsymbol{1}$, “好” 多样性度量定义为[78]

$$D_{\text{good}} = \frac{1}{n_c l} \sum_{Y_{ji} \geqslant \frac{l+1}{2}} (l - Y_{ji}) \tag{2.71}$$

其中, n_c 为所有 $C_i (1 \leqslant i \leqslant l)$ 中超过一半的基本分类器预测是正确的样例数.

“坏” 多样性度量定义为[78]

$$D_{\text{bad}} = \frac{1}{n_f l} \sum_{Y_{ji} < \frac{l+1}{2}} (l - Y_{ji}) \tag{2.72}$$

其中, n_f 为所有 $C_i (1 \leqslant i \leqslant l)$ 中有一半或更多的基本分类器预测是错误的样例数.

2.5.3　分类器集成的多样性和分类精度之间的关系

分类器集成的多样性和分类精度之间有紧密的联系. 关于它们之间的关系, 有下面两个定理成立 [76].

定理 2.5.1　关于成对多样性度量与分类精度之间的关系有以下结论.

(1) Q 统计量的值越小, 分类器集成的多样性越强, 分类精度也越高.

(2) 相关系数 ρ_{ij} 的值越小, 分类器集成的多样性越强, 分类精度也越高.

(3) 不一致度量 dis_{ij} 的值越大, 分类器集成的多样性越强, 分类精度也越高.

(4) 双错误度量 df_{ij} 的值越大, 分类器集成的多样性越强, 分类精度也越高.

(5) 成对 Kappa 系数 pkc_{ij} 的值越小, 分类器集成的多样性越强, 分类精度也越高.

定理 2.5.2　关于非成对多样性度量与分类精度之间的关系有以下结论.

(1) 熵度量 E 的值越大, 分类器集成的多样性越强, 分类精度也越高.

(2) Kohavi-Wolpert 度量 KW 的值越大, 分类器集成的多样性越强, 分类精度也越高.

(3) 评判者间一致性度量 iam 的值越小, 分类器集成的多样性越强, 分类精度也越高.

(4) 混淆度量 $\bar{a}$ 的值越大, 分类器集成的多样性越强, 分类精度也越高.

(5) "好" 多样性度量 D_{good} 的值越大, 分类器集成的多样性越强, 分类精度也越高.

(6) "坏" 多样性度量 D_{bad} 的值越大, 分类器集成的多样性越强, 分类精度也越高.

第 3 章　数据级方法

在非平衡学习中, 非平衡是指分类数据集中不同类别的样例数分布不均匀, 有的类包含的样例非常多, 而有的类包含的样例非常少, 相差非常悬殊. 例如, 对于两类分类问题, 其中一类样例所占的比例非常低, 通常称为少数类样例, 或正类样例; 另一类样例所占的比例非常高, 通常称为多数类样例, 或负类样例. 在本书中, 我们会交替使用少数类和正类, 以及多数类和负类. 因为对于多类非平衡分类问题, 通常划分为多个两类非平衡问题进行求解, 所以本书主要考虑两类非平衡分类问题. 解决两类非平衡分类问题的方法可分为三类, 即数据级方法、算法级方法和集成学习方法. 本章介绍数据级方法, 内容包括数据级方法概述, SMOTE (synthetic minority oversampling technique, 合成少样本上取样技术) 算法 [79]、Borderline-SMOTE (B-SMOTE) 算法 [80], 以及我们提出的两种算法——基于生成模型上采样的两类非平衡数据分类算法 [81]、基于自适应聚类和模糊数据约简下采样的非平衡大数据分类算法 [82].

3.1　数据级方法概述

顾名思义, 数据级方法就是在数据层面对原始数据进行平衡化预处理, 解决数据类别分布非平衡的问题. 下面先给出两类非平衡数据集的形式化描述, 然后对已有的数据级方法进行概述.

定义 3.1.1　设 $S = S^+ \cup S^-$, S^+ 和 S^- 分别表示少数类 (正类) 样例子集和多数类 (负类) 样例子集. 如果 $|S^+| \ll |S^-|$, 那么则称 S 是一个两类非平衡数据集.

数据级方法是解决非平衡分类问题的一类基本方法. 这类方法主要利用采样技术对原始数据集进行平衡化处理, 以降低或消除数据集类别之间的非平衡性. 数据级方法包括对少数类样例的上采样方法和对多数类样例的下采样方法. 上采样方法从少数类样例入手, 通过某种方法增加少数类样例的数量. 下采样方法从多数类样例入手, 通过某种方法减少负类样例的数量. 上采样方法包括随机复制样例方法和人工合成样例方法. 随机复制样例方法首先从正类样例子集 S^+ 中随机选择若干个样例, 然后复制选择的样例, 增加正类样例的数量. 显然, 随机复制样例方法并没有真正地增加正类样例的数量. 因此, 这种方法的研究较少. 人工合成样例方法是用现有的正类样例人工生成新的正类样例, 以扩充正类样例的数量. 相对随机复制样例方法, 人工合成样例方法的研究较多, 研究成果也更丰富. 在这类方法中, 最有影响的是 SMOTE 算法 [79], 其他比较有影响的上采样方法大都是在 SMOTE 算法的基础上提出的, 如 B-SMOTE[80]、ADASYN (adaptive synthetic sampling, 自适应合成采样)[83]、GSMOTE (geometric SMOTE)[84]、MI-MOTE (multiple imputation-based minority oversampling technique)[85] 等算法. SMOTE 算法的基本思想是, 对每一个正类样例, 在它与其 K 个最近邻的连线上通过线性插值进行上采样. B-SMOTE 算法认为, 没有必要对每一个正类样例进行上采样, 只需要对边界正类样例上采样即可. 在接下来的两节, 分别详细介绍这两种算法. ADASYN 是一种自适应上采样算法. 在分类过程中, 它根据正类样例的分类难易程度进行动态加权, 对分类难度高的正类样例进行更多的上采样, 生成更多的合成正类样例; 相反, 对于分类难度低的正类样例进行更少的上采样, 生成更少的合成正类样例. GSMOTE 算法在输入空间选择的正类样例周围的几何区域中进行上采样. MI-MOTE 算法是一种针对不平衡和不完全数据的基于多重线性插值的上采样算法. Kovács[86] 于 2019 年发行了一个 Python 软件包, 用 Python 语言实现了 85 个 SMOTE 变体. Fernández 等 [87] 对 SMOTE 算法及其变体进行了非常全面的综述, 总结了 2003~2018 这 15 年基于 SMOTE 算法的进展和可能的挑战. 2018 年以后依然有不少 SMOTE 算法的变体在文献中出现, 如 FW-SMOTE (feature weighted SMOTE) 算法 [88]、RSMOTE (robust SMOTE) 算法 [89]、SP-SMOTE (space partition SMOTE) 算法 [90] 和 ASN-SMOTE (a synthetic SMOTE) 算法 [91] 等. 这些上采样算法的基本思想在这里不再赘述. SMOTE 算法为什么有如此巨大的影响, Elreedy 等 [92] 给出了深入而全面的分析.

　　下采样方法通过某种机制减少多数类样例的数量. 根据所采用机制的不同, 下采样方法又可以分为随机下采样方法和启发式下采样方法. 随机下采样方法以 S^+ 为基准, 从 S^- 中随机选择一个子集 S_{down}^-, 以构造平衡的训练集 $S^+ \cup S_{\text{down}}^-$. 显然, 随机下采样方法有可能丢失重要的负类样例. 启发式下采样方法正是为了克服这一不足而提出的方法. 这类方法使用某种启发式进行下采样. Bach 等 [93] 提出一种基于聚类的下采样方法. 该方法聚类多数类样例, 并从高密度区域中移除一些样例来实现下采样. Lin 等 [94] 提出另一种基于聚类的下采样方法. 该方法将多数类中的聚类数设置为少数类中的数据点数, 并使用聚类中心的 K-近邻进行下采样. Batista 等 [95] 提出基于 T-Link 的下采样方法. 该方法根据 T-Link 移除多数类样例来实现下采样. 给定属于不同类的两个样例 x_i 和 x_j, 记它们之间的距离为 $d(x_i, x_j)$. 如果不存在样例 x_l, 使得 $d(x_i, x_l) < d(x_i, x_j)$ 或者 $d(x_j, x_l) < d(x_i, x_j)$, 那么称样例 x_i 和 x_j 构成一个 T-Link. 如果两个样例构成一个 T-Link, 那么其中一个样例是噪声, 或者两者都是边界样例.

Vuttipittayamongkol 等 [96] 提出一种下采样框架, 旨在从重叠区域识别并消除多数类样例来实现下采样. 对重叠区域中多数类样例的准确识别和消除, 可以最大限度地提高少数类样例的可见性, 同时最小化对多数类样例的过度消除, 从而减少信息丢失. García 等 [97] 率先提出基于进化思想的下采样方法. 这种方法的目标是通过减少多数类样例数来提高分类器的精度, 并通过设计合适的适应度函数实现数据平衡化和分类精度之间的良好平衡. Triguero 等 [98,99] 将进化下采样方法扩展到大数据环境, 提出基于 MapReduce 和 Spark 的非平衡大数据下采样方法.

3.2 SMOTE 算法

SMOTE 算法 [79] 是著名的上采样方法, 在非平衡学习中具有重要的影响. 在 SMOTE 算法的基础上, 研究人员提出非常多的变体. 下面详细介绍 SMOTE 算法.

SMOTE 算法通过合成人工样例增加正类样例的数量来降低正类样例和负类样例之间的非平衡程度. 其思路其实非常简单, 示意图如图 3.1 所示.

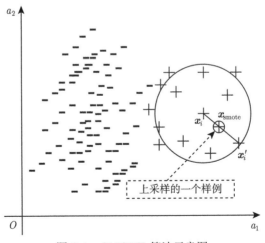

图 3.1 SMOTE 算法示意图

SMOTE 算法包括三步, 即从训练集中随机选择一个少数类样例, 寻找它的 K 个最近邻, 从这 K 个近邻样例中随机选择 N 个来生成新的样例. 设非平衡数据集 $S = S^+ \cup S^-$, $|S| = n$, $|S^+| = n^+$, $|S^-| = n^-$, 算法 3.1 给出了 SMOTE 算法的伪代码.

算法 3.1: SMOTE 算法

1　**输入:** 正类样例子集 S^+, 最近邻数 K, 上采样率 m.
2　**输出:** 上采样后的正类样例集合 S_{up}^+.
3　$S_{\text{up}}^+ = S^+$;
4　**for** $(i = 1; i \leqslant n^+; i = i + 1)$ **do**
5　　　寻找 $\boldsymbol{x}_i$ 的 K 个最近邻并存入集合 N_i^K;
6　　　**for** $(j = 1; j \leqslant m; j = j + 1)$ **do**
7　　　　　从 N_i^K 中随机选择一个最近邻 $\boldsymbol{x}_i'$;
8　　　　　生成 $[0,\ 1]$ 区间的一个随机数 δ;
9　　　　　生成一个样例 $\boldsymbol{x}_{\text{smote}} = \boldsymbol{x}_i + \delta \times (\boldsymbol{x}_i' - \boldsymbol{x}_i)$;
10　　　　　$S_{\text{up}}^+ = S_{\text{up}}^+ \cup \{\boldsymbol{x}_{\text{smote}}\}$;
11　　　**end**
12　**end**
13　Return S_{up}^+

3.3　B-SMOTE 算法

SMOTE 算法对每一个少数类样例都进行上采样, 对于非平衡率非常高的数据集, 即正类样例非常少的数据集, 这显然是必要的. 但是, 对于非平衡率不是很高的数据集, 则没有必要对所有少数类样例进行上采样, 而应该有选择地进行上采样. 换句话说, 就是只对重要的样例进行上采样, 而对不重要的样例不进行上采样. 这样既可以不降低分类算法的性能, 又可以降低计算成本. 那什么样的样例是重要的样例呢? 在机器学习领域, 存在这样一个共识, 即处于分类边界附近的样例是重要的样例. 这是因为边界样例更容易被错误分类, 更富有信息量. B-SMOTE 算法 [80] 就是基于这种思想对 SMOTE 算法进行改进. 它首先找出少数类样例中的边界样例, 然后调用 SMOTE 算法对这些少数类的边界样例进行上采样. 设少数类 (正类) 样例集合 $S^+ = \{\boldsymbol{x}_1^+, \boldsymbol{x}_2^+, \cdots, \boldsymbol{x}_{n^+}^+\}$, 多数类样 (负类) 例集合 $S^- = \{\boldsymbol{x}_1^-, \boldsymbol{x}_2^-, \cdots, \boldsymbol{x}_{n^-}^-\}$. B-SMOTE 算法得到伪代码如算法 3.2 所示.

3.4　基于生成模型上采样的两类非平衡数据分类算法

前面章节介绍的机器学习模型大都是判别模型, 如神经网络、支持向量机、极限学习机等. 判别模型用于产生判别规则, 如分类规则和预测规则. 不同于判别模型, 生成模型用于生成数据. 下面给出判别模型和生成模型的定义.

算法 3.2: B-SMOTE 算法

1 输入: 正类样例子集 S^+, 最近邻数 K, 上采样率 m.

2 输出: 上采样后的正类样例集合 S_{up}^+.

3 $S_{\mathrm{up}}^+ = S^+$;

4 for $(\forall \boldsymbol{x}_i^+ \in S^+)$ **do**

5   在整个数据集 $S = S^+ \cup S^-$ 中寻找 $\boldsymbol{x}_i^+$ 的 K 个最近邻, 并存入集合 N_i^K;

6   统计 N_i^K 中属于多数类 (负类) 的样例数 K';

7   **if** $(K' = K)$ **then**

8   正类样例 $\boldsymbol{x}_i^+$ 是噪声样例, 不对 $\boldsymbol{x}_i^+$ 进行上采样;

9   **end**

10   **if** $\left(\dfrac{K}{2} \leqslant K' < K\right)$ **then**

11   正类样例 $\boldsymbol{x}_i^+$ 是容易被错误分类的样例, 将其放入集合 S_{danger};

12   **end**

13   **if** $\left(0 \leqslant K' < \dfrac{K}{2}\right)$ **then**

14   正类样例 $\boldsymbol{x}_i^+$ 是容易被正确分类的样例, 不对 $\boldsymbol{x}_i^+$ 进行上采样;

15   **end**

16 end

17 // $S_{\mathrm{danger}} \subseteq S^+$ 中的样例是少数类边界样例;

18 for $(\forall \boldsymbol{x} \in S_{\mathrm{danger}})$ **do**

19   调用 SMOTE 算法进行上采样, 将生成的正类样例放入 S_{up}^+;

20 end

21 Return S_{up}^+

定义 3.4.1 给定数据集 $S = \{\boldsymbol{x} | \boldsymbol{x} \in \mathbf{R}^d\}$, 判别建模用于估计 $\boldsymbol{x}$ 的类别标签 y 的后验概率, 即判别模型用于估计 $p(y|\boldsymbol{x})$.

定义 3.4.2 给定数据集 $S = \{\boldsymbol{x} | \boldsymbol{x} \in \mathbf{R}^d\}$, 生成建模用于估计 $\boldsymbol{x}$ 的概率分布 $p(\boldsymbol{x})$. 如果数据集包含样例所属类别的标签, 生成式模型也可以用于估计概率分布 $p(\boldsymbol{x}|y)$.

从概率模型的角度, 有了生成模型, 通过模型进行采样, 就可以生成新的数据. 本节介绍的算法正是利用这一性质进行上采样. 下面简单介绍设计这种算法的动机和目的.

虽然 SMOTE 算法应用广泛, 产生了巨大的影响, 但是它有三个不足 [81], 即不能有效扩充正类样例的训练域; 生成的正类样例缺乏多样性; 不能精确逼近正类样例的概率分布. 受生成模型的启发, 我们提出一种基于生成模型的上采样框架, 可以有效解决上述三个问题. 在该框架下, 设计了两种算法, 第一种算法是用极限学习机自动编码器进行多样性上采样, 第二种算法是用生成对抗网络进行多样性上采样. 与 SMOTE 算法及其变体不同, 提出的框架以迭代方式进行上采样.

在每次迭代中, 根据上一次迭代生成的正类样例的分布生成新的正类样例, 而不是在一个正类样例与其 K 个最近邻之间的直线上进行上采样. 我们使用最大均值差异评分 (maximum mean discrepancy score, MMD-score)[100] 和轮廓系数评分 (silhouette-score)[101] 来确保生成高质量的正类样例. MMD-score 用于衡量生成的正类样例的多样性, 轮廓系数用于评估生成的正类样例与原始负样本之间的可分离性.

3.4.1 基于极限学习机自动编码器的上采样算法

极限学习机是训练单隐含层前馈神经网络的随机化算法, 如果令单隐含层前馈神经网络输出层的节点个数等于输入层的节点个数, 并让输入等于输出, 即 $\boldsymbol{y}_i = \boldsymbol{x}_i$, 那么这样的单隐含层前馈神经网络称为极限学习机自动编码器. 极限学习机自动编码器的结构如图 3.2 所示.

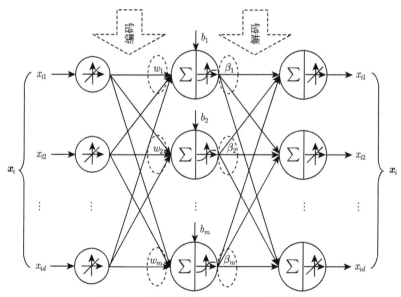

图 3.2 极限学习机自动编码器的结构

极限学习机自动编码器可以看作一种生成模型, 可以用它对正类样例进行上采样. 为描述方便, 我们记这种算法为 BIDC1. 需要注意的是, 我们期望生成的正类样例应该与原始的正类样例相似但又不同. 此外, 我们还期望生成的正类样例不应与负类样例重叠, 称这种特性为可分离性. 生成的正类样例与原始负类样例之间的可分离性用轮廓系数度量, 而生成的正类样例与原始正类样例之间的相似性用 MMD-score 度量.

实际上, 轮廓系数是聚类算法的一种评价指标. 给定一个属于聚类 A 的样本 $\boldsymbol{x}$, 其轮廓系数可由式 (3.1) 定义, 即

$$s(\boldsymbol{x}) = \frac{b(\boldsymbol{x}) - a(\boldsymbol{x})}{\max\{a(\boldsymbol{x}), b(\boldsymbol{x})\}} \tag{3.1}$$

其中, $a(\boldsymbol{x})$ 为样例 $\boldsymbol{x}$ 与聚类 A 中其他样例的平均不相似性; $b(\boldsymbol{x}) = \min\limits_{C \neq A} d(\boldsymbol{x}, C)$, $d(\boldsymbol{x}, C)$ 为样例 $\boldsymbol{x}$ 与聚类 C 中其他样例的平均不相似性.

关于一个聚类或一个集合 A, 它的轮廓系数定义为 $s(A) = \dfrac{1}{|A|} \sum\limits_{\boldsymbol{x} \in A} s(\boldsymbol{x})$. 从式 (3.1) 容易看出, $s(\boldsymbol{x})$ 的值介于 -1 和 $+1$ 之间, 而且 $s(\boldsymbol{x})$ 的值越接近 1, 可分离性越好.

MMD 是一种用于度量两组样本均方差的统计量. 给定两组样本 $\boldsymbol{X} = \{\boldsymbol{x}_i | 1 \leqslant i \leqslant n\}$ 和 $\boldsymbol{Y} = \{\boldsymbol{y}_i | 1 \leqslant i \leqslant m\}$, $\boldsymbol{X}$ 和 $\boldsymbol{Y}$ 之间的 MMD 的定义为

$$\begin{aligned}
\mathrm{MMD} &= \left\| \frac{1}{n} \sum_{i=1}^{n} \phi(\boldsymbol{x}_i) - \frac{1}{m} \sum_{j=1}^{m} \phi(\boldsymbol{y}_j) \right\|^2 \\
&= \frac{1}{n^2} \sum_{i=1}^{n} \sum_{i'=1}^{n} \phi(\boldsymbol{x}_i)^{\mathrm{T}} \phi(\boldsymbol{x}_{i'}) - \frac{2}{nm} \sum_{i=1}^{n} \sum_{j=1}^{m} \phi(\boldsymbol{x}_i)^{\mathrm{T}} \phi(\boldsymbol{y}_j) \\
&\quad + \frac{1}{m^2} \sum_{j=1}^{m} \sum_{j'=1}^{m} \phi(\boldsymbol{y}_j)^{\mathrm{T}} \phi(\boldsymbol{y}_{j'})
\end{aligned} \tag{3.2}$$

其中, $\phi(\cdot)$ 为核映射.

利用核技巧, 式 (3.2) 可以写成式 (3.3), 即

$$\mathrm{MMD} = \frac{1}{n^2} \sum_{i=1}^{n} \sum_{i'=1}^{n} k(\boldsymbol{x}_i, \boldsymbol{x}_{i'}) - \frac{2}{nm} \sum_{i=1}^{n} \sum_{j=1}^{m} k(\boldsymbol{x}_i, \boldsymbol{y}_j) + \frac{1}{m^2} \sum_{j=1}^{m} \sum_{j'=1}^{m} k(\boldsymbol{y}_j, \boldsymbol{y}_{j'}) \tag{3.3}$$

一般地, 计算两个分布之间的 MMD 值时用高斯核. MMD 值越大, 两个分布之间的差异就越大, 生成样本的多样性也越好.

算法 BIDC1 由三个阶段组成.

(1) 在原始数据集上训练极限学习机自动编码器.

(2) 利用训练的极限学习机自动编码器生成合成的正类样例, 以平衡原始数据集.

(3) 在平衡数据集上训练分类器模型, 对测试样本进行分类.

算法 BIDC1 的伪代码在算法 3.3 中给出.

算法 3.3: 算法 BIDC1

---

1 **输入:** 非平衡数据集 $S_{tr} = S_{tr}^+ + S_{tr}^-$, S_{tr}^+ 是正类训练样例子集, S_{tr}^- 是负类训练样例
  子集; 非平衡测试集 $S_{te} = S_{te}^+ + S_{te}^-$, S_{te}^+ 是正类样例测试子集, S_{te}^- 是负类样例测试
  子集; 激活函数 $g(\cdot)$, 隐含层节点个数 m, 迭代次数 t.

2 **输出:** $x \in S_{te}$ 的分类结果.

3 // 阶段 1:在 S_{tr} 上训练极限学习机自动编码器;

4 **for** $(j = 1; j \leqslant m; j = j + 1)$ **do**

5 　　随机分配输入权 w_j 和偏置 b_j;

6 **end**

7 计算隐含层输出矩阵 H;

8 计算输出权矩阵 $\hat{\boldsymbol{\beta}} = \left(\dfrac{1}{C}\boldsymbol{I} + \boldsymbol{H}\boldsymbol{H}^{\mathrm{T}}\right)^{-1} \boldsymbol{H}\boldsymbol{X}^{\mathrm{T}}$;

9 // 阶段 2:用训练的极限学习机自动编码器生成正类样例;

10 $S_1^+ = S_{tr}^+$;

11 **for** $(i = 1; i \leqslant t; i = i + 1)$ **do**

12 　　将 S_i^+ 输入极限学习机自动编码器, 得到编码向量;

13 　　将增加高斯噪声的编码向量输入解码器, 得到生成的正类样例;

14 　　用轮廓系数评分和 MMD 评分从生成的正类样例中选择重要的样例, 选择的正类
  　　　样例集合记为 S_{gen}^+;

15 　　$S_{i+1}^+ = S_i^+ + S_{gen}^+$;

16 **end**

17 // 阶段 3:在平衡的数据集上训练分类器并分类测试样例;

18 $S_{tr}^+ = S_{t+1}^+$;

19 $S_{tr} = S_{tr}^+ + S_{tr}^-$;

20 在 S_{tr} 上训练一个分类器, 并用训练的分类器分类 $x \in S_{te}$.

需要注意的是, 为了执行算法 3.3 中的语句 11, 需要首先使用已有的正类样例和生成的正类样例计算 MMD 评分, 使用生成的正类样例和负类样例计算轮廓系数评分. 具体地, 首先, 在第 i 轮迭代中, 将 S_i^+ 输入极限学习机自动编码器, 得到生成的正类样例, 并使用随机抽样方法得到生成的正类样例子集. 然后, 计算这个子集和 S_i^+ 之间的 MMD 评分, 以及该子集和 S_i^+ 之间的轮廓系数评分. 最后, 选择一个得分最高的子集 S_{gen}^+, 其得分为 MMD 评分与轮廓系数评分之和.

3.4.2　基于生成对抗网络的上采样算法

生成对抗网络 (generative adversarial network, GAN)[102] 是一种隐式的概率生成模型. 它由两个神经网络构成, 一个称为生成器 G (generator), 一个称为判别器 D (discriminator), 如图 3.3 所示.

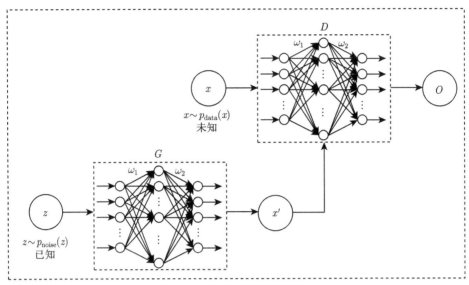

图 3.3　生成对抗网络的结构

生成器 G 的输入 z 是从一个已知的先验分布 P_{noise} 抽样得到的. 这个已知的先验分布通常是高斯分布. 生成器 G 的输出 $x' = G(z)$ 用于模仿真实样例以误导判别器 D. 判别器 D 的输入包括真实数据 x 和生成器 G 生成的数据 x' (也称为伪造的数据), 真实数据 x 从一个未知的真实分布 P_{data} 抽样得到. 判别器 D 的输出是后验概率分布, 用于刻画其输入是来自真实分布 P_{data}, 还是来自生成分布 P_{gen}. 换句话说, 判别器 D 的目标是区分真实数据和伪造数据. 生成对抗网络是一种思想巧妙的概率生成模型, 在计算机视觉、自然语言处理、音频识别等领域都获得巨大成功.

生成对抗网络思想的精巧之处在于两个网络的对抗训练. 对抗训练的目标是寻找纳什均衡. 假设 $J^{(D)}(\boldsymbol{\theta}^{(D)}, \boldsymbol{\theta}^{(G)})$ 是判别器 D 的损失函数, $J^{(G)}(\boldsymbol{\theta}^{(D)}, \boldsymbol{\theta}^{(G)})$ 是生成器 G 的损失函数, 一个纳什均衡是一个点 $(\boldsymbol{\theta}^{(D)}, \boldsymbol{\theta}^{(G)})$, 使 $J^{(D)}(\cdot, \cdot)$ 取得关于参数 $\boldsymbol{\theta}^{(D)}$ 的最大值, 同时 $J^{(G)}(\cdot, \cdot)$ 取得关于参数 $\boldsymbol{\theta}^{(G)}$ 的最小值. 相应的优化模型可表示为

$$\min_{G} \max_{D} J(G, D) = E_{\boldsymbol{x} \sim P_{\text{data}}}[\log(D(\boldsymbol{x}))] + E_{\boldsymbol{x}' \sim P_{\text{gen}}}[\log(1 - D(\boldsymbol{x}'))]$$

$$= E_{\boldsymbol{x} \sim P_{\text{data}}}[\log(D(\boldsymbol{x}))] + E_{\boldsymbol{z} \sim P_{\text{noise}}}[\log(1 - D(G(\boldsymbol{z})))] \quad (3.4)$$

关于式 (3.4) 有下面几点说明.

(1) 损失函数 $J(G, D)$ 是二值交叉熵.

(2) $J(G, D)$ 第一项代表 D 想要把真实数据判断为真, 即 $D(\boldsymbol{x}) = 1$; 第二项

代表 D 想要把生成数据判断为假, 即 $D(G(\boldsymbol{z})) = 0$.

(3) 判别器 D 的目的是把真实数据判断为 1, 生成的数据判断为 0. 因此, D 要最大化 $J(G, D)$.

(4) 生成器 G 的目的是生成以假乱真的数据 $G(\boldsymbol{z})$, 并让 D 判别其为 1. 因此, G 要最小化 $J(G, D)$.

(5) 由于 G 仅在第二项起作用, 所以实际上 G 仅仅最小化 $E_{\boldsymbol{z} \sim P_{\text{noise}}}[\log(1 - D(G(\boldsymbol{z})))]$.

(6) 在训练初期, 生成器 G 生成的数据质量比较差, 判别器 D 很容易判别, 它会以高置信度将 $G(\boldsymbol{z})$ 判断为假, 从而使 $\log(1 - D(G(\boldsymbol{z})))$ 达到饱和, 无法为 G 提供足够的梯度进行学习. 因此, 常常选择最大化 $\log(D(G(\boldsymbol{z})))$, 而不是最小化 $\log(1 - D(G(\boldsymbol{z})))$ 训练生成器 G.

关于生成对抗网络有以下结论 [102].

定理 3.4.1 对于给定的生成器 G, 最优的判别器为

$$D_G^* = \frac{p_{\text{data}}(\boldsymbol{x})}{p_{\text{data}}(\boldsymbol{x}) + p_{\text{gen}}(\boldsymbol{x})} \tag{3.5}$$

证明 对于给定的生成器 G, 判别器 D 的训练目标是最大化 $J(G, D)$, 即

$$\begin{aligned} J(G, D) &= \int_{\boldsymbol{x}} p_{\text{data}}(\boldsymbol{x}) \log(D(\boldsymbol{x})) \mathrm{d}\boldsymbol{x} + \int_{\boldsymbol{z}} p_{\boldsymbol{z}} \log(1 - D(G(\boldsymbol{z}))) \mathrm{d}\boldsymbol{z} \\ &= \int_{\boldsymbol{x}} (p_{\text{data}}(\boldsymbol{x}) \log(D(\boldsymbol{x})) + p_{\text{gen}}(\boldsymbol{x}) \log(1 - D(\boldsymbol{x}))) \mathrm{d}\boldsymbol{x} \end{aligned} \tag{3.6}$$

因为对于任意的 $(a, b) \in R^2 - \{0, 0\}$, 函数 $f(y) = a \log(y) + b \log(1 - y)$ 在 $\dfrac{a}{a + b}$ 处获得最大值, 所以 $J(G, D)$ 的最大值为 $D_G^* = \dfrac{p_{\text{data}}(\boldsymbol{x})}{p_{\text{data}}(\boldsymbol{x}) + p_{\text{gen}}(\boldsymbol{x})}$, 即对于给定的 G, 最优的判别器为 $D_G^* = \dfrac{p_{\text{data}}(\boldsymbol{x})}{p_{\text{data}}(\boldsymbol{x}) + p_{\text{gen}}(\boldsymbol{x})}$. ∎

需要注意以下两点.

(1) 训练判别器 D 的目标可以解释为最大化条件概率 $P(Y = y|\boldsymbol{x})$ 的对数似然. 其中, Y 表示 $\boldsymbol{x}$ 是否来自 p_{data} (对于 $y = 1$), 或来自 p_{gen} (对于 $y = 0$).

(2) 式 (3.4) 给出的最大最小目标函数可以写为

$$\begin{aligned} C(G) &= \max_{D} J(G, D) \\ &= E_{\boldsymbol{x} \sim p_{\text{data}}(\boldsymbol{x})}[\log(D_G^*(\boldsymbol{x}))] + E_{\boldsymbol{z} \sim p_{\boldsymbol{z}}(\boldsymbol{z})}[\log(1 - D_G^*(G(\boldsymbol{z})))] \end{aligned}$$

$$= E_{\boldsymbol{x} \sim p_{\text{data}}(\boldsymbol{x})}[\log(D_G^*(\boldsymbol{x}))] + E_{\boldsymbol{x} \sim p_{\text{gen}}(\boldsymbol{x})}[\log(1 - D_G^*(\boldsymbol{x}))]$$

$$= E_{\boldsymbol{x} \sim p_{\text{data}}(\boldsymbol{x})} \left[\log \frac{p_{\text{data}}(\boldsymbol{x})}{p_{\text{data}}(\boldsymbol{x}) + p_{\text{gen}}(\boldsymbol{x})} \right]$$

$$+ E_{\boldsymbol{x} \sim p_{\text{gen}}(\boldsymbol{x})} \left[\log \frac{p_{\text{gen}}(\boldsymbol{x})}{p_{\text{data}}(\boldsymbol{x}) + p_{\text{gen}}(\boldsymbol{x})} \right] \tag{3.7}$$

定理 3.4.2 当且仅当 $p_{\text{gen}} = p_{\text{data}}$ 时, $C(G)$ 获得其全局最小值 $-\log 4$.

证明 当 $p_{\text{gen}} = p_{\text{data}}$ 时, $D_G^* = \dfrac{1}{2}$. 根据式 (3.7), 当 $D_G^* = \dfrac{1}{2}$ 时, $C(G) = \log \dfrac{1}{2} + \log \dfrac{1}{2} = -\log 4$.

容易得到, $E_{\boldsymbol{x} \sim p_{\text{data}}}[-\log 2] + E_{\boldsymbol{x} \sim p_{\text{gen}}}[-\log 2] = -\log 4$.

从 $C(G) = J(D_G^*, G)$ 减去上式, 可得

$$C(G) = -\log 4 + \text{KL} \left(p_{\text{data}} \,\middle\|\, \frac{p_{\text{data}} + p_{\text{gen}}}{2} \right) + \text{KL} \left(p_{\text{gen}} \,\middle\|\, \frac{p_{\text{data}} + p_{\text{gen}}}{2} \right) \tag{3.8}$$

进一步, 可以得到真实数据与生产数据之间的 JS 散度, 即

$$C(G) = -\log 4 + 2 \times \text{JSD}(p_{\text{data}} \,\|\, p_{\text{gen}}) \tag{3.9}$$

由于 JS 散度非负, 只有两个分布相同时, 其值为 0, 因此当 $p_{\text{gen}} = p_{\text{data}}$ 时, $C(G)$ 取得全局最小值, 此时 $D_G^* = \dfrac{1}{2}$. 这与前面的结论相同. ∎

推论 3.4.1 如果生成器 G 和判别器 D 有足够好的性能, 给定生成器 G 时, 判别器 D 能够达到最优, 并且随着生成器 G 更新 p_{gen}, 判别器 D 能够改进其判据, 即

$$E_{\boldsymbol{x} \sim p_{\text{data}}(\boldsymbol{x})}[\log(D_G^*(\boldsymbol{x}))] + E_{\boldsymbol{x} \sim p_{\text{gen}}(\boldsymbol{x})}[\log(1 - D_G^*(\boldsymbol{x}))] \tag{3.10}$$

那么, p_{gen} 会收敛到 p_{data}.

证明 将 $J(G, D) = U(p_{\text{gen}}, D)$ 看作 p_{gen} 的函数, 并注意到 $U(p_{\text{gen}}, D)$ 是 p_{gen} 的凸函数, 而一个凸函数在其上确界点的导数包括该函数在其最大值点的导数. 换句话说, 如果 $f(x) = \sup_{\alpha \in \mathcal{A}} f_\alpha(x)$, $f_\alpha(x)$ 对于任意 α 关于 x 是凸函数, 那么若 $\beta = \operatorname*{argsup}_{\alpha \in \mathcal{A}} f_\alpha(x)$, 则 $\partial f_\beta(x) \in \partial f$. 这相当于在给定 G 的前提下, 计算 p_{gen} 在最优 D 处的梯度下降更新. 由定理 3.4.2 可知, $\sup_D U(p_{\text{gen}}, D)$ 是关于 p_{gen} 的凸函数, 而且有唯一一全局最优值. 因此, 当 p_{gen} 有足够小的更新时, p_{gen} 收敛于 p_x. ∎

虽然推论 3.4.1 从理论上能够保证生成对抗网络的收敛, 但是在生成对抗网络的训练过程中, 判别器最主要的作用是为生成器提供下降梯度. 如果判别器的

性能太差, 就无法提供有效的梯度. 因此, Goodfellow 等 [102] 建议在训练生成对抗网络时, 先训练 k 次判别器 D, 再训练生成器 G, 这样交替训练判别器 D 和生成器 G. 另外, Goodfellow 等还指出, 因为式 (3.4) 可能无法为学习 G 提供足够的梯度, 这样在学习的早期阶段, 当 G 的性能较差时, D 可能拒绝高置信度的样本, 因为它们与训练数据明显不同. 在这种情况下, $\log(1 - D(G(\boldsymbol{z})))$ 将处于饱和状态. 为此, 训练生成器 G 时, 可以最大化 $\log(D(G(\boldsymbol{z})))$, 而不是最小化 $\log(1 - D(G(\boldsymbol{z})))$. 算法 3.4 给出了基于小批量随机梯度下降的生成对抗网络训练算法的伪代码.

算法 3.4: 训练生成对抗网络的小批量随机梯度下降算法

1 **输入:** 训练集 $S_{\mathrm{tr}} = \{\boldsymbol{x}_i, 1 \leqslant i \leqslant n\}$, 已知噪声先验分布 P_{noise}, 超参数 k, 迭代次数 t.

2 **输出:** 模型参数 $(\boldsymbol{\theta}^{(D)}, \boldsymbol{\theta}^{(G)})$.

3 **for** $(i = 1; i \leqslant t; i = i + 1)$ **do**

4   **for** $(j = 1; j \leqslant k; j = j + 1)$ **do**

5   从分布 P_{noise} 采样大小为 m 小批量噪声样本 $\{\boldsymbol{z}_1, \boldsymbol{z}_2, \cdots, \boldsymbol{z}_m\}$;

6   从训练集 S_{tr} 采样大小为 m 小批量样本 $\{\boldsymbol{x}_1, \boldsymbol{x}_2, \cdots, \boldsymbol{x}_m\}$;

7   用随机梯度上升更新判别器 D, 即

$$\nabla_{\boldsymbol{\theta}^{(D)}} \frac{1}{m} \sum_{i=1}^{m} [\log D(\boldsymbol{x}_i) + \log(1 - D(G(\boldsymbol{z}_i)))]$$

8   **end**

9   从分布 P_{noise} 采样大小为 m 小批量噪声样本 $\{\boldsymbol{z}_1, \boldsymbol{z}_2, \cdots, \boldsymbol{z}_m\}$;

10   用随机梯度下降更新生成器 G, 即

$$\nabla_{\boldsymbol{\theta}^{(G)}} \frac{1}{m} \sum_{i=1}^{m} \log(1 - D(G(\boldsymbol{z}_i)))$$

11 **end**

12 输出模型参数 $(\boldsymbol{\theta}^{(D)}, \boldsymbol{\theta}^{(G)})$.

完成生成对抗网络的训练后, 得到的生成器 G 可以用来隐式近似数据分布 p_{data}, 即使用生成的样本 $\boldsymbol{x}'$ 近似真实的样本 $\boldsymbol{x} \sim p_{\mathrm{data}}$. 受此启发, 我们用生成对抗网络解决两类不平衡数据分类问题, 提出另一种两类不平衡数据分类算法 (记为 BIDC2). 与 BIDC1 类似, 算法 BIDC2 使用生成对抗网络生成正类样本来平衡数据集. 它也包括三个阶段, 即在 S_{tr}^{+} 上训练生成对抗网络; 用训练的生成对抗网络生成正类样本, 以平衡原始数据集; 在平衡数据集上训练分类器模型并对测试样本进行分类. 算法 BIDC2 的伪代码在算法 3.5 中给出.

关于算法 3.5 需要注意两点.

(1) 在实验中, 我们设置 $m' = m$.

算法 3.5: 算法 BIDC2

---

1 输入: 非平衡训练集 $S_{\mathrm{tr}} = S_{\mathrm{tr}}^+ + S_{\mathrm{tr}}^-$, 非平衡测试集 $S_{\mathrm{te}} = S_{\mathrm{te}}^+ + S_{\mathrm{te}}^-$, 迭代次数 t.

2 输出: $x \in S_{\mathrm{te}}$ 的分类结果.

3 // 阶段 1: 在 S_{tr}^+ 上训练生成对抗网络;

4 调用算法 3.4 在 S_{tr}^+ 上训练生成对抗网络;

5 // 阶段 2: 用训练的生成对抗网络生成正类样本;

6 $S_1^+ = S_{\mathrm{tr}}^+$;

7 for $(i = 1; i \leqslant t; i = i + 1)$ **do**

8 　　从噪声分布 P_{noise} 采样大小为 m' 小批量样本;

9 　　输入 m' 个采样的小批量样本到训练的生成对抗网络, 生成正类样本;

10 　　通过轮廓系数评分和 MMD 评分从生成的正类样本中选择重要的正类样本, 选择的样本集用 S_{gen}^+ 表示;

11 　　$S_{i+1}^+ = S_i^+ + S_{\mathrm{gen}}^+$;

12 end

13 // 阶段 3: 在平衡数据集上训练分类器模型并对测试样本进行分类;

14 $S_{\mathrm{tr}}^+ = S_{t+1}^+$;

15 $S_{\mathrm{tr}} = S_{\mathrm{tr}}^+ + S_{\mathrm{tr}}^-$;

16 在 S_{tr} 上训练一个分类器, 并使用训练的分类器对样本 $x \in S_{\mathrm{te}}$ 进行分类.

---

(2) 计算 S_i^+ 与每个小批量生成的正样本之间的 MMD 评分, 计算每个小批量生成的正样本与负样本之间的轮廓系数评分. 根据计算结果, 选择得分最高的小批量 S_{gen}^+, 其得分为 MMD 评分与轮廓系数评分之和.

3.4.3 算法实现及与其他算法的比较

用 Python 语言实现提出的两个算法 (BIDC1 和 BIDC2), 并在 26 个数据集上与 9 种算法进行实验比较, 验证两种算法的有效性. 比较的 9 种算法分别是 SMOTE[79]、B-SMOTE[103]、K-SMOTE (K-means SMOTE)[104]、ANS (adaptive neighbor synthetic, 自适应邻居合成)[105]、CCR (combined cleaning resampling, 组合清洗采样)[106]、NRPSOS (noise reduction priori synthetic over sampling, 降噪先验合成过采样)[107]、SOMO (self organizing map over-sampling, 自组织映射过采样)[108]、AC-GAN (auxiliary classifier GAN, 辅助分类 GAN)[109]、MFC-GAN (multiple fake class GAN, 多重伪类 GAN)[110]. 26 个数据集包括 1 个人工数据集、15 个公测数据集和 10 个面向应用的数据集. 人工数据集是一个二维两类的数据集, 两类样例服从两个高斯分布. 两个高斯分布的均值向量和协方差矩阵如表 3.1 所示. 人工数据集用于验证两种算法的可行性, 并可视化上采样的样例. 15 个公测数据集包括 10 个 UCI 数据集和 5 个 KEFL 数据集; 10 个面向应用的数据集包括 7 个软件缺陷检测数据集和 3 个肝功五项数据集. 表 3.2 所示为 1 个人工数据集和 15 个公测数据集的基本信息. 表 3.3 所示为 10 个面向应用场景的数据

表 3.1　两个高斯分布的均值向量和协方差矩阵

i	$\boldsymbol{\mu}_i$	$\boldsymbol{\Sigma}_i$
1	$(1.0, 1.0)^{\mathrm{T}}$	$\begin{bmatrix} 0.6 & -0.2 \\ -0.2 & 0.6 \end{bmatrix}$
2	$(2.5, 2.5)^{\mathrm{T}}$	$\begin{bmatrix} 0.2 & -0.1 \\ -0.1 & 0.2 \end{bmatrix}$

表 3.2　1 个人工数据集和 15 个公测数据集的基本信息

数据集	样例数	属性数	少类样例数	多类样例数	非平衡率/%
Artificial	10100	2	100	10000	100
Ecoli1	336	7	52	284	5.46
Ecoli2	310	7	26	284	10.92
Glass1	214	9	70	144	2.06
Glass2	179	9	35	144	4.11
Iris1	150	4	50	100	2.00
Iris2	125	4	25	100	4.00
ILPD1	345	6	145	200	1.38
ILPD2	272	6	72	200	2.78
Wine1	178	13	71	107	1.51
Wine2	142	13	35	107	3.06
Segment	2308	18	329	1979	6.02
Yeast3	1484	8	163	1321	8.10
Yeast4	1484	8	51	1430	28.04
Yeast6	1484	8	35	1449	41.40
Vowel0	988	13	90	898	9.98

表 3.3　10 个面向应用场景的数据集的基本信息

数据集	样例数	属性数	少类样例数	多类样例数	非平衡率/%
CM1	327	37	42	285	6.79
JM1	7782	21	1672	6110	3.65
MC1	1591	38	37	1554	42.00
MC2	125	39	44	81	1.84
PC1	1109	21	77	1032	13.40
KC2	522	21	107	415	3.88
KC3	194	39	36	158	4.39
Liver1	12400	5	200	12200	61
Liver2	14000	5	1000	13000	13
Liver3	13000	5	500	12500	25

集的基本信息. 所有实验都是在 Intel i5-6600K CPU、16G 内存和 1TB 硬盘的计算机平台上进行的, 操作系统为 64 位的 Windows 10. 实验比较指标为 F 度量、G 均值、AUC 面积、MMD 评分和轮廓系数评分.

1. 与 9 种算法在 1 个人工数据集和 15 个公测数据集上的实验比较

在这个实验中, 在 1 个人工数据集和 15 种公测数据集上对提出的两种算法与 9 种算法进行实验比较. 在 BIDC1 与 9 种算法实验比较中, 编程工具是 PyCharm Community Edition 2017.1.1 和 Weka 3.9, 分类器使用的是支持向量机. 在 BIDC2 与 9 种算法实验比较中, 编程工具是 PyCharm Community Edition 2017.1.1 和 TensorFlow, 生成对抗网络中的生成器和判别器用的都是单隐含层前馈神经网络. 隐含层和输出层的激活函数分别是 $s(x) = \dfrac{1}{1 + \mathrm{e}^{-x}}$ 和 $t(x) = \dfrac{\mathrm{e}^x - \mathrm{e}^{-x}}{\mathrm{e}^x + \mathrm{e}^{-x}}$. 我们用自适应矩匹配算法训练这两个网络, 相关参数的设置为 $\alpha = 0.001$、$\beta_1 = 0.900$、$\beta_2 = 0.999$、$\epsilon = 10^{-8}$. 因为超参数对实验结果有比较大的影响, 所以针对不同的数据集选择合适的超参数很重要. 以神经网络隐含层节点个数的设置为例, 隐含层节点的数量决定网络的大小, 并影响模型的过拟合或欠拟合. 如果数据集较大或复杂, 而隐含层节点很少, 则可能出现欠拟合. 如果数据集很小且隐含层节点较多, 则可能出现过拟合. 更大或更复杂的数据集需要更多的迭代来确保高性能, 而较小的数据集则可以很好地学习到数据的分布, 从而用更少的迭代来减少训练时间. 我们用网格搜索策略确定合适的超参数, 例如, 对于 BIDC1 和 BIDC2 中神经网络隐含层节点数的确定, 对于每个数据集, 使用网格搜索策略在相同区间 [50, 150] 确定合适的隐含层节点数; 对于 BIDC1 中迭代次数的确定, 每个数据集, 使用网格搜索策略在相同区间 [1, 15] 内确定合适的迭代次数, 而这两个区间是根据经验确定的. 对于不同的数据集, 超参数的设置如表 3.4 和表 3.5 所示.

在 1 个人工数据集和 15 个公测数据集上与 9 种算法在 5 个指标上比较的实验结果如表 3.6~表 3.10 所示. 可以看到, BIDC1 和 BIDC2 在所有指标上大多优于比较的 9 种算法. 特别地, 从表 3.10 可以看到, BIDC1 和 BIDC2 在 MMD 评分上超过了所有的算法. BIDC2 最有效, 取得的最大 MMD 评分最多. 这是因为与极限学习机自动编码器相比, 生成对抗网络具有更强的学习能力, 可以更好地学习正类样本的分布. 此外, 还可以观察到一些 MMD 评分和轮廓系数评分很低的算法, 其分类性能也较差. 例如, SOMO 在 Ecoli1 数据集上, 以及 ANS 和 CCR 在 Glass2 数据集上的 MMD 评分和轮廓系数评分都较低, 它们的分类性能也较差. 由于 BIDC1 和 BIDC2 使用轮廓系数评分确保在重叠的区域内不生成样例, 这种上采样机制由于两个类之间较好的可分性, 有助于学习真正的决策边界.

这一发现可以用人工数据集的可视化结果说明, 如图 3.4(k) 和图 3.4(l) 所示. 这一结论也可以从分类结果中得到进一步的证实. 例如, CCR 产生的很多样例都出现在重叠区域, F 度量和 G 均值是所有算法中最低的.

表 3.4 在人工数据集和公测数据集上隐含层节点数和迭代次数的设置

数据集	隐含层节点数	迭代次数
Artificial	150	5
Ecoli1	10	2
Ecoli2	10	3
Glass1	10	1
Glass2	10	2
Iris1	5	1
Iris2	5	2
ILPD1	15	1
ILPD2	15	1
Wine1	20	1
Wine2	20	2
Segment	30	2
Yeast3	20	3
Yrast4	10	4
Yeast6	10	5
Vowel0	20	3

表 3.5 噪声变量 z 的维数及生成器 G 和判别器 D 的隐含层节点个数

数据集	z 的维数	G 的隐含层节点数	D 的隐含层节点数
Artificial	100	100	100
Ecoli1	55	70	35
Ecoli2	35	50	20
Glass1	35	90	45
Glass2	25	70	35
Iris1	20	25	15
Iris2	20	25	15
ILPD1	50	50	20
ILPD2	25	35	20
Wine1	130	65	40
Wine2	130	65	40
Segment	150	75	50
Yeast3	100	50	30
Yeast4	100	50	30
Yeast6	100	50	30
Vowel0	120	50	40

表 3.6　在 1 个人工数据集和 15 个公测数据集上与 9 种算法在 F 度量上的实验比较结果

数据集	SMOTE	B-SMOTE	K-SMOTE	ANS	CCR	NRPSOS	SOMO	AC-GAN	MFC-GAN	BIDC1	BIDC2
Artificial	0.433	0.332	0.144	0.584	0.234	0.561	0.804	0.621	0.683	0.714	0.783
Ecoli1	0.625	0.674	0.756	0.797	0.616	0.800	0.000	0.652	0.688	0.812	**0.833**
Ecoli2	0.417	0.500	0.825	0.821	0.700	**0.852**	0.000	0.774	0.000	0.485	0.572
Glass1	0.505	0.609	0.505	0.530	0.552	0.630	0.129	0.610	0.619	0.633	**0.658**
Glass2	0.483	0.572	0.751	0.639	0.455	0.501	0.000	0.734	0.000	**0.769**	0.690
Iris1	0.658	0.286	0.501	0.000	0.492	0.501	0.505	0.752	0.764	0.720	**0.774**
Iris2	0.471	0.502	0.000	0.528	0.581	**0.901**	0.000	0.663	0.240	0.625	0.548
ILPD1	0.602	0.532	0.285	0.000	0.000	0.668	0.322	0.359	0.586	0.635	**0.705**
ILPD2	0.509	0.488	0.669	0.669	0.132	**0.672**	0.000	0.075	0.099	0.600	0.644
Wine1	0.846	0.905	0.764	0.766	0.726	0.771	0.764	0.923	0.933	0.923	**0.938**
Wine2	0.938	0.991	0.442	0.891	0.671	0.891	0.891	0.921	0.891	**0.997**	0.993
Segment	0.991	0.993	0.741	0.722	0.714	0.716	0.825	0.743	0.523	0.995	**0.998**
Yeast3	0.669	0.732	0.767	0.739	0.728	0.780	0.000	0.571	0.764	0.717	**0.784**
Yeast4	0.467	0.504	0.000	**0.942**	0.000	0.000	0.000	0.031	0.031	0.514	0.530
Yeast6	0.510	0.458	0.000	0.052	0.283	0.113	0.000	0.029	0.000	0.534	**0.551**
Vowel0	0.809	0.920	0.918	0.000	0.837	0.879	0.000	0.540	0.733	0.939	**0.955**

注：表中加粗数字为本行最大值，后同。

表 3.7　在 1 个人工数据集和 15 个公测数据集上与 9 种算法在 G 均值上的实验比较结果

数据集	SMOTE	B-SMOTE	K-SMOTE	ANS	CCR	NRPSOS	SOMO	AC-GAN	MFC-GAN	BIDC1	BIDC2
Artificial	0.454	0.462	0.541	0.590	0.313	0.790	0.914	0.633	0.704	0.922	0.854
Ecoli1	0.927	0.940	0.591	0.636	0.679	0.640	0.000	0.802	0.781	0.905	**0.974**
Ecoli2	0.898	0.908	0.664	0.636	0.516	0.743	0.000	0.820	0.000	0.912	**0.946**
Glass1	0.619	0.667	0.721	0.624	0.565	0.619	0.216	0.689	0.635	0.700	**0.733**
Glass2	0.670	0.717	0.663	0.250	0.333	0.288	0.751	0.725	0.000	**0.928**	0.861
Iris1	0.704	0.722	0.509	0.000	0.632	0.509	0.509	0.819	0.829	0.794	**0.834**
Iris2	0.693	0.706	0.000	0.143	0.114	**0.833**	0.000	0.716	0.451	0.721	0.715
ILPD1	0.311	0.397	0.286	0.000	0.000	0.153	0.000	0.434	0.560	0.549	**0.563**
ILPD2	0.641	0.677	0.685	0.108	0.045	0.140	0.000	0.233	0.000	0.706	**0.711**
Wine1	0.865	0.894	0.479	0.484	0.000	0.484	0.492	0.914	0.921	0.926	**0.935**
Wine2	0.962	0.980	0.737	0.000	0.275	0.000	0.000	0.000	0.000	**0.998**	0.984
Segment	0.990	0.994	0.545	0.473	0.447	0.448	0.000	0.949	0.490	0.996	**0.999**
Yeast3	0.662	0.695	0.620	0.526	0.534	0.627	0.000	0.652	0.000	0.703	**0.775**
Yeast4	0.620	0.577	0.000	**0.933**	0.000	0.000	0.000	0.139	0.139	0.685	0.691
Yeast6	0.584	0.579	0.000	0.148	0.366	0.218	0.000	0.230	0.000	0.632	**0.668**
Vowel0	0.865	0.934	0.914	0.000	0.843	0.857	0.000	0.556	0.780	0.952	**0.967**

表 3.8 在 1 个人工数据集和 15 个公测数据集上与 9 种算法在 AUC 面积上的实验比较结果

数据集	SMOTE	B-SMOTE	K-SMOTE	ANS	CCR	NRPSOS	SOMO	AC-GAN	MFC-GAN	BIDC1	BIDC2
Artificial	0.600	0.614	0.274	0.671	0.552	0.701	0.911	0.672	0.702	0.833	0.924
Ecoli1	0.840	0.887	0.709	0.738	0.703	0.743	0.500	0.802	0.798	0.893	**0.920**
Ecoli2	0.912	0.926	0.785	0.750	0.658	0.787	0.500	0.883	0.431	0.887	**0.952**
Glass1	0.705	0.683	0.800	0.724	0.703	0.731	0.515	0.699	0.701	0.814	**0.846**
Glass2	0.764	0.876	0.811	0.508	0.447	0.535	0.815	0.803	0.500	0.931	**0.945**
Iris1	0.733	0.767	0.830	0.500	0.810	0.820	**0.840**	0.835	0.839	0.800	0.827
Iris2	0.693	0.706	0.500	0.400	0.477	**0.868**	0.500	0.784	0.544	0.725	0.720
ILPD1	0.533	0.596	0.565	0.500	0.500	0.508	0.500	0.552	0.599	0.670	**0.691**
ILPD2	0.645	0.682	0.510	0.508	0.505	0.513	**0.815**	0.518	0.515	0.713	0.750
Wine1	0.869	0.908	0.613	0.671	0.500	0.671	0.675	0.937	0.962	0.929	**0.966**
Wine2	0.915	0.982	0.609	0.500	0.500	0.500	0.500	0.500	0.500	**0.997**	0.989
Segment	0.991	0.991	0.652	0.610	0.604	0.599	0.500	0.936	0.949	0.996	**0.998**
Yeast3	0.757	0.772	0.693	0.645	0.651	0.707	0.500	0.710	0.494	0.784	**0.825**
Yeast4	0.612	0.678	0.500	**0.938**	0.500	0.500	0.500	0.505	0.505	0.693	0.736
Yeast6	0.644	0.619	0.500	0.509	0.571	0.518	0.500	0.493	0.496	0.682	**0.704**
Vowel0	0.854	0.886	0.925	0.500	0.846	0.872	0.500	0.760	0.803	0.915	**0.958**

表 3.9 在 1 个人工数据集和 15 个公测数据集上与 9 种算法在 MMD 评分上的实验比较结果

数据集	SMOTE	B-SMOTE	K-SMOTE	ANS	CCR	NRPSOS	SOMO	AC-GAN	MFC-GAN	BIDC1	BIDC2
Artificial	0.026	0.394	1.096	0.197	0.260	0.251	0.761	1.181	1.436	0.837	1.449
Ecoli1	0.094	0.063	0.071	0.054	0.033	0.070	0.025	0.080	0.033	0.109	**6.233**
Ecoli2	0.090	0.070	0.052	0.068	0.082	0.309	0.114	0.070	0.170	0.103	**6.124**
Glass1	0.026	0.020	0.019	0.016	0.031	0.042	0.029	0.057	0.019	**7.729**	7.720
Glass2	0.032	0.080	0.087	0.044	0.092	0.333	0.059	0.070	0.031	0.186	**5.243**
Iris1	0.041	0.028	0.060	0.088	0.059	0.030	0.063	0.037	0.067	0.233	**7.383**
Iris2	0.040	0.019	0.057	0.045	0.046	2.573	0.188	0.019	0.042	0.142	**5.778**
ILPD1	0.020	0.020	0.012	0.023	0.012	0.040	0.022	0.008	0.021	**1.460**	0.829
ILPD2	0.044	0.088	0.022	0.023	0.028	0.224	0.034	0.034	0.032	0.056	**5.518**
Wine1	0.053	0.031	0.047	0.040	0.053	0.032	0.056	0.037	0.038	0.402	**1.596**
Wine2	0.011	0.018	0.021	0.018	0.015	0.020	0.027	0.019	0.014	0.060	**3.496**
Segment	0.007	0.005	0.007	0.014	0.015	0.009	0.005	0.009	0.012	0.594	**4.765**
Yeast3	0.017	0.019	0.014	0.018	0.015	0.072	0.016	0.015	0.013	0.036	**5.145**
Yeast4	0.101	0.036	0.048	0.056	0.051	0.661	0.031	0.081	0.044	0.053	**5.313**
Yeast6	0.035	0.050	0.062	0.066	0.040	0.281	0.124	0.046	0.093	0.122	**6.279**
Vowel0	0.040	0.013	0.018	0.029	0.018	0.052	0.009	0.074	0.021	0.110	**3.690**

表 3.10　　在 1 个人工数据集和 15 个公测数据集上与 9 种算法在轮廓系数评分上的实验比较结果

数据集	SMOTE	B-SMOTE	K-SMOTE	ANS	CCR	NRPSOS	SOMO	AC-GAN	MFC-GAN	BIDC1	BIDC2
Artificial	0.449	0.394	0.438	0.537	0.352	0.548	0.575	0.382	0.592	0.641	0.692
Ecoli1	0.260	0.344	0.287	0.329	0.146	0.313	0.101	0.253	0.258	0.352	**0.396**
Ecoli2	0.325	0.305	0.383	0.356	0.160	0.365	0.076	0.268	0.248	0.387	**0.439**
Glass1	0.140	0.144	0.151	0.153	0.095	0.149	0.165	0.214	0.109	0.388	**0.463**
Glass2	0.009	0.016	0.136	0.029	0.010	0.079	−0.028	0.209	0.207	0.113	**0.246**
Iris1	0.668	0.629	0.664	0.629	0.478	0.666	0.669	0.535	0.616	0.723	**0.882**
Iris2	0.001	0.002	−0.019	0.010	0.000	**0.428**	−0.019	0.290	0.151	0.011	0.245
ILPD1	0.013	0.011	0.047	0.005	0.007	0.031	0.057	0.094	0.044	0.175	**0.184**
ILPD2	0.023	0.026	0.092	0.038	0.013	0.055	−0.021	0.234	0.078	0.164	**0.239**
Wine1	0.182	0.158	0.157	0.195	0.131	0.188	0.209	0.300	0.205	0.299	**0.397**
Wine2	0.012	0.034	**0.200**	0.001	0.018	0.001	0.001	0.187	0.022	0.022	0.144
Segment	0.188	0.199	0.216	0.208	0.106	0.187	−0.057	0.264	0.146	0.613	**0.709**
Yeast3	0.171	0.120	**0.226**	0.187	0.105	0.223	0.045	0.209	0.066	0.141	0.197
Yeast4	0.218	0.267	0.181	0.335	0.136	**0.387**	0.181	0.351	0.136	0.291	0.347
Yeast6	0.338	0.438	0.180	0.453	0.209	0.445	0.180	0.018	0.138	0.468	**0.542**
Vowel0	0.093	0.371	0.259	0.097	0.071	0.093	0.097	0.227	0.216	0.486	**0.517**

综合 5 个指标上的比较结果可知, BIDC1 和 BIDC2 在 5 个比较指标上大多优于 9 种比较的算法. 我们认为原因有两点, BIDC1 和 BIDC2 不是在基准样本及其近邻周围生成正类样本, 而是学习正类样本的分布; BIDC1 和 BIDC2 生成的正类样本具有良好的多样性和可分离性. 这一点被 BIDC1 和 BIDC2 的 MMD 评分和轮廓系数评分高于 9 种比较算法所证实. 为了进一步验证这一结果, 我们将人工数据集上的实验结果 (即生成的正类数据点) 进行可视化, 如图 3.4 所示. 图 3.4 显示了不同算法对人工数据集进行上采样后的样本分布情况. "−"代表负类样本, "△"代表正样本, "+"代表生成的正类样本. 传统的上采样算法 (如 SMOTE、ADASYN) 生成的正类样本与负样本重叠幅度较大, 生成的正类样本多样性较差. 因此, 传统算法对正类样本的预测精度提高较小, 而对负类的预测精度较低. AC-GAN 生成的正类样本虽然相对分散, 但是与负类样本重叠明显, 导致分类性能较低. MFC-GAN 的正类样本和负类样本重叠较少, 但是多样性较差. BIDC1 算法和 BIDC2 算法在生成的正类样本的多样性, 以及正类样本与负类样本之间的重叠方面优于其他. 人工数据集上的可视化结果与 MMD 评分和轮廓算法评分的结果一致, 说明 BIDC1 算法和 BIDC2 算法大大提高了正类样本和负类

样本的预测精度. 此外, 实验结果表明, BIDC1 算法和 BIDC2 算法不仅适用于不平衡比率很低数据集, 如数据集 ILPD1 和 ILPD2, 而且适用于不平衡比率高的数据集, 如数据集 Yeast4 和 Yeast6 等.

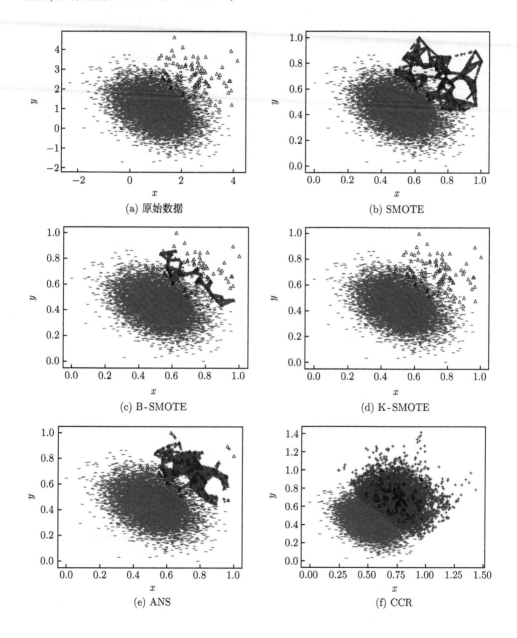

(a) 原始数据　　　　　　　　　　　　　　(b) SMOTE

(c) B-SMOTE　　　　　　　　　　　　　　(d) K-SMOTE

(e) ANS　　　　　　　　　　　　　　　　(f) CCR

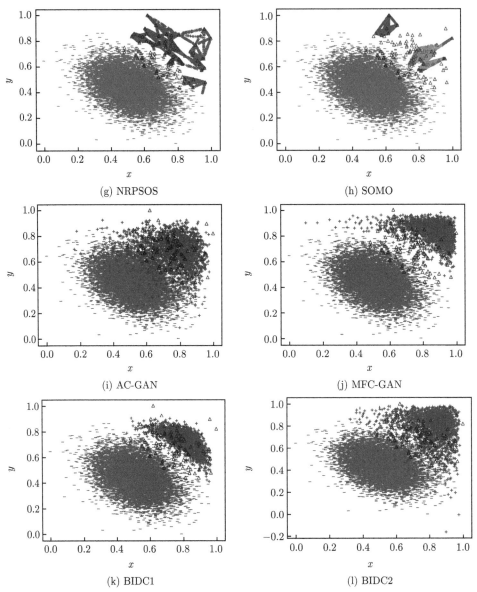

图 3.4　　在人工数据集上用不同算法生成的正类样例的可视化结果

2. 与 9 种算法在 10 个面向应用的数据集上的实验比较

为了证明 BIDC1 算法和 BIDC2 算法的可应用性, 我们还在 10 个面向应用的数据集上与 9 种算法进行了实验比较. 除隐层神经元数量和迭代次数与前面实验不同外 (表 3.11), 实验环境和参数设置均与前面的实验相同, 在 5 个比较指标上的实验比较结果如表 3.12~表 3.16 所示.

表 3.11　在面向应用的数据集上隐含层节点数和迭代次数的设置

数据集	隐含层节点数	迭代次数
CM1	40	2
JM1	20	2
MC1	45	5
MC2	40	1
PC1	25	4
KC2	20	2
KC3	35	2
Liver1	10	10
Liver2	20	6
Liver3	10	7

表 3.12　在 10 个面向应用的数据集上与 9 种算法在 F 度量上的实验比较结果

数据集	SMOTE	B-SMOTE	K-SMOTE	ANS	CCR	NRPSOS	SOMO	AC-GAN	MFC-GAN	BIDC1	BIDC2
CM1	0.343	0.286	0.110	0.400	0.000	**0.974**	0.000	0.742	0.044	0.462	0.502
JM1	0.630	0.647	0.756	0.001	0.000	0.005	0.757	0.771	0.387	0.694	**0.786**
MC1	0.421	0.375	0.000	**0.694**	0.000	0.000	0.000	0.000	0.043	0.517	0.460
MC2	0.041	0.030	0.576	0.044	**0.685**	0.252	0.305	0.568	0.553	0.211	0.236
PC1	0.538	0.556	0.071	0.010	**0.668**	0.329	0.574	0.072	0.071	0.625	0.611
KC2	0.342	0.400	**0.778**	0.018	0.671	0.023	0.689	0.360	0.439	0.504	0.527
KC3	0.407	0.392	0.140	0.022	0.013	0.268	0.000	0.000	0.000	0.530	**0.644**
Liver1	0.785	0.896	0.000	0.727	0.720	0.720	0.000	0.000	0.019	0.921	**0.958**
Liver2	0.406	0.664	0.000	0.730	0.732	0.730	0.000	0.008	0.010	0.825	**0.871**
Liver3	0.842	0.883	0.000	0.735	0.727	0.730	0.000	0.010	0.000	0.904	**0.934**

表 3.13　在 10 个面向应用的数据集上与 9 种算法在 G 均值上的实验比较结果

数据集	SMOTE	B-SMOTE	K-SMOTE	ANS	CCR	NRPSOS	SOMO	AC-GAN	MFC-GAN	BIDC1	BIDC2
CM1	0.482	0.688	0.129	0.098	0.000	**0.958**	0.000	0.749	0.154	0.690	0.724
JM1	0.808	0.793	0.769	0.008	0.000	0.065	0.715	0.779	0.558	0.821	**0.852**
MC1	0.563	0.533	0.000	0.339	0.000	0.000	0.000	0.000	0.164	**0.625**	0.567
MC2	0.145	0.126	**0.642**	0.071	0.000	0.452	0.434	0.651	0.645	0.333	0.417
PC1	0.646	0.661	0.094	0.034	0.000	0.458	**0.959**	0.197	0.197	0.692	0.686
KC2	0.579	0.511	**0.805**	0.044	0.000	0.097	0.596	0.479	0.565	0.600	0.652
KC3	0.546	0.539	**0.832**	0.034	0.036	0.406	0.000	0.000	0.000	0.588	0.737
Liver1	0.612	0.581	0.000	0.504	0.512	0.475	0.000	0.000	0.265	0.884	**0.893**
Liver2	0.597	0.624	0.000	0.509	0.539	0.513	0.000	0.070	0.100	0.853	**0.906**
Liver3	0.643	0.708	0.000	0.529	0.528	0.508	0.000	0.077	0.000	0.897	**0.924**

表 3.14　　在 10 个面向应用的数据集上与 9 种算法在 AUC 面积上的实验比较结果

数据集	SMOTE	B-SMOTE	K-SMOTE	ANS	CCR	NRPSOS	SOMO	AC-GAN	MFC-GAN	BIDC1	BIDC2
CM1	0.691	0.590	0.535	0.496	0.498	**0.961**	0.500	0.855	0.508	0.747	0.772
JM1	0.808	0.823	0.864	0.500	0.500	0.503	0.772	0.874	0.584	0.850	**0.893**
MC1	0.609	0.641	0.500	0.562	0.500	0.500	0.500	0.500	0.511	0.702	**0.717**
MC2	0.510	0.507	**0.756**	0.513	0.500	0.605	0.593	0.683	0.647	0.556	0.604
PC1	0.653	0.680	**0.964**	0.524	0.500	0.593	0.500	0.518	0.518	0.686	0.735
KC2	0.661	0.623	**0.747**	0.505	0.500	0.505	0.671	0.608	0.643	0.677	0.710
KC3	0.582	0.621	0.547	0.494	0.500	0.573	0.500	0.500	0.500	0.634	**0.743**
Liver1	0.772	0.846	0.500	0.626	0.620	0.613	0.500	0.500	0.480	0.961	**0.969**
Liver2	0.714	0.785	0.500	0.630	0.640	0.631	0.500	0.495	0.460	0.926	**0.948**
Liver3	0.803	0.869	0.500	0.635	0.632	0.627	0.500	0.498	0.498	0.885	**0.914**

表 3.15　　在 10 个面向应用的数据集上与 9 种算法在 MMD 评分上的实验比较结果

数据集	SMOTE	B-SMOTE	K-SMOTE	ANS	CCR	NRPSOS	SOMO	AC-GAN	MFC-GAN	BIDC1	BIDC2
CM1	0.151	0.033	0.043	0.060	0.054	2.380	0.023	0.086	0.055	0.055	**4.406**
JM1	0.001	0.001	0.001	0.001	0.002	0.245	0.001	0.002	0.001	0.004	**3.759**
MC1	0.036	0.031	0.159	0.097	0.041	0.085	0.061	0.052	0.053	0.218	**4.201**
MC2	0.059	0.061	0.037	0.037	0.099	0.437	0.080	0.038	0.058	0.202	**3.040**
PC1	0.012	0.008	0.016	0.008	0.013	0.615	0.021	0.006	0.007	0.022	**5.024**
KC2	0.026	0.007	0.016	0.014	0.014	0.228	0.010	0.009	0.013	0.033	**4.411**
KC3	0.057	0.084	0.083	0.091	0.110	0.566	0.085	0.050	0.138	0.133	**4.202**
Liver1	0.009	0.006	0.019	0.010	0.007	0.170	0.015	0.011	0.005	**7.738**	5.880
Liver2	0.002	0.005	0.002	0.002	0.001	0.021	0.002	0.003	0.002	**7.742**	6.154
Liver3	0.010	0.003	0.006	0.009	0.003	0.046	0.003	0.002	0.005	**7.741**	5.967

表 3.16　　在 10 个面向应用的数据集上与 9 种算法在轮廓系数评分上的实验比较结果

数据集	SMOTE	B-SMOTE	K-SMOTE	ANS	CCR	NRPSOS	SOMO	AC-GAN	MFC-GAN	BIDC1	BIDC2
CM1	0.052	0.064	0.249	0.073	0.041	0.436	0.078	0.168	0.213	0.446	**0.498**
JM1	0.033	0.033	**0.476**	0.058	0.009	0.141	0.391	0.121	0.282	0.436	0.450
MC1	0.068	0.139	0.054	0.128	0.044	0.054	0.054	0.062	0.244	0.154	**0.258**
MC2	0.060	0.045	0.225	0.044	0.052	0.225	0.213	0.341	0.128	0.176	**0.378**
PC1	0.078	0.084	0.463	0.105	0.054	0.197	0.405	0.316	0.644	0.484	**0.596**
KC2	0.174	0.139	**0.561**	0.239	0.046	0.320	0.433	0.246	0.297	0.484	0.527
KC3	0.052	0.041	0.344	0.064	0.040	0.225	0.096	0.086	0.259	0.258	**0.478**
Liver1	0.082	0.091	−0.130	0.147	0.059	0.148	−0.130	0.143	0.534	**0.972**	0.788
Liver2	0.067	0.051	−0.088	0.121	0.052	0.086	−0.088	0.230	0.301	**0.878**	0.698
Liver3	0.075	0.059	−0.116	0.122	0.057	0.107	−0.116	0.430	0.162	**0.937**	0.754

可以看出, BIDC1 算法和 BIDC2 算法在所有指标上都优于半数以上的比较

算法. 与在 1 个人工数据集和 15 个公共测试数据集上的情况类似, BIDC1 算法和 BIDC2 算法在 MMD 评分指标上优于所有比较的算法, 而 BIDC2 算法的表现最好, 因为它获得的 MMD 最大评分最多. K-SMOTE 算法在少数小数据集上优于 BIDC1 算法和 BIDC2 算法, 但是差别不大. 我们认为, 当样本数量有限时, 生成模型很难学习到正确的分布. 综上所述, BIDC1 算法和 BIDC2 算法在 F 度量、G 均值、AUC 面积、MMD 评分、轮廓系数评分等 5 个方面均优于 9 种比较的算法. 在 7 个软件缺陷检测数据集上, BIDC2 算法在 MMD 评分上明显优于 9 种比较的算法; 在 3 个肝功五项数据集上, BIDC1 算法在 MMD 评分上显著优于 9 种比较的算法, 这 3 个数据集具有很高的不平衡率. 此外, MMD 评分的实验比较结果表明, 由 BIDC1 算法和 BIDC2 算法生成的样本具有较高的多样性, 大大扩展了正类样本的训练域.

综合两个实验的结果, 可以发现 BIDC1 算法和 BIDC2 算法有三个优点.

(1) 两种算法虽然思想简单, 但是效率很高.

(2) 两种算法不但在低不平衡率数据集上有出色的性能, 而且在高不平衡率的数据集上也表现出很好的性能.

(3) 两种算法均适用于不同的实际场景, 可以克服已有算法产生的正类样本多样性差, 但是不能避免正类样本和负类样本之间的重叠问题.

3.5　基于自适应聚类和模糊数据约简下采样的两类非平衡大数据分类算法

这一节介绍我们提出的一种针对大数据环境的两类非平衡大数据分类算法 [82]. 在介绍该算法之前, 先介绍要用到的基础知识, 包括大数据概述、大数据处理系统和聚类分析.

3.5.1　大数据概述

目前, 大数据还没有标准定义. 狭义地讲, 大数据就是海量数据, 是指大小超过一定量级的数据. 麦肯锡公司给出一个狭义的大数据定义, 即大数据是指大小超出常规软件获取、存储、管理和分析能力的数据. 狭义的定义只考虑大数据的量级, 没有考虑大数据的其他特征. 广义地讲, 大数据不只是量大的数据, 还有其他的特征, 如多样性 (variety)、时效性 (velocity)、不精确性 (veracity)、价值性 (value). 这 4 个特征连同海量性 (volume) 合称为大数据的 5V 特征.

在这 5 个特征中, 价值特征处于核心位置, 如图 3.5 所示. 大数据之所以受到极大关注, 是因为大数据中蕴含着巨大的价值. 下面详细阐述大数据 5V 特征的含义.

(1) 海量性, 是指数据量大, 即所谓的海量. 数据的量级已从 TB(1TB =

2^{10}GB) 量级转向 PB(1PB $= 2^{10}$TB) 量级, 正在向 EB(1EB $= 2^{10}$PB) 量级转变. 从机器学习的角度讲, 量大有两种表现形式, 一种是数据集中样例的个数超多, 另一种是表示样例的属性或特征的维数超高.

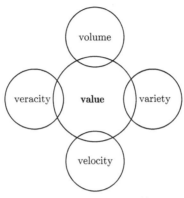

图 3.5　大数据的 5V 特征

(2) 多样性, 是指数据类型、表现形式和数据源多种多样. 数据类型可能是结构化数据 (如表结构的数据), 也可能是无结构化数据 (如文档数据), 还可能是半结构化数据 (如 Web 网页数据). 数据的表现形式呈现多种模态, 如音频、视频、日志等. 数据源可能是同构的, 也可能是异构的.

(3) 时效性, 是指数据需要及时处理, 否则数据就会失去其应用价值. 随着网络技术、数据存储技术、物联网技术的快速发展, 以及移动通信设备的普及, 数据呈爆炸式快速增长, 新数据不断涌现, 快速增长的数据要求数据处理的速度也要快. 这样才能使大量的数据得到有效的利用. 在实践中, 很多大数据都需要在一定时间内及时处理, 如电子商务大数据.

(4) 不精确性, 是指由数据的质量、可靠性、不确定性、不完全性引起的不确定性. 这一特征有时也从其对立面考虑, 称为数据的真实性. 数据的重要性体现在其应用价值. 数据的规模并不能决定其是否有应用价值. 数据的真实性是保证能挖掘到具有应用价值或潜在应用价值的规律、规则的重要因素.

(5) 价值性, 价值性特征是大数据的核心特征. 它包括两层含义, 一是指大数据的价值密度低, 二是指大数据的确蕴含着巨大的价值. 例如, 用于罪犯跟踪的视频大数据, 可能对罪犯跟踪有价值的只有很少的几个帧, 但正是这关键的几帧数据, 却有重大的价值.

3.5.2　大数据处理系统

大数据处理的通用策略是分而治之. 通俗地说, 就是将一个大数据集划分为若干子集, 并在若干计算节点上并行地对这些子集进行处理, 如特征选择、样例选择、训练分类器等. Hadoop 和 Spark 是两种简单易用、应用广泛的主流大数据处理系统. 这两种大数据处理系统隐藏了许多底层技术细节, 不需要用户处理. 这极大地降低了用户编程难度, 也方便了用户使用. 下面对这两种大数据系统进行简要介绍.

1. 大数据处理系统 Hadoop

从软件项目的角度来看, Hadoop 是 Apache 软件基金会负责管理的一个大型顶级开源软件项目. 从软件系统的角度来看, Hadoop 是 Apache 软件基金会负责管理和维护的一个开源的大数据处理软件, 可用于高可靠、可扩展的分布式计算. Hadoop 软件库可以为用户提供一种简单有效的大数据计算框架, 使用简单的编程模型可跨集群对大数据进行分布式处理. Hadoop 是用 Java 语言开发的. Java 是 Hadoop 默认的编程语言. Hadoop 具有很好的跨平台特性, 可以部署到计算机集群上. Hadoop 也支持其他编程语言, 如 C、C++、Python. 作为一个集成大数据处理系统, Hadoop 由许多组件构成, 如图 3.6 所示. 其中, HDFS (Hadoop

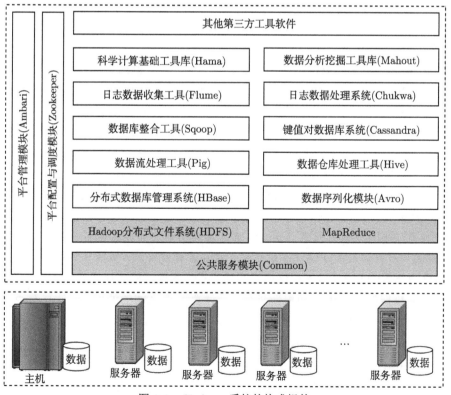

图 3.6　Hadoop 系统的构成组件

distributed file system, Hadoop 分布式文件系统)、MapReduce 和 Common 是三个基础组件. HDFS 负责大数据的组织与存储, MapReduce 负责大数据的处理, Common 负责与底层硬件的交互. 下面简要介绍 MapReduce. 对其他组件有兴趣的读者可参考相关文献.

　　MapReduce 以批处理方式处理大数据, 包括 Map、Shuffle 和 Reduce 三个阶段, 如图 3.7 所示.

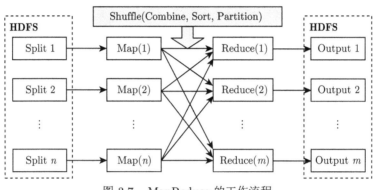

图 3.7　MapReduce 的工作流程

　　MapReduce 采用分而治之的思想处理大数据, 将数据处理分成 Map、Shuffle 和 Reduce 三个阶段, 与 HDFS 配合完成大数据处理. 从程序设计语言的角度来看, Map 和 Reduce 是两个抽象的编程接口, 由用户编程实现, 以完成自己的应用逻辑. Map 函数的输入是键值对 <K1, V1>, 输出是键值对列表 <K2, LIST(V2)>. Shuffle 对 Map 的输出结果按键 (key) 进行合并 (combine)、排序 (sort) 和分区 (partition), 处理后的结果作为 Reduce 函数的输入. Reduce 的输出是按某种策略处理的结果键值对 <K3, V3>. MapReduce 处理大数据的过程如图 3.8 所示.

　　为了方便用户编写程序, MapReduce 封装了这三个阶段的几乎所有的底层细节. 这些细节不需要用户参与, 由 MapReduce 自动完成, 包括计算任务的自动划分和自动部署; 自动分布式存储处理的数据; 处理数据和计算任务的同步; 对中间处理结果数据的自动聚集和重新划分; 云计算节点之间的通信; 云计算节点之间的负载均衡和性能优化; 云计算节点的失效检查和恢复.

　　下面介绍 Map、Shuffle、Reduce 三个阶段.

　　1) Map 阶段

　　Map 阶段对大数据的处理主要通过 Mapper 接口实现. Mapper 接口的定义在 org.apache.hadoop.mapred 包中给出. 该接口的说明如下.

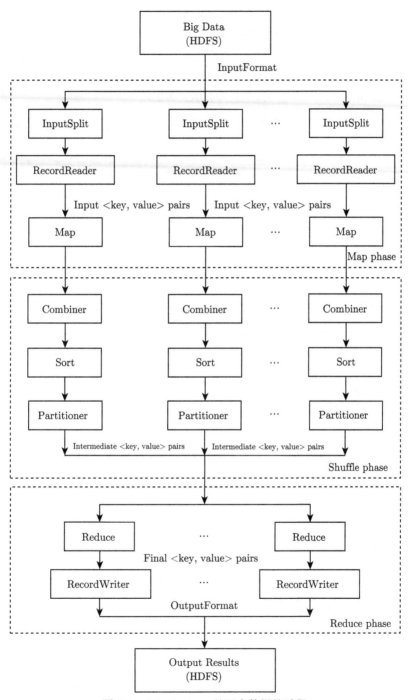

图 3.8　MapReduce 处理大数据的过程

```
@InterfaceAudience.Public //对所有工程和应用可用
@InterfaceStability.Stable //说明主版本是稳定的, 不同主版本之间可能
                          //不兼容
public interface Mapper<K1, V1, K2, V2>
extends JobConfigurable, Closeable
```

Mapper 接口定义了一个 map 方法, 它将输入键值对映射为一系列中间结果键值对, 原型如下.

```
void map(K1 key, V1 value, OutputCollector<K2, V2> output, Re-
porter reporter);
```

图 3.8 中的逻辑分片 (InputSplit) 是由 InputFormat 接口产生的, 每一个 InputSplit 对应一个 map 任务. Mapper 通过 JobConfiguration.configure (Job-Conf) 访问作业的 JobConf, 并对其进行初始化. 然后, MapReduce 框架为该任务 InputSplit 中的每个键值对调用 map (Object, Object, OutputCollector, Reporter).

随后, MapReduce 对与给定输出键相关联的所有中间值进行分组, 并传递给 Reduce, 确定最终的输出. 用户可以通过 JobConf.setOutputKeyComparator-Class (Class) 指定一个比较器来控制分组.

分组的 Mapper 输出按 Reducer 的个数进行分区, 用户可以通过实现自定义的 Partitioner 控制哪些键 (以及记录) 被分配到哪个 Reducer.

Combiner 是可选的, 用户可以通过 JobConf.setCombinerClass (Class) 指定一个 Combiner 对中间结果键值对在本地进行聚合. 这有助于减少从 Mapper 到 Reducer 的数据传输.

InputFormat 接口描述 MapReduce 作业的输入规则. 该接口的说明如下.

```
@InterfaceAudience.Public
@InterfaceStability.Stable
public interface InputFormat<K, V>
```

InputFormat 接口的功能包括验证作业的输入规则; 将输入文件拆分为逻辑的 InputSplit, 然后将每个 InputSplit 分配给一个 Mapper; 提供 RecordReader 的实现, 用于从逻辑的 InputSplit 中收集输入记录, 以便 Mapper 进行处理.

InputFormat 接口提供 getSplits 和 getRecordReader 两个方法. getSplits 的原型如下.

```
InputSplit[ ] getSplits(JobConf job, int numSplits) throws IOException;
```

该方法的功能是从逻辑上对作业文件进行分片, 返回一个 InputSplit 数组. 每一个 InputSplit(对应 InputSplit 数组中每一个元素) 分配给一个单独的 Mapper 进行处理.

getRecordReader 方法的原型如下.

```
RecordReader<K, V> getRecordReader(InputSplit split, JobConf job,
Reporter reporter) throws IOException;
```

该方法的功能是获取给定 InputSplit 的 RecordReader, 返回一个 RecordReader 接口.

RecordReader 接口从 InputSplit 中读取 <key, value> 键值对. 该接口的说明如下.

```
@InterfaceAudience.Public
@InterfaceStability.Stable
public interface RecordReader<K, V>
```

RecordReader 的主要功能是将逻辑分片转化为 <key, value> 键值对, 转化的 <key, value> 键值对作为 map 函数输入. 该接口提供 5 个方法, 即 createKey、createValue、getPos、getProgress、next 和 close. 它们的原型声明如表 3.17 所示.

表 3.17 RecordReader 中定义的 5 个方法

编号	类型	方法
1	K	createKey( )
2	V	createValue( )
3	long	getPos( )
4	float	getProgress( )
5	boolean	next(K key, V value)
6	void	close( )

2) Shuffle 阶段

Shuffle 阶段主要对 Map 节点输出的中间结果进行组合、排序和分区, 为 Reduce 阶段的处理做准备工作. 组合操作是可选的操作, 其作用是对中间结果键值对在本地进行聚合操作. 这种操作有助于减少从 Map 节点到 Reduce 节点的数据传输. 具体地, 如果在 Map 节点的输出键值对中, 有多个相同键 (key) 的键值对, 那么组合操作会将它们合并为一个键值对. 例如, 假设 Map 节点的输出有 5 个相同键的键值对 <hadoop, 1>, 那么合并后的键值对为 <hadoop, 5>.

为了保证将所有键相同的键值对传输给同一个 Reduce 节点, 以便 Reduce 节点在不需要访问其他 Reduce 节点的情况下, 一次性完成规约, 这就需要对 Map 节点输出的中间结果键值对按键进行分区处理. 然后, 对每个分区中的键值对, 还需要按键进行排序. Shuffle 阶段数据处理过程如图 3.9 所示.

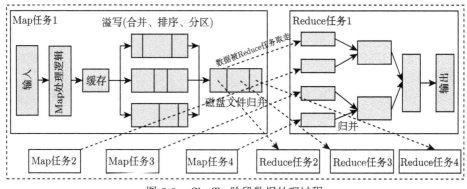

图 3.9　Shuffle 阶段数据处理过程

说明:

(1) 一般地, 一个 Map 节点可以运行多个 Map 任务, 但是一个 Map 任务只能运行在一个节点上.

(2) Map 任务数与逻辑分片 (split) 数是一一对应的, 即一个逻辑分片对应一个 Map 任务.

(3) Split 是逻辑上的概念, 只包含分片开始位置、结束位置、分片长度、数据所在节点等元数据信息. 数据块 (block) 是物理上的概念. 虽然 Hadoop 允许一个分片跨越不同的数据块, 但是如果不同的物理块存储在不同的节点上, 就会涉及数据在节点之间的传输. 如图 3.10 所示, 逻辑分片 split1 跨越 2 个数据块 (block1 和 block2), 而这两个数据块一个存储在数据节点 1(DataNode1) 上, 另一个存储在数据节点 2(DataNode2) 上. 在执行逻辑分片 split1 对应的 Map 任务时, 就需要在数据节点 1 和数据节点 2 之间传输数据. 这样势必增加网络传输开销, 因此建议一个逻辑分片和一个物理块一一对应起来.

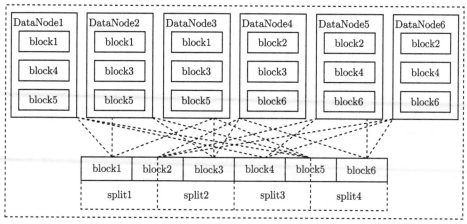

图 3.10　逻辑分片 split 与物理块 block 之间的关系

(4) 每个 Map 任务的输出结果并不是直接写入本地磁盘, 而是先缓存到一个缓冲区中, 如图 3.9 所示. 当缓冲区中缓存的数据达到缓存容量的一个阈值时 (默认是 80%), 会产生溢写. 溢写到本地磁盘文件中的数据是经过合并、分区和排序的. 随着溢写的进行, 溢写的磁盘文件越来越多, MapReduce 会对这些小的磁盘文件进行归并, 归并成一个大的外存文件.

(5) 当所有的 Map 任务完成, 已经生成一个大的磁盘文件, 并且文件中的数据都是分区排序的. 此时, 相应的 Reduce 任务把它要处理的数据取走, 如图 3.9 所示.

3) Reduce 阶段

Reducer 接口的定义也是在 org.apache.hadoop.mapred 包中给出的. 该接口的说明如下.

```
@InterfaceAudience.Public
@InterfaceStability.Stable
public interface Reducer<K2, V2, K3, V3>
extends JobConfigurable, Closeable
```

Reducer 接口定义了 reduce 方法. 该方法对给定键所对应的值进行规约. 该方法的原型如下.

```
void reduce(K2 key, Iterator<V2> values, OutputCollector<K3, V3>
output, Reporter reporter)
```

Reduce 方法需要做的工作比较简单, 对于每一个 <key, list(values)> 对, MapReduce 框架调用 reduce 方法, 计算规约值. reduce 任务的输出一般通过 OutputCollector.collect (Object, Object) 写入 HDFS.

2. 大数据处理系统 Spark

Spark 是另一个非常流行的大数据处理系统. 与 Hadoop 不同, Spark 采用内存计算模式处理大数据. 从软件项目的角度来看, Spark 也是 Apache 软件基金会负责管理的一个大型顶级开源软件项目. 从软件系统的角度来看, Spark 也是 Apache 软件基金会负责管理维护的一个开源分布式大数据处理软件.

Spark 的首要设计目标是避免运算时出现过多的网络和磁盘 I/O 开销, 为此它将核心数据结构设计为弹性分布式数据集 (resident distributed dataset, RDD). Spark 使用 RDD 实现基于内存的计算框架. 在计算过程中, 它会优先考虑将数据缓存在内存中, 如果内存容量不足, Spark 才会考虑将数据或者部分数据缓存到磁盘上. Spark 为 RDD 提供一系列算子, 以对 RDD 进行有效的操作. Spark 利用这些算子来操作 RDD, 以实现用户的大数据处理逻辑. Spark 处理大数据的流程如图 3.11 所示.

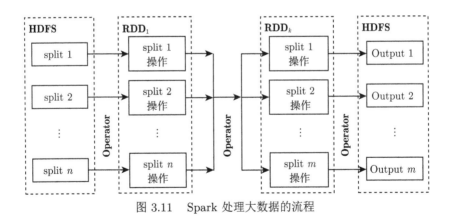

图 3.11　Spark 处理大数据的流程

Spark 具有如下特性.

(1) 运行速度快 (speed). Spark 使用先进的有向无环图 (directed acyclic graph, DAG) 调度程序、查询优化器和物理执行引擎, 能高效地对数据进行批处理和流处理.

(2) 易于使用 (ease of use). Spark 提供了 80 多个高级操作算子, 可以轻松地构建并行应用程序, 在 Scala、Python、R 和 SQL shell 中交互式地使用.

(3) 通用性 (generality). Spark 是一个用于大规模数据处理的统一分析引擎,

支持交互式计算、流计算、图计算和机器学习.

(4) 易于部署 (runs everywhere). Spark 可以运行在单点集群, 也可以运行在 Hadoop YARN 上, 还可以运行在 EC2、Mesos 和 Kubernetes 上, 访问存储在 HDFS、HBase、Hive 上的数据源和上百种其他数据源.

Spark 采用主从架构, 如图 3.12 所示. 主节点 (Master) 是架构中的集群管理者 (Cluster Manager), 从节点 (Slave) 是架构中的工作者 (Worker).

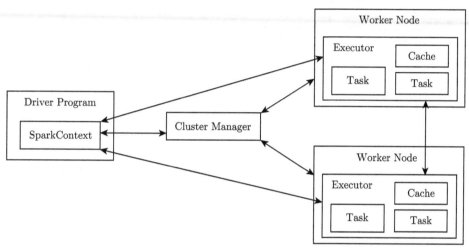

图 3.12　Spark 的运行架构

Spark 包括以下基本概念.

Master(Cluster Manager): Spark 集群的领导者, 负责管理集群资源, 接收 Client 提交的作业. 向 Worker 发送命令等.

Worker: 执行 Master 发送的命令, 具体分配资源, 并用这些资源执行相应的任务.

Driver: 一个 Spark 作业运行时会启动一个 Driver 进程, 它是作业的主进程, 负责作业的解析、生成 Stage, 并调度 Task 到 Executor 上运行.

Executor: 作业的真正执行者, Executor 分布在集群的 Worker 上, 每个 Executor 接收 Driver 的命令, 加载并运行 Task, 一个 Executor 可以执行一个或多个 Task.

SparkContext: 程序运行调度的核心, 由高层调度器 DAGScheduler 划分程序的每个阶段, 由底层调度器 TaskScheduler 划分每个阶段的具体任务.

DAGScheduler: 负责高层调度, 划分 stage, 并生成程序运行的有向无环图.

TaskScheduler: 负责具体 stage 内部的底层调度, 包括 task 调度和容错等.

RDD: resillient distributed dataset (弹性分布式数据集) 的简称. RDD 是分布式内存的一个抽象概念, 可以将一个大数据集以分布式方式组织在集群服务器的内存中, RDD 是一种高度受限的共享内存模型.

DAG: directed acyclic graph 的简称, 是反映 RDD 之间依赖关系的一种有向无环图.

Job: 一个作业包含多个 RDD 及作用于相应 RDD 上的 action 算子. 每个 action 算子都会触发一次作业. 一个作业可能包含一个或多个 Stage. Stage 是作业调度的基本单位.

Task: 执行的工作单位. 每个 Task 会被发送到一个节点上, 每个 Task 对应 RDD 的一个分区. RDD 是 Spark 的灵魂.

Stage: Job 的基本调度单位, 用来计算中间结果的任务集 (Taskset). Taskset 中的 Task 对于同一个 RDD 内不同的分区都一样. Stage 是在 Shuffle 的地方产生的, 由于下一个 Stage 要用到上一个 Stage 的全部数据, 所以必须等上一个 Stage 全部执行完才能开始.

Spark 对大数据的处理是通过 RDD 实现的, RDD 是 Spark 的灵魂, 是大数据存储的内存存储模型. 数据分布存储在多个节点上. 本质上, 一个 RDD 就是一个分布式对象集合, 是一个只读的分区记录集合. 每个 RDD 可分成多个分区, 每个分区就是一个数据集片段, 并且一个 RDD 的不同分区可以保存到集群中不同的节点上, 从而可以在集群不同节点上并行计算. RDD 中的 Partition 是一个逻辑数据块, 对应相应的物理块 Block. 每个 Block 就是节点上对应的一个数据块, 可以存储在内存中, 也可以存储在磁盘上, 但是只有内存存储不下时, 才存储到磁盘上.

RDD 具有下列特性.

(1) 高效的容错性. RDD 用血缘关系 (依赖关系) 实现容错. 当某个分区出现故障时, 重新计算丢失分区, 无需回滚系统, 重算过程在不同节点之间并行.

(2) 中间结果持久化到内存. 数据在内存中的多个 RDD 操作之间进行传递, 可以避免不必要的读写磁盘开销.

(3) 存放的数据可以是 Java 对象, 从而避免不必要的对象序列化和反序列化.

Spark 可以通过两种方式创建 RDD, 一种方式是通过读取外部数据创建 RDD, 另一种方式是通过其他的 RDD 执行转换 (Transformation) 创建. 不同 RDD 之间的转换构成一种血缘关系. 这种血缘关系可以为 Spark 提供高效容错机制.

作为一种抽象的数据结构, RDD 支持两种操作算子, 即 Transformation (变换) 和 Action (行动). 表 3.18 和表 3.19 分别列出了常用的 Transformation 算子和常用的 Action 算子, 以及它们的功能. 其他的算子可见 Spark 的官网.

表 3.18   常用的 Transformation 算子

Transformation 算子	算子的功能
map (func)	通过函数 func 作用于当前 RDD 的每一个元素, 形成一个新的 RDD
filter (func)	通过函数 func 选择当前 RDD 中满足条件的元素, 形成一个新的 RDD
flatMap (func)	与 map 类似, 每个输入项都可以映射到 0 或多个输出项 (因此 func 应该返回一个序列, 而不是单个项)
mapPartitions (func)	与 map 类似, 但是在 RDD 的每个分区 (块) 上单独运行, 所以当在 T 类型的 RDD 上运行时, func 必须是这样的类型, 即 Iterator\<T\>=> Iterator\<U\>
sample (withReplacement, fraction, seed)	使用给定的随机数生成器种子, 用有放回或无放回的方式对数据进行部分采样
union (otherRDD)	输入参数为另一个 RDD, 返回两个 RDD 中所有元素的并集, 但是不进行去重操作, 而是保留所有元素
distinct (otherRDD)	输入参数为另一个 RDD, 返回两个 RDD 中所有元素的并集, 并进行去重操作
intersection (otherRDD)	输入参数为另一个 RDD, 返回两个 RDD 中所有元素的交集
groupByKey ([numPartitions])	对 (key, value) 型 RDD 中的元素按 key 进行分组, key 值相同的 value 值合并在一个序列中, 所有 key 值序列构成新的 RDD
reduceByKey (func, [numPartitions])	对 (key, value) 型 RDD 中的元素按 key 进行 Reduce 操作, key 值相同的 value 值按 func 的逻辑进行归并, 然后生成新的 RDD
sortByKey ([ascending], [numPartitions])	对原 RDD 中的元素按 key 值进行排序, ascending 表示升序, descending 表示降序, 排序后生成新的 RDD
coalesce (numPartitions)	将当前 RDD 重新分区, 生成一个由 numPartitions 指定分区数的新 RDD
join (otherRDD, [numPartitions])	输入参数为另一个 RDD, 如果和原来的 RDD 存在相同的 key, 那么相同 key 值的 value 连接构成一个序列, 然后与 key 值生成新的 RDD

表 3.19   常用的 Action 算子

Action 算子	算子的功能
reduce (func)	对 RDD 中的每个元素, 依次使用指定的函数 func 进行运算, 并输出最终的计算结果
collect()	以数组格式返回 RDD 内的所有元素
count()	计算并返回 RDD 中元素的个数
first()	返回 RDD 中的第一个元素
take(n)	以数组的方式返回 RDD 中的前 n 个元素
takeSample (withReplacement, num, [seed])	随机采样 RDD 中一定数量的元素, 并以数组分方式返回
takeOrdered (n, [ordering])	以数组的方式返回 RDD 中经过排序后的前 n 个元素
saveAsTextFile (path)	将 RDD 以文本文件格式保存到指定路径 path
saveAsSequenceFile (path)	将 RDD 以 Hadoop 序列文件格式保存到指定路径 path
saveAsObjectFile (path)	使用 Java 序列化以简单格式将 RDD 保存到指定路径 path
countByKey()	计算 (key, value) 型 RDD 中每个 key 值对应的元素个数, 并以 Map 数据类型返回统计结果
foreach (func)	对 RDD 中的每个元素, 使用参数 func 指定的函数进行处理

以简单的文本大数据词频统计为例, Spark 用 RDD 及变换算子和行动算子处理数据的流程如图 3.13 所示.

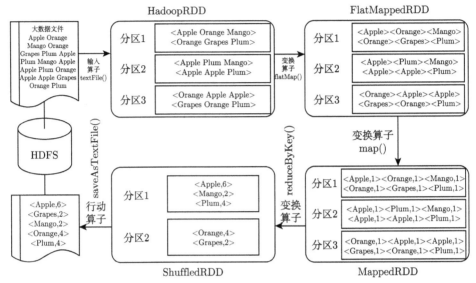

图 3.13   Spark 用 RDD 及变换算子和行动算子处理数据的流程

为了避免 Hadoop 启动和调度作业消耗过大的问题, Spark 采用基于有向无环图的任务调度机制进行优化. 这样可以将多个阶段的任务并行或串行执行, 无须将每一个阶段的中间结果存储到 HDFS 上. 那么, 有向无环图是如何生成的呢? 在 Spark 中, 用户的应用程序经初始化, 通过 SparkContext 读取数据生成第一个 RDD, 之后通过 RDD 算子进行一次又一次的变换, 最终得到计算结果. 因此, Spark 对大数据的处理是一个由 "RDD 的创建" 到 "一系列 RDD 的转换操作", 再到 "RDD 的存储" 的过程. 在这个过程中, 作为抽象数据结构的 RDD 自身是不可变的, 程序是通过将一个 RDD 转换为另一个新的 RDD, 经过像管道一样的流水线处理, 将初始 RDD 变换成中间的 RDD, 最后生成 RDD 并输出. 在这个变换过程中, 计算过程是有先后顺序的, 有的任务必须在另一些任务完成之后才能进行. 在 Spark 中, RDD 的有向无环图用顶点表示 RDD 及产生该 RDD 的操作算子, 有向边代表 RDD 之间的转换.

在 RDD 的有向无环图中, 子 RDD 都是通过若干个父 RDD 转换产生的, 子 RDD 和父 RDD 之间的这种依赖关系称为 Lineage, 即血缘关系. Spark RDD 有向无环图的创建过程, 就是把 Spark 应用中一系列的 RDD 转换操作依据 RDD 之间的血缘关系记录下来. 需要注意的是, 在这个过程中, Spark 还不会真正执行这些操作, 而是仅仅记录下来, 直到出现行动算子, 才会触发实际 RDD 操作序列的动作, 将行动算子之前的所有算子操作称为一个作业, 并将该作业提交给集群, 申请并行作业处理. 在 Spark 中, 这种延迟处理的方式称为惰性计算. 以图 3.13 所示的大数据词频统计为例, 只有最后遇到行动算子 saveAsTextFile 时, Spark 才会真正执行的各种转换操作. Spark 运行环境 (SparkContext) 会将之前的 textfile、flatMap、map、reduceByKey 和 saveAsTextFile 构成一个有向无环图. WordCount 应用的 RDD 有向无环图如图 3.14 所示.

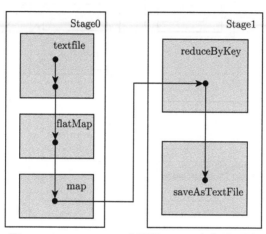

图 3.14　WordCount 应用的 RDD 有向无环图

可以看出, WordCount 应用的 RDD 有向无环图被划分为两个阶段, 即 Stage0 和 Stage1. 这两个阶段是如何划分出来的呢? 下面做简要的介绍. 这个工作是由 SparkContext 创建的 DAGScheduler 实例进行的. 其输入是 RDD 的有向无环图, 输出为一系列任务. 有些任务被组织在一起, 称为一个 Stage.

由 RDD 划分 Stage 时, 依据是 RDD 之间的依赖关系. RDD 的依赖关系分为两种, 即窄依赖 (narrow dependency) 和宽依赖 (shuffle dependency).

窄依赖是 RDD 中常见的一种依赖关系, 表现为一个父 RDD 的分区最多被子 RDD 的一个分区使用. 图 3.15 刻画了 RDD 的窄依赖关系. 在图 3.15(a) 中, RDD2 是由 RDD1 经 map 和 filter 两个变换操作变换得到的, 因为父 RDD1 中的每一个分区只对应子 RDD2 中的一个分区, 所以 RDD1 和 RDD2 是窄依赖关系. 在图 3.15(b) 中, RDD3 是由 RDD1 和 RDD2 经 union 变换操作得到的, 因为父 RDD1 和 RDD2 中的每一个分区只对应子 RDD3 中的一个分区, 所以父 RDD1 和 RDD2 与它们的子 RDD3 是窄依赖关系. 在图 3.15(c) 中, RDD3 是由 RDD1 和 RDD2 经 join 变换操作得到的, 因为父 RDD1 和 RDD2 中的每一个分区只对应子 RDD3 中的一个分区, 所以父 RDD1 和 RDD2 与它们的子 RDD3 是窄依赖关系.

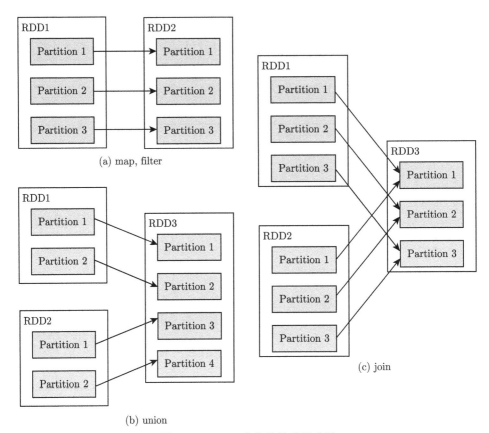

(a) map, filter

(b) union

(c) join

图 3.15　RDD 窄依赖关系示意图

　　RDD 的宽依赖关系是一种会导致计算时产生 Shuffle 操作的关系, 所以也称 Shuffle 依赖关系, 表现为一个父 RDD 的分区 (Partition) 最多被子 RDD 的多个分区使用. 图 3.16 刻画了 RDD 的宽依赖关系. 在图 3.16(a) 中, RDD2 是由 RDD1 经 groupByKey 操作变换得到的, 因为父 RDD1 中的每一个分区对应子 RDD2 中的两个分区, 所以 RDD1 和 RDD2 是宽依赖关系. 在图 3.16(b) 中, RDD3 是由 RDD1 和 RDD2 经 join with inputs not co-partitioned 操作变换得到的, 因为父 RDD1 和父 RDD2 中的每一个分区对应子 RDD3 中的三个分区, 所以父 RDD1 和 RDD2 与子 RDD3 是宽依赖关系.

　　从图 3.15 所示的窄依赖可以看出, 窄依赖分区之间的关系非常明确, 对于分区间转换关系是一对一的关系的, 如 map、filetr、union, 可以在一个节点进行计算, 而且如果有多个这样的窄依赖关系, 那么可以在一个节点内组织成流水线执行. 对于分区间有多对一的窄依赖关系, 如 join, 可以在多个节点之间并行执行, 彼此之间不相互影响. 在容错恢复时, 只需要重新获得或计算父 RDD 对应的分区, 即可恢复出错的子 RDD 分区. 对于宽依赖关系, 因为计算子 RDD 时, 依赖父 RDD 的所有分区数据, 所以需要类似 Hadoop 中的数据 Shuffle 过程, 这就必然带来网络通信和中间结果缓存等一系列开销较大的问题. 同时, 在容错恢复时, 必须获得和计算全部父 RDD 的数据才能恢复, 其代价远远大于窄依赖的恢复.

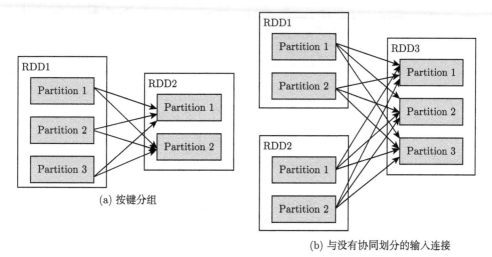

图 3.16　RDD 宽依赖关系示意图

　　由于窄依赖和宽依赖在计算和恢复时存在巨大的差异, 所以 Spark 对解析的任务进行了规划, 将适合放在一起执行的任务合并到一个阶段. 这一过程由 DAGScheduler 实例完成. 划分的原则是, 如果子 RDD 和父 RDD 是窄依赖关系, 就将多个算子操作一起处理, 最后进行一次统一的同步操作. 对于宽依赖关系, 则尽量划分到不同的阶段, 以避免过大的网络开销和计算开销. 具体划分过程为, 当应用程序向 Spark 提交作业后, DAGScheduler 遍历 RDD 有向无环图, 对于遇到的连续窄依赖关系, 则尽量多地放在一个阶段, 一旦遇到一个宽依赖关系, 则生成一个新的阶段, 重复进行这一过程, 直到遍历完整个 RDD 有向无环图. 图 3.17 展示了这一过程.

　　Spark 应用执行过程的主要步骤如图 3.18 所示.

　　用户从客户端提交的应用程序包含一个主函数, 在主函数内实现 RDD 的创建、转换、存储等操作, 以完成用户的实际需求. 用户将 Spark 应用程序提交到集群, 集群收到用户提交的 Spark 应用程序后启动 Driver 进程. 它负责响应

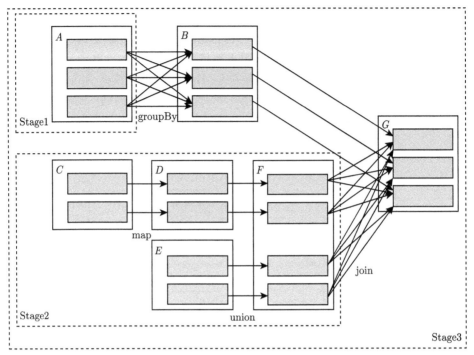

图 3.17　Stage 的划分过程

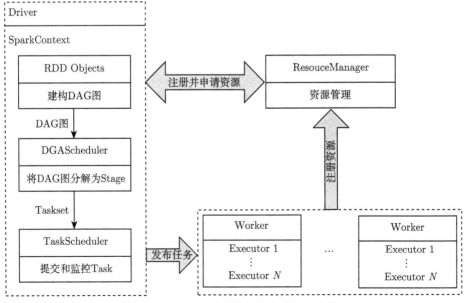

图 3.18　Spark 应用执行过程的主要步骤

执行用户定义的主函数. Driver 进程创建一个 SparkContext, 并与资源管理器通信进行资源的申请、任务的分配和监控. 资源管理器为 Executor 分配资源, 并启动 Executor 进程. 同时, SparkContext 根据 RDD 的依赖关系构建有向无环图, 提交给 DAGScheduler 解析成阶段. 然后, 把 TaskSet 提交给底层调度器 TaskScheduler 处理, Executor 向 SparkContext 申请 Task, TaskScheduler 将 Task 发放给 Executor 执行. Task 在 Executor 上执行, 把计算结果反馈给 TaskScheduler, 然后反馈给 DAGScheduler, 执行完毕后写入数据, 并释放所有资源.

在整个过程中, 有 3 个重要的步骤.

(1) 生成 RDD 的过程.

(2) 生成 Stage 的过程.

(3) 生成 TaskSet 的过程.

这 3 个重要的步骤是前后相继的, 如图 3.19 所示.

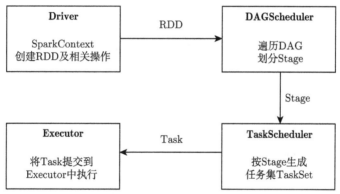

图 3.19　Spark 应用执行过程 3 个步骤的关系

3.5.3　聚类分析

聚类是一种典型的无监督学习, 它处理的对象是没有类别标签的数据集, 也称信息表. 给定一个没有类别标签的数据集, 聚类就是根据某种规则将数据集中的样例划分为若干个簇 (或称为子集), 使同一个簇中的样例越相似越好, 而不同簇中的样例越不相似越好. 信息表的形式化定义如下.

定义 3.5.1　一个信息表是一组样例的集合 $T = \{x_i | x_i \in U\}$, $1 \leqslant i \leqslant n$. 其中, x_i 为信息表中第 i 个样例, U 为决策表中 n 个样例的集合.

信息表的直观表示如表 3.20 所示.

下面给出聚类的定义.

定义 3.5.2　给定信息表 $T = \{x_i | x_i \in U\}$, $1 \leqslant i \leqslant n$. 聚类就是用某种相似性度量将信息表中的样例 x_i 划分为若干个簇 (聚类), 使同一个簇内的样例比不

同簇内的样例更相似.

表 3.20　包含 n 个样例的信息表

x	a_1	a_2	$\cdots$	a_d
x_1	x_{11}	x_{12}	$\cdots$	x_{1d}
x_2	x_{21}	x_{22}	$\cdots$	x_{2d}
$\vdots$	$\vdots$	$\vdots$		$\vdots$
x_n	x_{n1}	x_{n2}	$\cdots$	x_{nd}

实际上, 聚类问题是一种特殊的分类问题, 只是在求解聚类问题的过程中, 没有样例的类别信息可以利用. 因为在聚类过程中没有用到样例的类别信息, 所以聚类分析是一种无监督学习. 从聚类的定义可以看出, 相似性度量在聚类分析中起着至关重要的作用. 相似性度量可以大致分为两种, 即基于距离的相似性度量和基于相关性的相似性度量. 给定两个样例 $x_i, y_j \in \mathbf{R}^d$, 下面介绍几种常用的相似性度量.

1) 基于距离的相似性度量

(1) 欧几里得距离. 在基于距离的相似性度量中, 欧几里得距离是最常用的. 样例 x_i 和 y_j 之间的欧几里得距离定义为

$$d(x_i, y_j) = \left[\sum_{k=1}^{d} (x_{ik} - y_{jk})^2 \right]^{\frac{1}{2}} \tag{3.11}$$

(2) Manhattan 距离. 样例 x_i 和 y_j 之间的 Manhattan 距离定义为

$$d(x_i, y_j) = \sum_{k=1}^{d} |x_{ik} - y_{jk}| \tag{3.12}$$

(3) Minkowski 距离. 样例 x_i 和 y_j 之间的 Minkowski 距离定义为

$$d(x_i, y_j) = \left[\sum_{k=1}^{d} (x_{ik} - y_{jk})^p \right]^{\frac{1}{p}} \tag{3.13}$$

(4) Chebyshev 距离. 样例 x_i 和 y_j 之间的 Chebyshev 距离定义为

$$d(x_i, y_j) = \max_k |x_{ik} - y_{jk}| \tag{3.14}$$

(5) Camberra 距离. 样例 x_i 和 y_j 之间的 Camberra 距离定义为

$$d(x_i, y_j) = \frac{\sum\limits_{k=1}^{d} |x_{ik} - y_{jk}|}{\sum\limits_{k=1}^{d} |x_{ik} + y_{jk}|} \tag{3.15}$$

(6) Sorensen 距离. 样例 $\boldsymbol{x}_i$ 和 $\boldsymbol{y}_j$ 之间的 Sorensen 距离定义为

$$d(\boldsymbol{x}_i, \boldsymbol{y}_j) = \frac{\sum\limits_{k=1}^{d} |x_{ik} - y_{jk}|}{\sum\limits_{k=1}^{d} (x_{ik} + y_{jk})} \tag{3.16}$$

(7) Søergel 距离. 样例 $\boldsymbol{x}_i$ 和 $\boldsymbol{y}_j$ 之间的 Søergel 距离定义为

$$d(\boldsymbol{x}_i, \boldsymbol{y}_j) = \frac{\sum\limits_{k=1}^{d} |x_{ik} - y_{jk}|}{\sum\limits_{k=1}^{d} \max\{x_{ik}, y_{jk}\}} \tag{3.17}$$

(8) Kulczynski 距离. 样例 $\boldsymbol{x}_i$ 和 $\boldsymbol{y}_j$ 之间的 Kulczynski 距离定义为

$$d(\boldsymbol{x}_i, \boldsymbol{y}_j) = \frac{\sum\limits_{k=1}^{d} |x_{ik} - y_{jk}|}{\sum\limits_{k=1}^{d} \min\{x_{ik}, y_{jk}\}} \tag{3.18}$$

2) 基于相关性的相似性度量

(1) Pearson 相关系数. 样例 $\boldsymbol{x}_i$ 和 $\boldsymbol{y}_j$ 之间的 Pearson 相关系数定义为

$$d(\boldsymbol{x}_i, \boldsymbol{y}_j) = \frac{\sum\limits_{k=1}^{d} (x_{ik} - \overline{x_i})(y_{jk} - \overline{y_j})}{\left[\sum\limits_{k=1}^{d} (x_{ik} - \overline{x_i})^2 \sum\limits_{k=1}^{d} (y_{jk} - \overline{y_j})^2\right]^{\frac{1}{2}}} \tag{3.19}$$

(2) Cosine 相关系数. 样例 $\boldsymbol{x}_i$ 和 $\boldsymbol{y}_j$ 之间的 Cosine 相关系数定义为

$$d(\boldsymbol{x}_i, \boldsymbol{y}_j) = \frac{\sum\limits_{k=1}^{d} (x_{ik} \times y_{jk})}{\left[\sum\limits_{k=1}^{d} (x_{ik})^2\right]^{\frac{1}{2}} \left[\sum\limits_{k=1}^{d} (y_{jk})^2\right]^{\frac{1}{2}}} \tag{3.20}$$

(3) Jaccard 相关系数. 样例 $\boldsymbol{x}_i$ 和 $\boldsymbol{y}_j$ 之间的 Jaccard 相关系数定义为

$$d(\boldsymbol{x}_i, \boldsymbol{y}_j) = \frac{\sum\limits_{k=1}^{d} (x_{ik} \times y_{jk})}{\sum\limits_{k=1}^{d} x_{ik}^2 + \sum\limits_{k=1}^{d} y_{jk}^2 - \sum\limits_{k=1}^{d} (x_{ik} \times y_{jk})} \tag{3.21}$$

1. K-均值算法

在诸多聚类算法中, K-均值聚类算法影响最大. 在 2006 年举办的国际数据挖掘学术会议上评选出了十大数据挖掘算法 [111], K-均值算法名列第 2, 足见其影响之大. K-均值算法的思想非常简单, 给定一个信息表 $T = \{\boldsymbol{x}_i | \boldsymbol{x}_i \in \mathbf{R}^d, 1 \leqslant i \leqslant n\}$, 即没有类别信息的数据集, K-均值算法将数据集中的 n 个样例 $\boldsymbol{x}_i$ 划分为 K 个簇, 使同一个簇中的样例比不同簇中的样例更相似. K-均值算法中用的相似性度量是欧几里得距离.

K-均值算法是一种迭代算法, 令 K 是用户指定的参数, 表示簇的个数. 在聚类的过程中, 可以给每一个样例 $\boldsymbol{x}_i$ 分配一个簇识别号, 以标识哪个样例属于哪个簇. 这样, 同一个簇中的样例具有相同的识别号, 不同簇中的样例具有不同的识别号. 在 K-均值算法中, 每一个簇有一个聚类中心 $\boldsymbol{c}_j, 1 \leqslant j \leqslant K$, 用相应的中心表示相应的簇. K-均值算法的目标是使式 (3.22) 达到最小值, 即

$$J = \sum_{i=1}^{n} \left(\mathrm{argmin}_j \parallel \boldsymbol{x}_i - \boldsymbol{c}_j \parallel_2^2 \right) \tag{3.22}$$

K-均值算法的基本思想示意图如图 3.20 所示. K-均值算法的伪代码在算法 3.6 中给出.

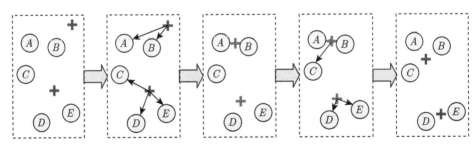

图 3.20   K-均值算法基本思想示意图

K-均值算法具有思想简单, 易于实现的优点, 但是也存如下不足.

(1) 难分配簇的问题. 当一个样例点到几个聚类中心的距离相等或相差很小时, 难以决断将这样的样例分配到哪一个簇中.

(2) K 难确定的问题. 最优的聚类个数, 即参数 K 难确定.

(3) 聚类中心敏感问题. K-均值算法对初始聚类中心很敏感, 初始聚类中心不同, 可能最终的聚类结果也不同.

(4) 异常点敏感问题. K-均值算法对异常点比较敏感.

(5) 空簇问题. K-均值算法可能出现空簇的情况.

算法 3.6: K-均值算法

---

1 输入: 数据集 $T = \{\boldsymbol{x}_i | \boldsymbol{x}_i \in \mathbf{R}^d, 1 \leqslant i \leqslant n\}$, 聚类个数 K.

2 输出: K 个聚类 $C_1, C_2, \cdots, C_K$.

3 从 T 中随机选择 K 个点作为 K 个聚类的中心 $\boldsymbol{c}_1, \boldsymbol{c}_2, \cdots, \boldsymbol{c}_K$;

4 repeat

5   **for** $(i = 1; i \leqslant n; i = i + 1)$ **do**

6   **for** $(j = 1; j \leqslant K; j = j + 1)$ **do**

7   计算 $\boldsymbol{x}_i$ 到 $\boldsymbol{c}_j$ 的距离 d_{ij};

8   **end**

9 $\boldsymbol{c}_j = \underset{1 \leqslant j \leqslant K}{\operatorname{argmin}}\{d_{ij}\}$;

10   将样例 $\boldsymbol{x}_i$ 分配到聚类 C_j;

11   **end**

12   **for** $(j = 1; j \leqslant K; j = j + 1)$ **do**

13 $\boldsymbol{c}_j = \dfrac{1}{|C_j|} \sum\limits_{\boldsymbol{x} \in C_j} \boldsymbol{x}$;

14   **end**

15 $J = \sum\limits_{i=1}^{n} \underset{j}{\operatorname{argmin}} \| \boldsymbol{x}_i - \boldsymbol{c}_j \|$

16 until (J 收敛);

17 return $C_1, C_2, \cdots, C_K$.

---

2. 大数据 K-均值算法

大数据 K-均值算法是 K-均值算法在大数据环境中的扩展. 下面介绍基于 MapReduce 的大数据 K-均值算法的基本思想 [112]. 设 D 是待聚类的大数据集, C 是 K 个簇中心的集合, 大数据 K-均值算法的处理流程包括以下 5 步.

(1) 将大数据集 D 划分为 m 个子集 $D_1, D_2, \cdots, D_m$, 并部署到 m 个云计算节点.

(2) 将 C 广播到每一个云计算节点.

(3) map. 对于每一个云计算节点 $i(1 \leqslant i \leqslant m)$, 并行计算 D_i 中每一个样例 $\boldsymbol{x}_{ij}(1 \leqslant i \leqslant m; 1 \leqslant j \leqslant |D_i|)$ 到 C 中每一个局部簇中心 $\boldsymbol{c}_{ik}(1 \leqslant i \leqslant m; 1 \leqslant k \leqslant K)$ 的距离, 并将 $\boldsymbol{x}_{ij}$ 分配到距离最近的簇中.

(4) combiner. 对于每一个云计算节点 $i(1 \leqslant i \leqslant m)$, 并行更新每一个局部簇 C_{ik} 的中心 $\boldsymbol{c}_{ik}(1 \leqslant i \leqslant m; 1 \leqslant k \leqslant K)$. 此处的局部是指第 i 个云计算节点, 或第 i 个数据子集 D_i. 具体地, 局部簇的中心 $\boldsymbol{c}_{ik}$ 为

$$\boldsymbol{c}_{ik} = \frac{1}{|C_{ik}|} \sum_{\boldsymbol{x}_{ij} \in C_{ik}} \boldsymbol{x}_{ij} \tag{3.23}$$

其中, $|C_{ik}|$ 为局部簇 C_{ik} 中包含的样例数.

(5) reduce. 在一个 reduce 节点上, 用局部簇中心计算全局簇中心, 并更新 C. 具体地, C 中的元素用式 (3.24) 更新, 即

$$c_k = \frac{1}{m} \sum_{i=1}^{m} c_{ik} \tag{3.24}$$

重复 (2)~(5), 直至满足聚类停止条件. 在每一个 map-reduce 任务中, 数据子集没有移动, 变化的只是聚类中心 C, 但是聚类中心 C 是一个很小的集合. 这样云计算节点之间的通信量很小. 上述过程可用图 3.21 描述.

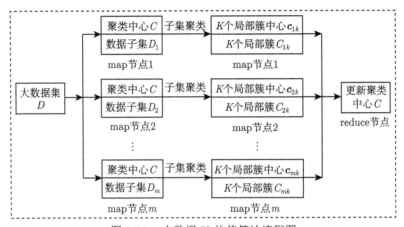

图 3.21   大数据 K-均值算法流程图

3. 模糊 K-均值算法

为了克服 K-均值算法的第一个不足, Dunn 提出模糊 K-均值算法 [113]. 它是 K-均值算法的改进, 允许一个样例属于多个簇. 其目标是最小化目标函数, 即

$$J_m = \sum_{i=1}^{n} \sum_{j=1}^{K} u_{ij}^m \parallel x_i - c_j \parallel_2^2 \tag{3.25}$$

其中, m 为任何大于 1 的实数; u_{ij} 为样例 x_i 属于第 j 个聚类的隶属度; $\parallel \cdot \parallel$ 为欧几里得距离.

通过对上述目标函数进行迭代优化, 对样例进行模糊划分, 隶属度 u_{ij} 可通过式 (3.26) 更新, 即

$$u_{ij} = \frac{1}{\sum_{k=1}^{K} \left(\frac{\parallel x_i - c_j \parallel}{\parallel x_i - c_k \parallel} \right)^{\frac{2}{m-1}}} \tag{3.26}$$

聚类中心 c_j 通过式 (3.27) 更新, 即

$$c_j = \frac{\sum\limits_{i=1}^{n} u_{ij}^m \boldsymbol{x}_i}{\sum\limits_{i=1}^{n} u_{ij}^m} \tag{3.27}$$

迭代停止条件由式 (3.28) 给出, 即

$$\max_{i,j} |u_{ij}^{n+1} - u_{ij}^n| < \delta \tag{3.28}$$

其中, $\delta \in (0,1)$; n 为迭代次数.

模糊 K-均值算法的伪代码在算法 3.7 给出.

算法 3.7: 模糊 K-均值算法

---

1 **输入:** 数据集 $T = \{\boldsymbol{x}_i | \boldsymbol{x}_i \in \mathbf{R}^d, 1 \leqslant i \leqslant n\}$, 聚类个数 K, 参数 m 和 δ.

2 **输出:** K 个聚类 $C_1, C_2, \cdots, C_K$.

3 从 T 中随机选择 K 个点作为聚类的中心 $\boldsymbol{c}_1, \boldsymbol{c}_2, \cdots, \boldsymbol{c}_K$;

4 **for** $(i = 1; i \leqslant n; i = i + 1)$ **do**

5   **for** $(j = 1; j \leqslant K; j = j + 1)$ **do**

6   初始化矩阵 $U = U^{(0)} = [u_{ij}]$;

7   **end**

8 **end**

9 **repeat**

10   利用 $U^{(n)}$ 计算聚类中心向量 $C^{(n)} = [\boldsymbol{c}_j]$;

11   **for** $(j = 1; j \leqslant K; j = j + 1)$ **do**

12          $c_j = \dfrac{\sum\limits_{i=1}^{n} u_{ij}^m \boldsymbol{x}_i}{\sum\limits_{i=1}^{n} u_{ij}^m}$;

13   **end**

14   更新 $U^{(n)}$, 得到 $U^{(n+1)}$;

15   **for** $(i = 1; i \leqslant n; i = i + 1)$ **do**

16   **for** $(j = 1; j \leqslant K; j = j + 1)$ **do**

17              $u_{ij} = \dfrac{1}{\sum\limits_{k=1}^{K} \left(\dfrac{\| \boldsymbol{x}_i - \boldsymbol{c}_j \|}{\| \boldsymbol{x}_i - \boldsymbol{c}_k \|} \right)^{\frac{2}{m-1}}}$;

18   **end**

19   **end**

20 **until** $(\max\limits_{i,j} |u_{ij}^{(n+1)} - u_{ij}^n| < \delta)$;

21 **return** $C_1, C_2, \cdots, C_K$.

3.5.4　两类非平衡大数据分类算法

设 $S = S^- \cup S^+$ 是两类非平衡大数据集, 其中 S^- 是负类大数据集, S^+ 是中小型正类数据集. 我们提出的两类非平衡大数据分类算法的基本思想如图 3.22 所示.

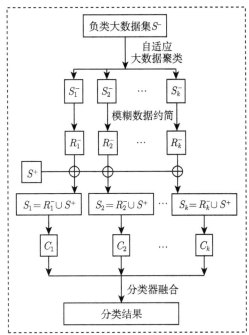

图 3.22　两类非平衡大数据分类算法的基本思想

这个算法由如下 4 个阶段构成.

1. 自适应聚类负类大数据

K-均值算法是一种著名的聚类算法, 但是参数 K 需要用户事先确定. 对于不同的数据集, 合适的参数 K 很难确定. 为了解决这一问题, Pelleg 等提出 X-均值算法 [114]. 它通过优化贝叶斯信息判据 (Bayes information criterion, BIC) 自适应地确定最优聚类个数 K. 具体地, 该算法首先假设 K 为一个比较小的正整数, 然后动态地增加 K, 并使用 BIC 指导簇的划分. 如果单个簇 (父簇) 被划分成两个簇 (子簇) 后 BIC 的值增加了, 那么两个子簇比一个父簇能更好地反映数据的结构. 设 $C_i(i = 1, 2)$ 表示两个子簇, C_i 中包含的样本点 $\boldsymbol{x}$ 服从 d-维正态分布, 即

$$f(\boldsymbol{\theta}_i; \boldsymbol{x}) = (2\pi)^{-\frac{d}{2}} |\boldsymbol{\Sigma}_i|^{-\frac{1}{2}} \exp\left[-\frac{1}{2}(\boldsymbol{x} - \boldsymbol{\mu}_i)^{\mathrm{T}} \boldsymbol{\Sigma}_i^{-1} (\boldsymbol{x} - \boldsymbol{\mu}_i)\right] \tag{3.29}$$

BIC 的计算由式 (3.30) 给出, 即

$$\text{BIC} = -2\log L(\hat{\boldsymbol{\theta}}_i; \boldsymbol{x}) + q\log n_i \qquad (3.30)$$

其中, $\hat{\boldsymbol{\theta}}_i = (\hat{\boldsymbol{\mu}}_i, \hat{\boldsymbol{\Sigma}}_i)$ 为 d-维正态分布参数的最大似然估计, $\boldsymbol{\mu}_i$ 和 $\boldsymbol{\Sigma}_i$ 为 d-维正态分布的均值向量和协方差矩阵; q 为用户定义的参数; $\boldsymbol{x}$ 为 C_i 中的 d-维样本点; n_i 为 C_i 中的样本点数; L 为似然函数.

我们将 X-均值算法扩展到大数据环境, 使之可以对负类大数据进行自适应地聚类. 扩展到大数据环境的 X-均值算法的伪代码在算法 3.8 中给出.

算法 3.8: 面向大数据的 X-均值算法

1　**输入:** 负类大数据集 S^-, 最小聚类数 $K_{\min}$ 和最大聚类数 $K_{\max}$.
2　**输出:** 自适应聚类的结果: $S_1^-, S_2^-, \cdots, S_k^-$, k 是最优聚类数.
3　设 $k = K_{\min}$, 调用大数据 K-均值算法对负类大数据 S^- 进行聚类, 得到 k 个聚类, 记为 P-Clusters $= S$;
4　**for** (P-Clusters $= S$ 中的每一个簇 (父簇)) **do**
5　　**if** ($k < K_{\max}$) **then**
6　　　用式 (3.30) 计算每一个父簇的 BIC 值;
7　　　调用大数据 K-均值 (令 $K = 2$) 算法对每一个父簇进行聚类, 得到 2 个子簇;
8　　　用式 (3.30) 计算每一个子簇的 BIC 值;
9　　　**if** (子簇的 BIC 值大于父簇的 BIC 值) **then**
10　　　　将两个子簇加入 P-Clusters;
11　　　**end**
12　　**else**
13　　　输出 P-Clusters 到 Hadoop 分布式文件系统 HDFS;
14　　　更新 k;
15　　**end**
16　**end**
17　**else**
18　　父簇的其余样例组成一个簇;
19　　输出 P-Clusters 到 Hadoop 分布式文件系统 HDFS;
20　**end**
21　**end**
22　输出自适应聚类结果 $S_1^-, S_2^-, \cdots, S_k^-$.

---

2. 计算每一个聚类的数据约简

将负类大数据聚类成 k 个簇后, 我们将 k 个簇 $S_1^-, S_2^-, \cdots, S_k^-$ 看作 k 类分类问题. 这样我们可以使用数据约简方法 [115] 从每个聚类中剔除不重要的数据点, 因为本地数据子集 S_i^- 中样例 $\boldsymbol{x}$ 的类别 (即所属的簇) 是已知的, 数据约简

可以在每个计算节点上并行执行. 这里用我们提出的模糊数据约简方法 [116] 计算 $S_i^-(1 \leqslant i \leqslant k)$ 的约简. 具体地, 使用压缩模糊 K-近邻 (condensed fuzzy K-NN, CFKNN) 方法计算每个簇 S_i^- 的约简 R_i^-. 为什么要使用这种模糊数据约简方法呢? 因为这 k 个簇都是负类大数据集 S^- 的子集, 它们可能存在重叠. CFKNN 是针对模糊 K-近邻的数据约简方法. 模糊 K-近邻算法能够克服 K-近邻算法以下三个不足.

(1) 给定一个测试样例 x, K-近邻算法没有考虑 x 的 K 个近邻对 x 分类贡献的差异.

(2) K-近邻算法没有考虑 x 属于不同类别的概率.

(3) K-近邻算法对噪声非常敏感.

模糊 K-近邻算法利用模糊隶属度描述 x 属于一个类的概率. x 的模糊隶属度由它的 K 个最近邻使用式 (3.31) 确定, 即

$$\mu_j(\boldsymbol{x}) = \frac{\sum\limits_{i=1}^{k} \mu_{ij} \left(\dfrac{1}{\| \boldsymbol{x} - \boldsymbol{x}_i \|^{\frac{2}{m-1}}} \right)}{\sum\limits_{i=1}^{k} \left(\dfrac{1}{\| \boldsymbol{x} - \boldsymbol{x}_i \|^{\frac{2}{m-1}}} \right)} \tag{3.31}$$

其中, j 为类别标号; m 为超参数, 在计算 x 的近邻的贡献时, m 决定距离作为权重对隶属度的影响; μ_{ij} 用式 (3.32) 计算, 即

$$\mu_{ij} = \mu_j(\boldsymbol{x}_i) = \frac{\dfrac{1}{\| \boldsymbol{x}_i - \boldsymbol{c}_j \|^{\frac{2}{m-1}}}}{\sum\limits_{j=1}^{k} \left(\dfrac{1}{\| \boldsymbol{x}_i - \boldsymbol{c}_j \|^{\frac{2}{m-1}}} \right)} \tag{3.32}$$

其中, $\boldsymbol{x}_i$ 为 x 的第 i 个近邻; $\boldsymbol{c}_j$ 为第 j 类的中心.

在 CFKNN 算法中, 给定样例 $\boldsymbol{x} \in S_i^-(1 \leqslant i \leqslant k)$, 我们利用式 (3.33) 计算样例 x 的信息熵, 即

$$E(\boldsymbol{x}) = -\sum_{i=1}^{k} \mu_j(\boldsymbol{x}) \log_2 \mu_j(\boldsymbol{x}) \tag{3.33}$$

熵是对样例类别不确定性的度量, 一个样例的熵越大, 就越难确定它所属的类别. 因此, 样例的熵越大, 信息量越大. 在 CKKNN 算法中, 我们使用熵作为选择重要样例的标准. CFKNN 算法的伪代码在算法 3.9 中给出. 为描述方便, 我们省略子集 S_i^- 的下标, 用 S 表示负子集 S_i^-.

算法 3.9: CFKNN 算法

1 **输入:** 负类子集 S^-, 阈值参数 λ.
2 **输出:** 负类子集 S^- 约简 R^-.
3 从每一个簇中随机选择 k 个样例, 把这 k 个样例从 S^- 中移动到 R^- 中;
4 **for** $(x \in S^-)$ **do**
5 | 在 R^- 中寻找 x 的 k 个近邻;
6 | **for** (对于 x 的每一个近邻) **do**
7 | | 利用式 (3.32) 计算 x 的每一个近邻的模糊隶属度;
8 | **end**
9 | 利用式 (3.31) 计算 x 的模糊隶属度;
10 | 利用式 (3.33) 计算 x 的熵 $E(x)$;
11 | **if** $(E(x) > \lambda)$ **then**
12 | | $R^- = R^- \cup \{x\}$;
13 | **end**
14 | 输出 R^-.
15 **end**

---

3. 构造平衡的训练集并训练分类器

得到 k 个约简子集 $R_1, R_2, \cdots, R_k$ 后, 构造 k 个平衡的训练集 $S_1, S_2, \cdots, S_k$. 其中, $S_i = R_i^- \cup S^+ (1 \leqslant i \leqslant k)$. 然后, 用极限学习机算法训练 k 个分类器 $L_1, L_2, \cdots, L_k$. 每一个分类器是一个单隐含层前馈神经网络. 对于给定的测试样例 x, 分类器的输出 (即预测样例 x 属于每一类的后验概率) 通过下面的软最大化函数 (3.34) 得到, 即

$$p(\omega_i | x) = \frac{\exp(y_i)}{\sum_{j=1}^{l} \exp(y_i)} \tag{3.34}$$

4. 用模糊积分集成训练好的分类器

用极限学习机算法训练 k 个分类器 $L_1, L_2, \cdots, L_k$, 设训练集中样例的类别集合为 $Y = \{\omega_1, \omega_2, \cdots, \omega_l\}$, 对于测试样例 x, 分类器 $L_i(1 \leqslant i \leqslant k)$ 的输出为一个 l 维的向量, 即

$$L_i(x) = (p_{i1}(x), p_{i2}(x), \cdots, p_{il}(x)) \tag{3.35}$$

其中, $p_{ij}(x) \in [0,1](1 \leqslant i \leqslant k; 1 \leqslant j \leqslant l)$ 表示分类器 L_i 预测样例 x 属于第 j 类的支撑度, 即后验概率.

显然, $\sum_{j=1}^{l} p_{ij}(x) = 1$, $p_{ij}(x)$ 用式 (3.34) 计算得到. 1.7 节介绍了用模糊积分集成分类器的方法, 这里不再重复介绍. 下面直接给出用模糊积分集成 k 个分类

器 $L_1, L_2, \cdots, L_k$ 的算法伪代码 (算法 3.10).

算法 3.10: 用模糊积分集成分类器的算法

1　**输入:** 训练的 k 个分类器 $L = \{L_1, L_2, \cdots, L_k\}$, 测试样例 $\boldsymbol{x}$.
2　**输出:** 测试样例 $\boldsymbol{x}$ 所属的类别 j^*.
3　**for** $(i = 1; i \leqslant k; i = i + 1)$ **do**
4　　用 $g_i = \dfrac{p_i}{\sum\limits_{j=1}^{k} p_j} \delta$ 计算分类器 L_i 的模糊密度 g_i;
5　**end**
6　用 $\lambda + 1 = \prod\limits_{i=1}^{k} (1 + \lambda g_i)$ 计算参数 λ;
7　计算决策矩阵 $\mathrm{DM}(\boldsymbol{x}) = [p_{ij}(\boldsymbol{x})]_{k \times l}$;
8　**for** $(j = 1; j \leqslant l; j = j + 1)$ **do**
9　　对决策矩阵 $\mathrm{DM}(\boldsymbol{x})$ 的第 j 列按降序排序, 得到 $(p_{i_1 j}, p_{i_2 j}, \cdots, p_{i_k j})$;
10　　令 $g(A_1) = g_{i_1}$;
11　　**for** $(t = 2; t \leqslant k; t = t + 1)$ **do**
12　　　计算 $g(A_t) = g_{i_t} + g(A_{t-1}) + \lambda g_{i_t} g(A_{t-1})$;
13　　**end**
14　　计算 $p_j(\boldsymbol{x}) = \sum\limits_{t=2}^{k+1} (p_{i_{t-1} j}(\boldsymbol{x}) - p_{i_t j}(\boldsymbol{x})) g(A_{t-1})$;
15　**end**
16　计算 $p_{j^*}(\boldsymbol{x}) = \underset{1 \leqslant j \leqslant l}{\operatorname{argmax}}\{p_j(\boldsymbol{x})\}$;
17　输出测试样例 $\boldsymbol{x}$ 所属的类别 j^*.

3.5.5　算法实现及与其他算法的比较

　　用两种开源大数据平台 Hadoop 和 Spark 编程实现本章介绍的两类非平衡大数据分类算法, 并与三种算法进行实验比较. 这三种算法是 SMOTE-Bagging[117]、SMOTE-Boost[118]、ECIMU (ensemble classification for imbalanced big data based on mapreduce and upper-sampling)[119]. 评价指标是 G 均值和 AUC 面积. 实验比较所用的数据集包括 2 个人工数据集和 4 个 UCI 数据集 [120]. 第 1 个人工数据集 (记为 Gaussian 1) 是一个二维两类的数据集. 两类数据均服从高斯分布. 高斯分布的均值向量和协方差矩阵见表 3.21. 第 2 个人工数据集 (记为 Gaussian 2) 是一个三维四类的数据集. 四类数据也服从高斯分布. 高斯分布的均值向量和协方差矩阵在表 3.22 中给出. 实验所用 6 个数据集的基本信息列于表 3.23 中.

　　所有算法都是在具有 8 个节点的大数据平台上编程实现的. 8 个节点的配置列于表 3.24 中. 需要注意的是, 主节点的配置和从节点的配置是相同的. 四种算法分别用 Hadoop 和 Spark 平台编程实现, 在 G 均值和 AUC 面积两个评价指标上的实验比较如表 3.25~表 3.28 所示.

表 3.21　数据集 Gaussian 1 的均值向量和协方差矩阵

i	μ_i	Σ_i
1	$(1.0, 1.0)^{\mathrm{T}}$	$\begin{bmatrix} 0.6 & -0.2 \\ -0.2 & 0.6 \end{bmatrix}$
2	$(2.5, 2.5)^{\mathrm{T}}$	$\begin{bmatrix} 0.2 & -0.1 \\ -0.1 & 0.2 \end{bmatrix}$

表 3.22　数据集 Gaussian 2 的均值向量和协方差矩阵

i	μ_i	Σ_i
1	$(0.0, 0.0, 0.0)^{\mathrm{T}}$	$\begin{bmatrix} 1.0 & 0.0 & 0.0 \\ 0.0 & 1.0 & 0.0 \\ 0.0 & 0.0 & 1.0 \end{bmatrix}$
2	$(0.0, 1.0, 0.0)^{\mathrm{T}}$	$\begin{bmatrix} 1.0 & 0.0 & 1.0 \\ 0.0 & 2.0 & 2.0 \\ 1.0 & 2.0 & 5.0 \end{bmatrix}$
3	$(-1.0, 0.0, 1.0)^{\mathrm{T}}$	$\begin{bmatrix} 2.0 & 0.0 & 0.0 \\ 0.0 & 6.0 & 0.0 \\ 0.0 & 0.0 & 1.0 \end{bmatrix}$
4	$(0.0, 0.5, 1.0)^{\mathrm{T}}$	$\begin{bmatrix} 2.0 & 0.0 & 0.0 \\ 0.0 & 1.0 & 0.0 \\ 0.0 & 0.0 & 3.0 \end{bmatrix}$

表 3.23　实验所用 6 个数据集的基本信息

数据集	负类样例数	正类样例数	属性数
Gaussian 1	499950	13000	2
Gaussian 2	749950	19000	3
MiniBooNE	93507	2200	50
Skin	194148	4800	4
Healthy	70216	1800	9
Hepmass	800000	20000	28

表 3.24　大数据平台中计算节点的配置

项目	配置
CPU	Inter 四核 Xeon E5-4603, 2.0GHz
内存	16GB
网卡	Broadcom 5720 QP 1Gb
硬盘	1TB
操作系统	CentOS 6.4
Hadoop	Hadoop 2.7.1
Spark	Spark 2.3.1
JDK	JDK 1.8

表 3.25　用 Hadoop 平台编程实现在 G 均值评价指标上的实验比较

数据集	SMOTE-Bagging	SMOTE-Boost	BECIMU	本章方法
Gaussian 1	0.9011	0.9106	0.9039	**0.9357**
Gaussian 2	0.8369	**0.8600**	0.8209	0.8216
MiniBooNE	0.8888	0.8907	0.8497	**0.8934**
Skin	0.8944	0.8606	0.8939	**0.9218**
Healthy	0.8850	0.8700	0.8764	**0.8999**
Hepmass	0.8755	0.8709	0.8915	**0.9015**

表 3.26　用 Spark 平台编程实现在 G 均值评价指标上的实验比较

数据集	SMOTE-Bagging	SMOTE-Boost	BECIMU	本章方法
Gaussian 1	0.9034	0.9103	0.9017	**0.9413**
Gaussian 2	0.8436	**0.8574**	0.8436	0.8237
MiniBooNE	0.8897	0.8915	0.9027	**0.9055**
Skin	0.8894	0.8637	0.8946	**0.9227**
Healthy	0.8943	0.8658	0.8834	**0.9013**
Hepmass	0.8865	0.8738	0.8947	**0.8963**

表 3.27　用 Hadoop 平台编程实现在 AUC 面积评价指标上的实验比较

数据集	SMOTE-Bagging	SMOTE-Boost	BECIMU	本章方法
Gaussian 1	0.8834	0.9057	0.8933	**0.9254**
Gaussian 2	0.7999	**0.8618**	0.8017	0.8313
MiniBooNE	0.8739	0.8825	0.8604	**0.9010**
Skin	0.8891	0.8713	0.9008	**0.9175**
Healthy	0.8901	0.8890	0.8644	**0.9004**
Hepmass	0.8816	0.8734	0.8894	**0.9109**

表 3.28　用 Spark 平台编程实现在 AUC 面积评价指标上的实验比较

数据集	SMOTE-Bagging	SMOTE-Boost	BECIMU	本章方法
Gaussian 1	0.9088	0.9008	0.9205	**0.9510**
Gaussian 2	0.8390	**0.8666**	0.8325	0.8515
MiniBooNE	0.8739	0.8801	0.8966	**0.9138**
Skin	0.8916	0.8874	0.9017	**0.9300**
Healthy	0.8745	0.8900	0.8984	**0.9127**
Hepmass	0.8698	0.8877	0.8915	**0.9084**

从表 3.25~表 3.28 的实验结果可以看出, 在 6 个数据集上, 在 G 均值和 AUC 面积两个评价指标上, 本章算法在 5 个数据集上优于比较的三个算法. 由于算法在这两个评价指标上的性能和实现平台无关, 因此无论算法是用 Hadoop 编程实现, 还是用 Spark 编程实现, 性能都不变. 我们认为, 本章算法优于比较的 3 种算法的原因如下.

(1) 负类大数据的自适应聚类将数据分成若干簇, 保持了数据的固有分布.

(2) 作为一种用启发式样例下采样方法, 可以有效防止随机下采样造成的有用样本的丢失, 并能从每个簇中把重要的样例选择出来.

(3) 由于训练基分类器的训练集不是独立的, 它们包含相同的正类样例子集. 显然, 基分类器之间不是相互独立的, 而是有交互作用. 交互作用可能是正交互的 (基分类器之间相互增强), 也可能是负交互的 (基分类器之间相互抑制). 模糊积分能精确地对基分类器之间的两种交互作用进行建模, 并合理利用基分类器的交互作用, 提高集成学习系统的分类性能.

如果在不同的大数据平台上实现一个算法, 算法的性能 (如测试精度) 应该不会有明显的差异. 在 Gaussian 1 数据集上的实验对比结果直观地证实了这一结果, 如图 3.23 所示. 然而, 在文件数量、任务同步次数和运行时间上, 用 Hadoop MapReduce 编程实现和用 Spark 编程实现却存在显著差异. 下面分析造成这种显著差异的原因.

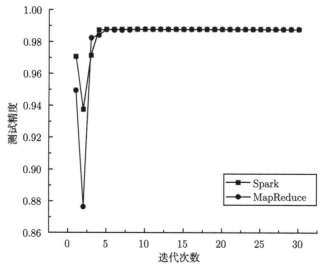

图 3.23　在 Hadoop 和 Spark 上测试精度和迭代次数之间的关系

文件数是指算法在 Hadoop 和 Spark 两个大数据平台上运行时产生的中间

结果文件数量. 虽然中间文件的数量不占用内存空间, 但是会影响输入、输出性能, 增加算法的运行时间 [121-123]. 在 Hadoop 大数据平台上, 由于 MapReduce 的 Shuffle 操作会对 map 任务产生的中间结果进行排序和合并, MapReduce 通过对中间结果的合并和排序来减少计算节点之间传输的数据量. 因此, 每个 map 任务只生成一个中间结果数据文件. 相反, Spark 大数据平台对中间数据文件没有合并和排序操作, 不同分区的数据保存在一个文件中. 因此, 分区的数量就是中间文件的数量.

关于任务同步的次数, 因为 MapReduce 是一个同步模型, 所以只有当所有 map 操作都完成后, 才可以执行 reduce 操作. Spark 是一个异步模型, 这样 Hadoop 上的同步次数比 Spark 上的要多. 显然, 同步越少, 算法执行的速度越快.

算法的运行时间 T 由中间数据的排序时间 T_{sort} 和传输时间 T_{trans} 决定. 当 MapReduce 对中间结果进行排序和合并操作时, 假设每个 map 任务需要处理 m 个数据分片, 每个 reduce 任务需要处理 r 个数据分片, 因此中间数据的排序时间为 $T_{MR\text{-}sort} = m \log m + r$. 因为在大多数情况下, $r \leqslant m$, $T_{MR\text{-}sort} = O(m \log m)$. 相反, Spark 没有 Shuffle 过程, 因此 $T_{Sport\text{-}sort} = 0$. T_{trans} 由中间数据大小 $|D|$ 和网络传输速度 C_r 决定. 如果忽略网络传输速度的差异, $T_{trans} \propto |D|$. Hadoop 和 Spark 之间传输时间的差异很大程度上取决于同步的次数. Spark 使用流水线技术减少同步的次数, 随着迭代次数的增加, Spark 在 T_{trans} 上比 MapReduce 有更多的优势. Hadoop 和 Spark 在文件数、同步数和运行时间上的比较如表 3.29 所示. 结果与上述分析一致.

表 3.29　Hadoop 和 Spark 在文件数、同步数和运行时间上的比较

数据集	文件数		同步数		运行时间/s	
	Hadoop	Spark	Hadoop	Spark	Hadoop	Spark
Gaussian 1	168	1400	29	19	6883	1101
Gaussian 2	168	1400	29	19	40391	6660
MiniBooNE	168	1400	29	19	8267	1759
Skin	168	1400	29	19	237	169
Healthy	252	3080	109	37	468	353
Hepmass	210	1600	47	28	1018871	18189

综上所述, 基于自适应聚类和模糊数据约简下采样的两类非平衡大数据分类算法具有如下优点.

(1) 利用 MapReduce 将负类大数据自适应聚类成若干子集, 保持数据的内在分布不变.

(2) 启发式下采样 (即样例选择) 可以防止有用样本的丢失, 特别是对于不平衡的大数据集. 此外, 启发式下采样方法可以从负类子集中选择重要的样本.

(3) 模糊积分可以准确地对基分类器之间的交互作用进行建模, 用模糊积分集成基分类器可以提高分类精度.

第 4 章　算法级方法

算法级方法是对现有的面向平衡数据的分类算法进行改造, 以使其适应非平衡的分类场景. 一般是利用归纳偏差、惩罚约束和调整分类边界进行修改. 其中, 惩罚约束是主流的思路, 通常是利用代价敏感学习进行约束惩罚. 本章首先对算法级方法进行概述, 然后介绍基于代价敏感性的非平衡数据分类方法, 最后介绍面向非平衡图像数据分类的深度表示学习方法.

4.1　算法级方法概述

算法级方法是对现有的算法进行改造以适应非平衡数据分类, 常用的改造策略是代价敏感性加权. 代价敏感方法对于不同类别的样例错误分类指定不同的代价. 在两类非平衡分类的情况下, 代价可以用代价矩阵表示, 其元素 $c(i, j)$ 是在样例实际属于 j 类时分类器却预测为 i 类的代价. 代价敏感性加权可针对类别加权, 也可以针对样例加权. 在针对类别加权的方法中, 开创性工作是 Veropoulos 等 [124] 提出的代价敏感性支持向量机. 他们利用代价矩阵为每个类指定不同的错误分类代价. 另一个影响比较大的工作是 Sun 等 [125] 提出的代价敏感性 Boosting 算法. 这一算法将代价敏感性学习的思想引入 Boosting 算法, 直接改造 Boosting 算法得到. Krawczyka 等 [126] 提出一种代价敏感决策树集成方法, 用于解决非平衡数据分类问题. 他们根据给定的代价矩阵构造代价敏感性决策树, 并在随机特征子空间上进行训练, 以保证基分类器的多样性. 为了克服代价敏感方法难以精确确定误分类代价的问题, Cao 等 [127] 提出一种用于不平衡数据分类的优化代价敏感支持向量机. 该方法将评价指标 AUC 和 G 均值引入代价敏感支持向量机的目标函数中, 提高两类不平衡数据分类的性能. 为了解决非平衡大数据分类问题, López 等 [128] 提出一种基于 MapReduce 的代价敏性感模糊分类方法. 该方法利用 MapReduce 框架将代价敏感学习模糊模型的计算操作分布到不同的云计算节点上. Castro 等 [129] 提出一种代价敏感性多层感知器非平衡数据分类方法. 该方法通过优化对应于正类和负类误差平方和的联合代价函数来提高多层感知器的性能, 进而提高非平衡数据分类的准确率.

在针对样例加权的方法中, Ramentol 等 [130] 提出一种基于模糊粗糙集理论的不平衡数据分类算法. 该算法采用模糊粗糙集和聚合方法构建权重向量对样本进行加权. 训练支持向量机能够提供支持向量相关信息. Lee 等 [131] 受此启发, 提出一种非平衡数据分类方法. 该方法引入了新的权重调整因子. Zong 等 [132] 提出一种加权极限学习机 (weighted extreme learning machine, W-ELM). W-ELM 有两个优点, 即加权极限学习机能够处理类别分布不平衡的数据, 同时保持非加权极限学习机在类别分布平衡的数据上的良好性能; 根据用户的需要可为每个样例分配不同的权值, 将加权极限学习机推广到代价敏感学习.

与数据级方法相比, 算法级方法难度更大. 要设计一个算法级的方法, 必须对基础算法有深入理解, 搞清楚是什么因素阻碍了分类器在不平衡数据上的性能. 因此, 从传统意义上来说, 算法级方法不像数据级方法那样流行 [133]. 然而, 近十几年, 深度学习 [134] 是一个十分火热的研究方向, 引起学术界和工业界的共同关注. 由于其强大的表示学习能力, 深度学习在计算机视觉、自然语言处理、语音识别等领域均获得巨大的成功. 针对非平衡图像分类 (也称识别), 特别是难度更大、挑战性更强的长尾分布可视识别 [135,136] 也引起研究人员的极大兴趣, 已成为一个新的研究热点. 长尾分布可视识别问题难度大是因为它除了包含非平衡学习, 还包含小样本学习, 如图 4.1 所示. 小样本学习是指训练集中每一类包含的样例都很少, 一般不超过 20 个. 另一个引起研究人员关注, 难度也更大的新研究方向是面向开放环境的长尾识别, 也称开集长尾识别 [137], 如图 4.2 所示. 开集识别是指模型在测试阶段遇到训练阶段从未见过的类别样例, 像自动驾驶的汽车在行驶过程中遇到从未见过的障碍物就是这种场景. 针对非平衡图像识别问题, 研究人员提出许多识别方法. 例如, 基于深度生成模型 (生成对抗网络、变分自编码器) 的上采样方法 [81,138], 应用训练好的生成模型生成少数类图像, 以达到少数类图像数量的扩充, 降低或消除不平衡的程度. 实际上, 这种方法是传统数据级方法的扩展. 利用深度神经网络直接从非平衡图像数据, 或从长尾分布图像数据中学习特征的方法大都属于算法级方法.

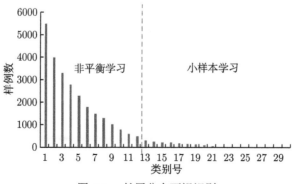

图 4.1　长尾分布可视识别

针对长尾识别问题, 包括开放环境长尾识别问题, 已有一些研究成果. 例如, Zhou 等 [139] 提出一种具有累积学习策略的双边分支网络, 可以极大地改善长尾识别的性能. Kang 等 [140] 提出一种解决长尾识别问题的解耦方法. 该方法首先联合特征学习和分类器学习, 然后使用类别平衡采样方法重新训练分类器获得平衡分类器. 这有助于模型更好地学习尾部类特征. Li 等 [141] 提出针对长尾可视识别问题的关键点敏感性损失函数, 取得了非常好的识别效果. Cui 等 [142] 提出基于残差学习的长尾识别方法. 该方法通过优化一个主分支以识别来自所有类别的图像, 另外两个残差分支逐步融合和优化, 分别增强来自中部类 + 尾部类和尾部类的图像. Li 等 [143] 提出基于集成学习的长尾识别方法. 该方法通过协同学习多个专家解决长尾识别问题. Xiang 等 [144] 提出一种从多个专家 (即分类器) 学习长尾识别规则的集成方法. 多个分类器是用多个平衡的数据子集训练得到的. 多个平衡的数据子集按自己的进度 (self-paced) 通过知识蒸馏抽样得到. 受深度学习强大学习能力的启发, 研究人员还提出解决长尾识别问题的另外两种方案. 一种方案是不改变原始数据的分布, 直接从非平衡长尾分布数据中学习判别能力强的特征 [145-149]. 采用的方法是将原始数据经深度神经网络通过损失函数 (如对比损失 [148,149]、间隔余弦损失 [145]、累积角间隔损失 [146]) 约束映射到特征空间的单位超球上, 使不同类别的样本均匀分布, 彼此分开. 另一种方案是将迁移学习的思想用于解决长尾识别问题 [150-152]. 其基本思路是用头部类数据预训练一个模型, 然后通过微调迁移到尾部类数据上. 从几篇长尾学习的综述论文 [72,135,136,153,154] 可以看出, 未来非平衡学习的研究趋势将是具有挑战性的深度长尾学习, 特别是最具挑战性的开放深度长尾学习.

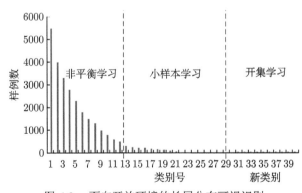

图 4.2　面向开放环境的长尾分布可视识别

4.2　基于代价敏感性学习的非平衡数据分类方法

4.2.1　代价敏感性学习基础

在分类框架下, 代价敏感性学习变为代价敏感性分类. 与经典分类算法不同,

代价敏感性分类 [155] 假设不同的错误分类代价是不同的. 这种假设与实际应用中的分类场景是吻合的. 例如, 在医疗疾病诊断中, 把一个有病的患者错误诊断 (分类) 为一个无病患者的代价比把一个无病患者错误分类为一个有病患者的代价要高得多. 因为前者会使患者错过最佳医疗时机, 甚至有生命危险, 而后者只是给无病患者带来精神上的紧张. 假设 $C(i,j)$ 表示把一个样例预测为第 i 类, 而其真实类别是第 j 类的代价, 那么对应 k 类分类问题, $C(i,j)$ 构成一个 $k \times k$ 的代价矩阵 C, 如表 4.1 所示. 对于两类分类问题, 正类用 $+1$ 表示, 负类用 -1 表示, 代价矩阵 C 退化为一个 2×2 的矩阵. 为方便描述, 表 4.2 中给出两类代价矩阵. 对于代价矩阵 C, 通常情况下 (但不一定), 假设当 $i=j$ 时, $C(i,j) = 0$, 即代价为零是合理的.

表 4.1　k 类分类问题的代价矩阵

预测类别	真实类别			
	1	2	$\cdots$	k
1	$C(1,1)$	$C(1,2)$	$\cdots$	$C(1,k)$
2	$C(2,1)$	$C(2,2)$	$\cdots$	$C(2,k)$
$\vdots$	$\vdots$	$\vdots$		$\vdots$
k	$C(k,1)$	$C(k,2)$	$\cdots$	$C(k,k)$

表 4.2　两类分类问题的代价矩阵

预测类别	真实类别	
	正类 ($+1$)	负类 (-1)
正类 ($+1$)	$C(+1,+1)$	$C(+1,-1)$
负类 (-1)	$C(-1,+1)$	$C(-1,+1)$

用代价敏感性方法解决分类问题时, 分类算法的性能在很大程度上依赖代价矩阵. 代价矩阵的设置对分类算法的训练和测试都至关重要. 设置代价过低不能有效调整分类边界, 而设置代价过高将丧失少数类的泛化能力. 针对具体的分类问题, 如何获得合适的代价矩阵呢? 常用的方法有两种, 一种方法是请领域专家人为确定, 这种方法的不足是显然的, 不同的专家可能有不同的看法, 专家给定的值自然也会不同; 另一种方法是通过启发式方法设置代价值或从训练数据中学习代价值.

最简单的启发式方法是利用非平衡比率 (imbalance ratio, IR), 即多数类样例数与少数类样例数的比, 直接估计代价 [133]. 令 $C(i,j) = \mathrm{IR}$ 和 $C(j,i) = 1$, 其中 i 和 j 分别表示多数类和少数类的类别标号. 显然, IR 越高, 分类越难, 付出的代价也越高. 在启发式方法中, IR 是绝对非平衡率, 用正类和负类中的样例总数进行度量. 这种方法的优点是简单易用, 计算效率高, 但不足也是显而易见的, 即只考虑非平衡率一个因素, 没有考虑影响非平衡数据分类算法性能的其他因素, 如类间重叠、小样本、类内子概念等问题. 实际上, 在分类问题中, 不同的样例对分类的贡献是不同的. 一般认为, 边界样例对分类的贡献大. 这在样例选择和支持向量机中已成为共识. 众所周知, 在支持向量机中, 最优分类超平面是由支持向量决定的, 而支持向量大都分布在分类边界附近. 基于这种思想, 可以对这种启发式方法进行改进, 用每一类样例的有效样本 [56] 数代替绝对样本数. 有效样本数可用式 (4.1) 计算, 即

$$E_{n_i} = \frac{1 - \beta^{n_i}}{1 - \beta}, \quad 1 \leqslant i \leqslant k \tag{4.1}$$

其中, n_i 为第 i 类的样例数; β 为超参数, 其合适的取值范围为 [0.70, 0.99].

此外, n_i 还可以用边界样例数 n_i' 替换, 那么如何定义一个样例是否是边界样例呢? 下面给出边界样例的定义.

定义 4.2.1 给定一个包含 k 类样例的数据集 S, 近邻参数 K, 阈值参数 λ. 对于 $\forall x \in S$, $N_K(x)$ 为 x 在 S 中的 K 个最近邻构成的集合, K' 是 $N_K(x)$ 中 x 的异类最近邻的个数. 如果 $K' \geqslant \lambda$, 那么称 x 为 S 的一个边界样例.

显然, 阈值参数 λ 比较合适的取值范围是 $\frac{K}{2} \leqslant \lambda < K$. 根据定义 4.2.1, 容易判断一个数据集 S 中的样例 x 是否为边界样例, 这样对于 S 中每一类的样例, 统计边界样例的个数 n_i', 代替式 (4.1) 中的 n_i 计算每一类的有效样例数, 然后用每一类的有效样例数计算代价 $C(i, j)$.

与基于 IR 的方法相比, 另一种更合理的方法是基于 ROC 的方法 [50]. 这种方法将 ROC 判据引入分类器的训练过程中. ROC 是一种非常适合代价敏感性学习的工具, 使用带有等性能线的 ROC 空间可以学习合适的代价矩阵的值. 第 2 章详细介绍了 ROC 曲线, 这里不再介绍基于 ROC 的代价敏感性矩阵的估计或学习方法. 有兴趣的读者可以参考文献 [156]、[157]. 此外, 在多类非平衡分类问题中, 可将 IR 扩展为非平衡因子. 下面给出非平衡因子的定义.

定义 4.2.2 给定一个包含 k 类样例的数据集 $S = S_1 \cup S_2 \cup \cdots \cup S_k$, 设 $|S_i| = n_i$, 数据集 S 的非平衡因子定义为

$$\delta = \frac{\max\{n_1, n_2, \cdots, n_k\}}{\min\{n_1, n_2, \cdots, n_k\}} \tag{4.2}$$

显然, 当 $k = 2$, 即 S 是一个两类数据集时, 非平衡因子 δ 退化为非平衡率 IR. 除了可以用非平衡因子 δ 刻画数据集的非平衡程度, 还可以用下面 3 个指标刻画 [135]. 这些指标都可以确定代价敏感性矩阵的值.

1) 标准偏差

定义 4.2.3　给定一个包含 k 类样例的数据集 $S = S_1 \cup S_2 \cup \cdots \cup S_k$, 设 $|S_i| = n_i, \bar{n} = \dfrac{1}{k} \sum\limits_{i=1}^{k} n_i$. 数据集 S 的标准偏差定义为

$$\sigma = \left[\frac{1}{k} \sum_{i=1}^{k} (n_i - \bar{n})^2 \right]^{\frac{1}{2}} \tag{4.3}$$

2) 均值-中位数比率

定义 4.2.4　给定一个包含 k 类样例的数据集 $S = S_1 \cup S_2 \cup \cdots \cup S_k$, 设 $|S_i| = n_i$, 数据集 S 的均值-中位数比率定义为

$$\gamma = \frac{\text{mean}(n_1, n_2, \cdots, n_k)}{\text{median}(n_1, n_2, \cdots, n_k)} \tag{4.4}$$

3) Gini 系数

定义 4.2.5　给定一个包含 k 类样例的数据集 $S = S_1 \cup S_2 \cup \cdots \cup S_k$, 设 $|S_i| = n_i$, 数据集 S 的 Gini 系数定义为

$$\delta = \frac{A}{A + B} \tag{4.5}$$

其中

$$A = 0.5 - B \tag{4.6a}$$

$$B = \frac{1}{k} \sum_{i=1}^{k} \frac{C_i + C_{i+1}}{2} \tag{4.6b}$$

$$C_i = \frac{1}{k} \sum_{j=1}^{i} n_j \tag{4.6c}$$

由此可以看出, $\delta \in (0, 1)$.

上述代价计算或估计是针对类层次而言的, 是一种粗粒度的计算方式. 对于样例层次的代价计算, 可采用如下思路.

(1) 基于距离异类中心的代价计算方法. 计算样例 $\boldsymbol{x}_i$ 到类别 $j(1 \leqslant j \leqslant k)$ 中心的距离 d_{ij}, 其值越小, 样例 $\boldsymbol{x}_i$ 被错误分类到类别 j 的风险越大. 这样可以用 d_{ij} 的倒数作为风险 (代价) 值.

(2) 基于异类近邻数的计算方法. 首先在整个数据集中计算样例 $\boldsymbol{x}_i$ 的 m 个最近邻, 然后统计每个异类 (和 $\boldsymbol{x}_i$ 属于不同类别) 的近邻数, 异类近邻数越多, 样

例 $\boldsymbol{x}_i$ 被错误分类到这个类的风险也越大. 这样, 可以用异类近邻数计算代价. 若某一个样例 $\boldsymbol{x}_i$ 的异类近邻数为 0, 那么 $\boldsymbol{x}_i$ 被错误分类的风险可以视为 0. m 是一个用户定义的参数. 显然, 其取值应大于类别数 k.

(3) 基于异类最近邻超球体积的方法. 计算样例 $\boldsymbol{x}$ 到每个异类的最近邻, 得到 $k-1$ 个异类最近邻超球, 超球越小, 样例 $\boldsymbol{x}$ 被错误分类到这个异类的风险也越大, 以异类最近邻超球的体积作为风险值.

对于给定的数据集, 代价敏感性矩阵确定后, 就可以用分类算法 (如支持向量机、神经网络、决策树) 对新样例进行代价敏感性分类了. 下面以两类分类问题为例, 介绍代价敏感性分类方法. 显然, 代价敏感性分类的原则应该是将样例分类为期望代价最低的那一类. 将样例 $\boldsymbol{x}$ 分类为第 i 类的期望代价 (或条件风险) $R(i|\boldsymbol{x})$ 可以表示为

$$\mathcal{R}(i|\boldsymbol{x}) = \sum_{j=1}^{k} P(j|\boldsymbol{x})C(i,j) \tag{4.7}$$

其中, $P(j|\boldsymbol{x})$ 为将样例 $\boldsymbol{x}$ 分类为第 j 类的后验概率.

对于两类分类问题, 代价敏感性分类器将把给定的样例 $\boldsymbol{x}$ 分类为正类, 当且仅当下面的条件满足, 即

$$\begin{aligned} &P(+1|\boldsymbol{x})C(-1,+1) + P(-1|\boldsymbol{x})C(-1,-1) \\ \leqslant\ &P(+1|\boldsymbol{x})C(+1,+1) + P(-1|\boldsymbol{x})C(+1,-1) \end{aligned} \tag{4.8}$$

式 (4.8) 等价于

$$\begin{aligned} &P(+1|\boldsymbol{x})(C(-1,+1) - C(+1,+1)) \\ \leqslant\ &P(-1|\boldsymbol{x})(C(+1,-1) - C(-1,-1)) \end{aligned} \tag{4.9}$$

在假设 $C(+1,+1) = C(-1,-1) = 0$ 的前提下, 一个代价敏感性分类器将把给定的样例 $\boldsymbol{x}$ 分类为正类, 当且仅当

$$P(+1|\boldsymbol{x})C(-1,+1) \leqslant P(-1|\boldsymbol{x})C(+1,-1) \tag{4.10}$$

根据 $P(+1|\boldsymbol{x}) = 1 - P(-1|\boldsymbol{x})$, 如果 $P(-1|\boldsymbol{x}) \geqslant P^*$, 那么可以获得阈值 P^*, 将一个样例 $\boldsymbol{x}$ 分为正类, 即

$$P^* = \frac{C(-1,+1)}{C(-1,+1) - C(+1,-1)} \tag{4.11}$$

4.2.2 代价敏感性支持向量机

代价敏感性支持向量机 [124] 是对支持向量机的改造, 以使其适应非平衡数据分类. 我们知道, 在支持向量机模型中有一个惩罚参数 C, 代价敏感性支持向量机就是将支持向量机中的惩罚参数 C 修改为代价敏感性参数得到的. 该算法的难度不大, 也容易理解.

代价敏感性支持向量机使用代价矩阵为每个类分配单独的错误分类代价, 修改后的支持向量机模型变为

$$\min_{\boldsymbol{w},b,\boldsymbol{\xi}} \left(\frac{1}{2}\boldsymbol{w}\cdot\boldsymbol{w} + C^+ \sum_{i|y_i=+1}^{n} \xi_i + C^- \sum_{i|y_i=-1}^{n} \xi_i \right) \tag{4.12}$$
$$\text{s.t.} \mathop{\forall}_{1\leqslant i\leqslant n} \mathop{\forall}_{\xi_i\geqslant 0} y_i(\boldsymbol{w}\cdot\varnothing(\boldsymbol{x}_i)+b) \geqslant 1-\xi_i$$

其中, $C^+ = C(-1,+1)$; $C^- = C(+1,-1)$.

式 (4.12) 的对偶形式为

$$\max_{\alpha_i} \left(\sum_{i=1}^{n}\alpha_i - \frac{1}{2}\sum_{i=1}^{n}\sum_{j=1}^{n}\alpha_i\alpha_j y_i y_j K(\boldsymbol{x}_i,\boldsymbol{x}_j) \right) \tag{4.13}$$
$$\text{s.t.} \mathop{\forall}_{1\leqslant i\leqslant n} \mathop{\forall}_{0\leqslant\alpha_i^+\leqslant C^+} \mathop{\forall}_{0\leqslant\alpha_i^-\leqslant C^-} \sum_{i=1}^{n} y_i\alpha_i = 0$$

对于给定的两类非平衡数据问题, 求解模型 (4.13) 即可实现两类非平衡数据的分类. 因为模型 (4.13) 的求解过程, 以及用求解得到分类超平面对数据分类的过程和经典支持向量机完全相同, 这里不再赘述.

4.2.3 代价敏感 Boosting 算法

Boosting 算法是一类著名的集成学习算法, 其中影响最大的是 AdaBoost 算法. 该算法是一种基于样例加权的迭代算法, 在迭代学习过程中, 动态地对样例进行加权. AdaBoost 算法的加权策略是增加错误分类样本的权重, 减少正确分类样本的权重, 直到错误分类样本和正确分类样本之间的加权样本呈均匀分布. 为了叙述方便, 下面给出 AdaBoost 算法的伪代码 (算法 4.1).

AdaBoost 算法是针对类别平衡数据分类设计的, 没有考虑非平衡数据分类问题. AdaBoost 算法加权策略是对不同类别的错误分类样本的权重以同样的比例增加, 对不同类别的正确分类样本的权重以同样的比例减少. 显然, 这种加权策略不适应非平衡数据分类. 针对非平衡数据分类的一个理想的加权策略是能够区分不同类别的样本, 并对少数类样本增加更大的权重. 代价敏感 Boosting 算法 [125]

就是通过引入代价敏感项直接改造 AdaBoost 算法得到的. 代价敏感性 Boosting 算法是如何修改 AdaBoost 算法来适应非平衡数据分类呢? 容易想到, 肯定是从样例加权入手, 将代价敏感项引入 AdaBoost 算法. 具体地, 有 3 种不同的加权方式, 或者说 3 种不同的修改方式.

算法 4.1: AdaBoost 算法

1 输入: 训练集 $D = \{(\boldsymbol{x}_i, y_i) | \boldsymbol{x}_i \in \mathbf{R}^d, y_i \in Y\}$, $Y = \{-1, +1\}$, $i = 1, 2, \cdots, n$.

2 输出: 最终分类器 $H(\boldsymbol{x})$.

3 初始化 $D^1(i) = \dfrac{1}{n}$;

4 for $(t = 1; t \leqslant T; t = t + 1)$ **do**

5   利用分布 D^t 训练基本分类器 $h_t \to Y$;

6   选择权值更新参数 $\alpha_t = \dfrac{1}{2} \log \left(\dfrac{\sum\limits_{i, y_i = h_t(\boldsymbol{x}_i)} D^t(i)}{\sum\limits_{i, y_i \neq h_t(\boldsymbol{x}_i)} D^t(i)} \right)$;

7   更新并规范化样本权, 即

$$D^{t+1}(i) = \frac{D^t(i)\exp(-\alpha_t h_t(\boldsymbol{x}_i) y_i)}{Z_t}$$

   // Z_t 是规范化因子;

8   输出最终分类器, 即

$$H(\boldsymbol{x}) = \text{sign}\left(\sum_{t=1}^{T} \alpha_t h_t(\boldsymbol{x}) \right)$$

9 end

---

(1) 加权方式 1.

$$D^{t+1}(i) = \frac{D^t(i)\exp(-\alpha_t C_i h_t(\boldsymbol{x}_i) y_i)}{Z_t} \tag{4.14}$$

(2) 加权方式 2.

$$D^{t+1}(i) = \frac{C_i D^t(i)\exp(-\alpha_t h_t(\boldsymbol{x}_i) y_i)}{Z_t} \tag{4.15}$$

(3) 加权方式 3.

$$D^{t+1}(i) = \frac{C_i D^t(i)\exp(-\alpha_t C_i h_t(\boldsymbol{x}_i) y_i)}{Z_t} \tag{4.16}$$

对应 3 种改进, 可以设计 3 个代价敏感性 Boosting 算法, 即 AdaC1、AdaC2 和 AdaC3[125]. 它们的权参数更新公式如下.

(4) AdaC1 算法的权参数更新公式.

$$\alpha_t = \frac{1}{2} \log \left(\frac{1 + \sum\limits_{i, y_i = h_t(\boldsymbol{x}_i)} C_i D^t(i) - \sum\limits_{i, y_i \neq h_t(\boldsymbol{x}_i)} C_i D^t(i)}{1 - \sum\limits_{i, y_i = h_t(\boldsymbol{x}_i)} C_i D^t(i) + \sum\limits_{i, y_i \neq h_t(\boldsymbol{x}_i)} C_i D^t(i)} \right) \tag{4.17}$$

(5) AdaC2 算法的权参数更新公式.

$$\alpha_t = \frac{1}{2} \log \left(\frac{\sum\limits_{i, y_i = h_t(\boldsymbol{x}_i)} C_i D^t(i)}{\sum\limits_{i, y_i \neq h_t(\boldsymbol{x}_i)} C_i D^t(i)} \right) \tag{4.18}$$

(6) AdaC3 算法的权参数更新公式.

$$\alpha_t = \frac{1}{2} \log \left(\frac{\sum\limits_{i} C_i D^t(i) + \sum\limits_{i, y_i = h_t(\boldsymbol{x}_i)} C_i^2 D^t(i) - \sum\limits_{i, y_i \neq h_t(\boldsymbol{x}_i)} C_i^2 D^t(i)}{\sum\limits_{i} C_i D^t(i) - \sum\limits_{i, y_i = h_t(\boldsymbol{x}_i)} C_i^2 D^t(i) + \sum\limits_{i, y_i \neq h_t(\boldsymbol{x}_i)} C_i^2 D^t(i)} \right) \tag{4.19}$$

4.3　基于深度学习的非平衡图像数据分类方法

深度学习模型可以看作由 2 个子模型构成, 即特征学习 (也称表示学习) 子模型和面向下游任务的子模型. 在计算机视觉领域, 下游任务包括图像分类 (也称识别)、图像分割、对象检测和对象跟踪. 从深度学习模型的构成可以看出, 为了更好地完成下游任务, 特征学习子模型的性能起着至关重要的作用. 换句话说, 特征学习得好可以为出色地完成下游任务提供保障. 从数学的角度讲, 用深度学习方法解决非平衡图像分类问题的通用策略是基于数学变换的思想, 即用深度神经网络将图像从原空间变换到特征空间, 使图像在特征空间中的表示能满足某种期望的性质, 例如, 在原空间分布不均匀的数据在特征空间中呈均匀分布; 在学习过程中, 将注意力更多地放在少数类数据或尾部类数据上. 总而言之, 就是对图像变换施加某种约束, 使变换按照期望进行. 本节介绍 3 种面向非平衡图像数据分类的深度表示学习方法.

4.3.1　针对非平衡图像数据的深度表示学习

这种方法直接从非平衡图像数据中学习好的特征 [158], 使学习的特征对多数类和少数类都有好的表示能力. 好的特征是指便于完成非平衡图像分类的特征. 在非平衡图像数据中, 少数类图像样本少, 但是这些样本具有高视觉可变性. 少数类图像的样本稀缺性和高视觉可变性容易使其真实近邻被其他假邻居侵扰. 这种

方法的基本思想是寻找一种变换来减轻或消除这种侵扰. 通俗地说, 对于给定的非平衡图像数据集, 目标就是学习 (或寻找) 一个从原图像空间到特征空间 $\mathbf{R}^d$ 的变换 $f: \boldsymbol{x} \to f(\boldsymbol{x})$, 使通过这种变换学到的特征不但具有好的可区别性, 而且类别分布没有不平衡性. 换句话说, 图像变换到特征空间后, 不但类别之间具有好的可分离性, 而且类别分布是均匀的. 为了使变换容易求解, 需要对变换施加约束, 将图像对象变换到特征空间 $\mathbf{R}^d$ 中的一个超球上, 即满足条件 $||f(\boldsymbol{x})||_2 = 1$.

接下来要解决的问题变为用什么手段实现这种变换? 采用的基本思想是什么? 处理图像数据首选 CNN, 基本思想是通过一种五元组 (quintuplet) 抽样方案消除数据的非平衡性, 用三头铰链损失约束图像变换实现期望目标. 实现这一思想的基本框架或技术路线示意图如图 4.3 所示 [158].

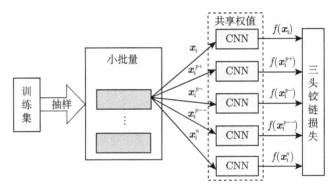

图 4.3   技术路线示意图

五元组是这种方法的核心概念.

定义 4.3.1   一个五元组由 5 个元素构成, 记为 $(\boldsymbol{x}_i, \boldsymbol{x}_i^{p+}, \boldsymbol{x}_i^{p-}, \boldsymbol{x}_i^{p--}, \boldsymbol{x}_i^{n})$, 其中 $\boldsymbol{x}_i$ 是一个锚点图像, 即参照点图像; $\boldsymbol{x}_i^{p+}$ 表示锚点簇内最远的近邻; $\boldsymbol{x}_i^{p-}$ 表示锚点类内最近的近邻, 但来自不同的簇; $\boldsymbol{x}_i^{p--}$ 表示锚点类内最远的近邻; $\boldsymbol{x}_i^{n}$ 表示锚点类间最近的近邻.

五元组是在三元组 $(\boldsymbol{x}_i, \boldsymbol{x}_i^{p+}, \boldsymbol{x}_i^{n})$ 的基础上扩展而来的. 三元组和五元组概念示意图如图 4-4 所示 [158]. 这可以看作不同粒度层次上的概念, 三元组是类层次上的概念, 而五元组是簇 (聚类) 层次上的概念. 在一个类内有若干个簇 (聚类), 可以看作把一个父类划分成若干个子类. 父类和子类之间构成一种层次关系. 实际上, 无论是三元组, 还是五元组, 都可以看作对比学习 [159,160] 中样本对概念的扩展. 另外, 三头铰链损失也可以看作受对比学习中对比损失的启发提出的. 关于对比损失, 有兴趣的读者可参考 2.3 节, 也可以参考文献 [161].

从图 4.3 容易看出, 我们期望在特征空间 (也称嵌入空间) 中保持以下关系,

即

$$D(f(\boldsymbol{x}_i), f(\boldsymbol{x}_i^{p+})) < D(f(\boldsymbol{x}_i), f(\boldsymbol{x}_i^{p-}))$$
$$< D(f(\boldsymbol{x}_i), f(\boldsymbol{x}_i^{p--})) \tag{4.20}$$
$$< D(f(\boldsymbol{x}_i), f(\boldsymbol{x}_i^{n}))$$

其中, $D(f(\boldsymbol{x}_i), f(\cdot)) = \|f(\boldsymbol{x}_i) - f(\cdot)\|_2^2$, 即特征空间中的距离度量.

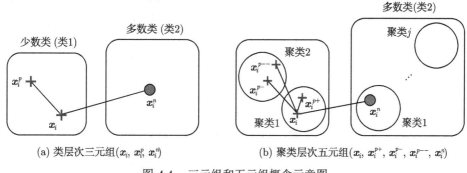

(a) 类层次三元组 $(\boldsymbol{x}_i, \boldsymbol{x}_i^p, \boldsymbol{x}_i^n)$　　　(b) 聚类层次五元组 $(\boldsymbol{x}_i, \boldsymbol{x}_i^{p+}, \boldsymbol{x}_i^{p-}, \boldsymbol{x}_i^{p--}, \boldsymbol{x}_i^n)$

图 4.4　三元组和五元组概念示意图

说明: 为了消除类别不平衡对学习的影响, 保证所有类别的数据学习机会均等, 在每一个小批次的学习中, 采样的五元组要求来自同等数量的少数类和多数类样本.

三头铰链损失用来约束四个距离之间的三个间隔 (margin), 因此可以定义如下目标函数, 即

$$\min \sum_i (\varepsilon_i, \tau_i, \sigma_i) + \lambda \|\boldsymbol{W}\|_2^2$$

s.t.

$$\max(0, g_1 + D(f(\boldsymbol{x}_i), f(\boldsymbol{x}_i^{p+})) - D(f(\boldsymbol{x}_i), f(\boldsymbol{x}_i^{p--}))) \leqslant \varepsilon_i$$
$$\max(0, g_2 + D(f(\boldsymbol{x}_i), f(\boldsymbol{x}_i^{p-})) - D(f(\boldsymbol{x}_i), f(\boldsymbol{x}_i^{p-}))) \leqslant \tau_i \tag{4.21}$$
$$\max(0, g_3 + D(f(\boldsymbol{x}_i), f(\boldsymbol{x}_i^{p--})) - D(f(\boldsymbol{x}_i), f(\boldsymbol{x}_i^{n}))) \leqslant \sigma_i$$
$$\forall i, \varepsilon_i \geqslant 0; \tau_i \geqslant 0; \sigma_i \geqslant 0$$

其中, ε_i、τ_i、σ_i 为松弛变量; g_1、g_2、g_3 为三个间隔; $\boldsymbol{W}$ 为 $f(\cdot)$ 的模型参数; λ 为正则化参数.

在理想情况下, 不同聚类应该成为小的近邻集合, 而且彼此之间具有安全间隔, g_1、g_2 是同一个类的聚类之间最大的间隔, g_3 是类与类之间的间隔. 三种间隔 (g_1, g_2, g_3) 的几何示意图如图 4.5 所示 [158].

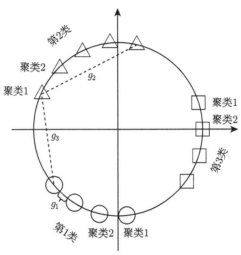

图 4.5　三种间隔 (g_1, g_2, g_3) 的几何示意图

针对非平衡图像数据的深度表示学习方法是一种迭代算法. 该算法要经过多轮学习才能达到期望的目标. 算法包括以下步骤.

(1) 在上一轮迭代变换得到的特征空间中, 对每一类样例用 K-均值算法进行聚类. 第一轮变换用预训练模型进行变换.

(2) 构造五元组, 将五元组组织成一个表存储起来.

(3) 在每个类中平均重复抽取小批量样本, 并从存储五元组的表中取出相应的五元组, 输入网络, 训练 CNN.

(4) 利用式 (4.21) 计算三头铰链损失.

(5) 利用反向传播算法更新 CNN 的参数.

(6) 每训练若干轮 (如 5000 轮) 后, 在 (1)、(2) 和 (3)~(5) 交替进行, 直至算法收敛.

4.3.2　针对长尾识别的目标监督对比学习

在计算机视觉应用中, 为了使深度神经网络具有更好的学习能力, 通常需要大量的标注数据训练这些深度学习模型. 但是, 现实世界中缺乏大量的标注数据, 为了避免标注大规模数据集带来的高成本, 作为无监督学习的一个子领域, 自监督学习 [160,162] 应运而生. 自监督学习能够在不使用任何人工标注标签的情况下, 从大规模无标记数据中学习好的特征. 自监督学习是最近几年的热门研究方向, 而对比学习[159,160] 是自监督学习中常用的学习模式. 本节介绍一种针对长尾识别的目标监督对比学习方法[163].

这种方法的基本思想也是将图像数据从原空间变换到特征空间的超球上, 要求特征空间不同类别的数据围绕在本类的中心, 而且不同类别的中心在超球上均匀分布, 从而提高不同类别的数据在特征空间中的可分性. 它与上一节介绍方法的不同点体现在两方面, 即应用场景不同, 本节处理的是服从长尾分布的图像数据集; 实现的机制不同, 本节用监督对比学习实现. 以二维三类问题为例, 针对长尾识别的目标监督对比学习技术路线如图 4.6 所示[163].

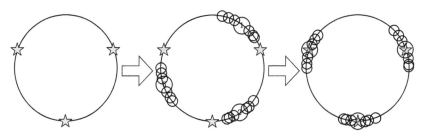

图 4.6　针对长尾识别的目标监督对比学习技术路线

从图 4.6 可以看出, 针对长尾识别的目标监督对比学习方法包括三步.

1) 生成目标点

在特征空间的单位超球上, 生成 k 个类别均匀分布的目标点, 使这些目标点彼此之间距离最远. 计算这些目标点的最佳位置不需要访问训练数据, 只需要知道类别的数量和特征空间的维数. 从最优化的观点, 根据一致性损失 (uniformity loss)[164], k 个目标点的最佳位置 $\{\boldsymbol{t}_i^*\}_{i=1}^k$ 是下列优化问题的解, 即

$$
\begin{aligned}
& \underset{\{\boldsymbol{t}_i\}_{i=1}^k}{\operatorname{argmin}} \mathcal{L}_u\left(\{\boldsymbol{t}_i\}_{i=1}^k\right) \\
& \text{s.t.} \quad \|\boldsymbol{t}_i\|_2 = 1, \quad 1 \leqslant i \leqslant k
\end{aligned}
\tag{4.22}
$$

其中

$$
\mathcal{L}_u\left(\{\boldsymbol{t}_i\}_{i=1}^k\right) = \frac{1}{k}\sum_{i=1}^k \log\left(\sum_{j=1}^k e^{\frac{t_i^{\mathrm{T}}\cdot t_j}{\tau}}\right)
\tag{4.23}
$$

需要注意的是, 当超球的维数 d 不够大, 如 $d < k-1$ 时, 计算上述优化问题的解析解将变得非常困难. 因此, 可用 $\mathcal{L}_u$ 的梯度下降计算 k 个目标点的最佳位置 $\{\boldsymbol{t}_i^*\}_{i=1}^k$. 当 $d \geqslant k-1$ 时, 用梯度下降方法求得的解和优化问题 (4.22) 的解析解是相同的.

2) 类中心与目标点对齐

目标点确定后, 就需要匹配目标点和类中心点. 一种简单的方法是随机匹配, 即将类中心随机分配到目标点. 这种随机匹配可能违背语义相似性原则. 因为在超球上, 有些目标点可能彼此距离很近, 而有些则距离较远. 特别是, 当类别数很大时, 这种情况会时常发生. 理想的匹配应该将语义彼此接近的类分配到同样彼此接近的目标点. 然而, 很难准确地量化两个类之间的语义相似程度. 一种可行的策略是启发式算法, 在保留特征空间语义结构的同时, 找到一个好的匹配方式. 具体地, 在训练过程中, 每次迭代后使用匈牙利算法找到更好的匹配, 使目标点与分配给它们的类中心之间的距离最小, 即

$$\{\sigma_i^*\}_i = \underset{\{\sigma_i\}_i}{\arg\min} \frac{1}{k} \sum_{i=1}^{k} ||\boldsymbol{t}_{\sigma_i} - \boldsymbol{c}_i|| \tag{4.24}$$

其中

$$\boldsymbol{c}_i = \frac{\sum\limits_{\boldsymbol{v}_j \in F_i} \boldsymbol{v}_j}{\left\| \sum\limits_{\boldsymbol{v}_j \in F_i} \boldsymbol{v}_j \right\|} \tag{4.25}$$

其中, F_i 为第 i 类的特征集合.

3) 目标监督对比损失

目标监督对比损失是对比损失的改进. 给定包含 n 个样本的训练集 $D = \{(\boldsymbol{x}_i, y_i) | \boldsymbol{x}_i \in X; y_i \in Y = \{1, 2, \cdots, k\}\}$, 设 $\boldsymbol{v}_i$ 为 $\boldsymbol{x}_i$ 在特征空间单位超球 S^{d-1} 上的特征, $\tilde{v}_i$ 是 $\boldsymbol{x}_i$ 增广对应的特征, 定义 $V_i = \{\boldsymbol{v}_j\}_{j=1}^n - \{\boldsymbol{v}_i\}$, $V_{i,m}^+ \subseteq V_i$ 是 $\boldsymbol{v}_i$ 从 $\{\boldsymbol{v}_j \in V_i | y_j = y_i\}$ 均匀抽样得到的包含 m 个特征的正集合. 令 $\tilde{V}_i = \{\tilde{v}_i\} \cup V_i$, $\tilde{V}_{i,m}^+ = \{\tilde{v}_i\} \cup V_{i,m}^+$, 目标监督对比损失 $\mathcal{L}_{\text{TSC}}$ 定义为

$$\mathcal{L}_{\text{TSC}} = -\frac{1}{n} \sum_{i=1}^{n} \left(\frac{1}{m+1} \sum_{\boldsymbol{v}_j^+ \in \tilde{V}_{i,m}^+} \log \left(\frac{\mathrm{e}^{\boldsymbol{v}_i^{\mathrm{T}} \cdot \boldsymbol{v}_j^+ / \tau}}{\sum\limits_{\boldsymbol{v}_j \in \tilde{V}_i \cup U} \mathrm{e}^{\boldsymbol{v}_i^{\mathrm{T}} \cdot \boldsymbol{v}_j / \tau}} \right) \right.$$

$$\left. + \lambda \log \left(\frac{\mathrm{e}^{\boldsymbol{v}_i^{\mathrm{T}} \cdot \boldsymbol{c}_j^* / \tau}}{\sum\limits_{\boldsymbol{v}_j \in \tilde{V}_i \cup U} \mathrm{e}^{\boldsymbol{v}_i^{\mathrm{T}} \cdot \boldsymbol{v}_j / \tau}} \right) \right) \tag{4.26}$$

其中, $U = \{\boldsymbol{t}_i^*\}_{i=1}^k$ 为已确定的目标点集合; $\boldsymbol{c}_j^* = \boldsymbol{t}_{\sigma_{y_i}^*}^*$ 为对应类匹配的目标点.

注意: $\mathcal{L}_{\text{TSC}}$ 由两种损失构成, 第 1 种损失是标准的对比损失 [164], 第 2 种损失是目标点和批次样本之间的对比损失. 第 2 种损失使样本更接近其类的目标点,

远离其他类的目标点. $\mathcal{L}_{\mathrm{TSC}}$ 使各类投影与分配的目标点对齐, 同时将目标点均匀地分布在超球上, 从而有利于完成长尾识别任务 [163].

4.3.3 针对长尾识别的深度嵌入和数据增广学习方法

用深度学习方法直接从长尾分布图像数据中学习特征时, 在深度特征空间, 头部类和尾部类的数据呈现不同的分布模式. 头部类数据具有较大的空间跨度, 尾部类数据具有明显较小的空间跨度. 其原因是尾部类数据缺乏类内多样性. 长尾数据的类内多样性可以通过特征与对应类中心之间的夹角来定量刻画, 对应尾部类的夹角方差较小, 而且每类的样本数是影响方差大小的主要因素 [69]. 基于这一发现, 可通过将头部类的类内角分布转移到特征空间的尾部类来解决类内多样性差的问题. 具体地, 首先计算头部类特征与其对应的类中心之间的角度分布, 通过平均所有头部类的角度方差, 得到头部类的总体方差. 然后, 将头部类的方差转移到尾部类, 实现尾部类与头部类相似的类内角分布. 为实现此目标, 对每个尾部类样例在深度特征空间中添加某些扰动, 实现对尾部类数据的增广, 缓解尾部类在特征空间的失真.

解决长尾识别问题, 除了重采样和重加权两种方法, 数据增广无疑是一种有效的方法. 这是因为与头部类相比, 尾部类样本少. 在深度学习中, 数据增广包括基于生成模型的方法和基于迁移学习 [165,166] 的方法. 基于生成模型的方法主要是基于生成对抗网络和变分自动编码器的方法 [81,167]. 基于迁移学习的方法大都是近几年提出的, 还相对较少. 在长尾识别中, 如果每个尾部类只有很少的一些样例 (少于 20), 那么尾部类学习实际上可以看作一个小样本学习 (few-shot learning). 小样本学习是一个更具挑战性的学习问题. 文献 [168] 将这种情形的长尾识别问题看作迁移学习问题处理, 率先将迁移学习用于解决长尾识别问题, 将从数据丰富的头部类学习的知识迁移到数据匮乏的尾部类. 其实现思路是将迁移元知识编码为神经网络参数, 并采用从头部到躯干 (body), 再到尾部类逐渐迁移的策略. 文献 [169] 和 [170] 将头部类学习到的语义知识迁移到尾部类进行补偿, 使尾部类的数据分布与头部类相似. 文献 [171] 将从数据丰富的头部类中获得的知识迁移到语义相似但数据缺乏的尾部类中, 以获得更好的尾部类表示.

不同于上面这些方法, 基于深度嵌入和数据增广长尾识别方法是将特征空间中头部类的角分布迁移到尾部类. 这种方法的技术路线如图 4.7 所示 [69].

基于深度嵌入和数据增广长尾识别方法包括以下步骤.

(1) 将头部类数据和尾部类数据输入深度神经网络学习特征.

(2) 在特征空间中, 分别计算头部类和尾部类特征与对应类中心的夹角分布 θ_h 和 θ_t.

(3) 将头部类的角方差迁移到尾部类. 迁移通过在原尾部类角分布 θ_t 的基础

上增加一个额外的分布 $\theta_\triangle$.

(4) 使用头部类数据和新尾部类数据计算损失.

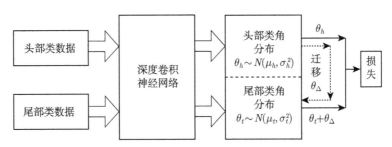

图 4.7　基于深度嵌入和数据增广长尾识别方法的技术路线

假设头部类和尾部类的角分布服从高斯分布 $\theta_h \sim N(\mu_h, \sigma_h^2)$ 和 $\theta_t \sim N(\mu_t, \sigma_t^2)$. 将从头部类学到的角方差转移到尾部类, 使尾部类的类内角度多样性与头部类相似. 具体地, 围绕每个尾部类样例构建特征云, 以实现数据增广. 它们之间的夹角是 $\theta_\triangle = N(0, \sigma_h^2 - \sigma_t^2)$. 通过变换, 在训练过程中构造新的尾部类类内角分布, 即 $\theta_t + \theta_\triangle$. 它服从的概率分布为 $N(\mu_t, \sigma_h^2)$. 利用头部类的原始特征和尾部类的重构特征计算损失时, 采用的基准损失是 CosFace 损失 [68] 和 ArcFace 损失 [70]. CosFace 损失通过引入余弦间隔最大化角空间的决策间隔, 使类内距离最小化、类间距离最大化. CosFace 损失函数的定义为

$$L_1 = -\frac{1}{m} \sum_{i=1}^{m} \log \frac{e^{s(\cos(\theta_{y_n}) - m_c)}}{e^{s(\cos(\theta_{y_n}) - m_c)} + \sum_{j \neq y_n}^{k} e^{s \cos(\theta_j)}} \tag{4.27}$$

其中, m 为小批量的大小; k 为类别数; y_n 为第 n 个样本的类标; m_c 为控制余弦间隔幅度超参数.

设第 n 个样本的特征向量为 f_n, 类别 y_n 的权向量为 w_n, θ_{y_n} 是两个向量的夹角, 对这两个向量进行 L_2 归一化, s 为归一化因子.

ArcFace 使用了附加的角边际损失, 其定义为

$$L_2 = -\frac{1}{m} \sum_{i=1}^{m} \log \frac{e^{s(\cos(\theta_{y_n} + m_a))}}{e^{s(\cos(\theta_{y_n} + m_a))} + \sum_{j \neq y_n}^{k} e^{s \cos(\theta_j)}} \tag{4.28}$$

其中, m_a 为可加角度间隔惩罚项.

基于深度嵌入和数据增广长尾识别方法的损失函数是在这两个损失函数的基

础上改进而来, 定义为

$$L_3 = -\frac{1}{m}\sum_{i=1}^{m}\log \frac{\mathrm{e}^{s(\cos(\theta_{y_n}+\alpha_y)-m_c)}}{\mathrm{e}^{s(\cos(\theta_{y_n}+\alpha_y)-m_c)}+\sum\limits_{j\neq y_n}^{k}\mathrm{e}^{s\cos(\theta_j+\alpha_y)}} \tag{4.29}$$

和

$$L_4 = -\frac{1}{m}\sum_{i=1}^{m}\log \frac{\mathrm{e}^{s(\cos(\theta_{y_n}+\alpha_y+m_a))}}{\mathrm{e}^{s(\cos(\theta_{y_n}+\alpha_y+m_a))}+\sum\limits_{j\neq y_n}^{k}\mathrm{e}^{s\cos(\theta_j+\alpha_y)}} \tag{4.30}$$

比较式 (4.27) 和式 (4.29) 可以发现, 式 (4.27) 中的 θ_{y_n} 在式 (4.29) 中替换成 $\theta_{y_n}+\alpha_y$; 比较式 (4.28) 和式 (4.30) 可以发现, 式 (4.28) 中的 $\theta_{y_n}+m_a$ 在式 (4.30) 中替换成 $\theta_{y_n}+m_a+\alpha_y$. 其中, α_y 可以看作是迁移因子. 显然, 如果 y_n 是头部类, 那么 $\alpha_y=0$. 随着训练的进行, 尾部类与头部类一样具有丰富的角度多样性.

下面介绍如何利用改进的损失函数学习类内角分布. 设 c_i 表示第 i 类中心的特征, f_i^j 表示第 i 类第 j 个样例的特征. c_i 与 f_i^j 具有相同的维度, 因此可以用式 (4.31) 计算它们之间的夹角, 即

$$\beta_{i,j} = \arccos\left(\frac{f_i^j\cdot c_i}{\|f_i^j\|\times\|c_i\|}\right) \tag{4.31}$$

为了避免一些错误标记的样本的误导, 设置一个中心学习率 γ 来更新类中心, 用式 (4.32) 更新 c_i, 即

$$c_i^l = (1-\gamma)c_i^l + \gamma_i^{l-1} \tag{4.32}$$

其中, c_i^l 为第 l 个小批次中第 i 类的中心.

下面简要说明尾部类样例特征云的构造. 将所有头部类的方差和均值求平均, 可以得到头部类的总体方差和均值, 即

$$\mu_h = \frac{\sum\limits_{p=1}^{k_h}\mu_p}{k_h} \tag{4.33}$$

$$\sigma_h^2 = \frac{\sum\limits_{p=1}^{k_h}\sigma_p^2}{k_h} \tag{4.34}$$

其中, k_h 为头部类的数量; μ_p 和 σ_p^2 为第 p 个头部类的角均值和方差.

　　类似地,可以得到每个尾部类的类中心. 第 q 个尾部类的角度分布记为 $N(\mu_t^q,$ $(\sigma_t^q)^2)$. 对于头部类, 它们包含足够的样本来显示类内的角多样性. 一般来说, σ_h 大于 σ_t, 自然目标是将 σ_h^2 转移到每个尾部类, 可以围绕第 q 个尾部类的每个样例在特征空间构造一个特征云, 以完成数据增广. 实际上, 在训练过程中, 对特征云采样的特征与权重之间的夹角 θ' 进行近似. 当 $\alpha > 0$ 时, 通过 θ' 的上界逼近它; 当 $\alpha \leqslant 0$ 时, 通过 θ' 的下界逼近它.

第 5 章　集成学习方法

与前两章介绍的数据级方法和算法级方法相比, 集成方法是一种更有效的非平衡数据分类方法. 集成方法的关键是如何构造用于集成的基本分类器. 这一问题又可以归结为如何构造用于训练基本分类器的平衡训练集. 解决这一问题通常要和数据级方法相结合, 采用抽样技术构造平衡训练集. 本章首先概要介绍集成方法, 然后介绍 SMOTEBoost 算法, 最后介绍我们提出的 3 种算法.

5.1　集成学习方法概述

集成学习用于非平衡数据分类时, 经常和数据级的采样方法结合使用. 因为数据级的采样方法包括上采样和下采样两种, 所以可以将非平衡数据分类的集成方法分为与上采样结合的集成方法和与下采样结合的集成方法.

1. 与上采样结合的集成方法

这类方法一般先用上采样技术对少数类 (正类) 样例进行上采样, 以降低数据集的非平衡程度. 例如, Chen 等 [172] 提出一种两阶段非平衡数据集成分类方法. 在第一个阶段, 它在训练样本的局部域生成合成样本, 并用原始训练样本和合成邻域样本训练基本分类器. 在第二个阶段, 集成基本分类器对不平衡数据进行分类. 该方法能够提升基本分类器的多样性, 较好地解决不平衡问题. Chawla 等 [118] 将 SMOTE 算法与 Boosting 算法相结合, 提出 SMOTEBoost 算法来提高 Boosting 过程中少数类样例的预测精度. Lim 等 [173] 设计了一种基于进化聚类的上采样集成方法. Ren 等 [174] 提出一种基于集成的自适应上采样不平衡数据分类方法, 并将其用于微动脉瘤的计算机辅助检测. Li 等 [175] 利用 Wiener 过程上采样技术对不平衡数据进行分类, 并结合集成学习提出 WPOBoost 算法. Abdi 等 [176] 将基于距离的 Mahalanobis 上采样技术与 Boosting 算法结合, 提出了多类不平衡数据的 MDOBoost 算法. Huang 等 [177] 针对不平衡图像分类提出一种基于条件图像生成的集成方法. 该方法使用生成对抗网络进行上采样.

2. 与下采样结合的集成方法

这类方法通过下采样技术对多数类 (负类) 样例进行下采样, 降低数据集的非平衡程度. 例如, Liu 等 [178] 提出两种基于下采样的集成方法, 即 EasyEnsemble 和 BalanceCascade. EasyEnsemble 从多数类中随机抽样 l 个子集作为训练集, 训练 l 个基分类器, 并将 l 个分类器的输出进行融合. BalanceCascade 按顺序训练分类器, 在每一步删除被分类器正确分类的多数类样例. Seiffert 等 [179] 提出一种更简单、更快的非平衡集成数据分类方法 (RUSBoost). 它结合了随机下采样和 Boosting 算法. Galar 等 [180] 对 RUSBoost 算法进行了改进, 提出 EUSBoost 算法. 它将进化下采样与 Boosting 算法相结合. 具有比 RUSBoost 更高的基分类器性能. Sun 等 [181] 提出一种划分平衡集成方法来解决类不平衡问题. 该方法将多数类集合随机划分为几个与少数类集合大小相同的子集. 每个子集与少数类样例合并得到平衡子集. 然后, 在这些平衡子集上训练基本分类器. 基本分类器的输出使用组合规则进行集成. 显然, 这种方法对于高度不平衡的数据集会产生欠拟合现象. Chen 等 [182] 提出一种基于距离的平衡集成方法, 适合高度不平衡的数据集分类. 该方法将高度不平衡的数据集划分为多个不平衡的子集. 每个子集使用自适应半监督加权上采样方法获得平衡子集, 并在平衡的子集上训练用于集成的基本分类器. Wang 等 [183] 提出一种基于熵和置信度的下采样集成方法 ECUBoost. ECUBoost 使用熵和置信度避免在下采样过程中重要样本的丢失. Yang 等 [184] 提出一种混合分类器集成方法. 该方法结合了基于密度的下采样和多目标优化方法.

关于更多的集成方法, 有兴趣的读者可参考文献 [185]. 该文献对分类不平衡数据的集成方法进行了全面综述.

5.2 SMOTEBoost 算法与 SMOTEBagging 算法

在第 1 章, 我们介绍了 Boosting 和 Bagging 两个集成学习算法. 它们是集成学习的基础算法, 其他的集成学习算法大都是在这两个算法的基础上提出的. 在第 3 章, 我们介绍了 SMOTE 算法. 它是非平衡学习中著名的合成上采样算法, 将 SMOTE 算法和 Boosting 及 Bagging 算法结合起来是一种很自然的想法. 最容易想到的结合方式是先用 SMOTE 算法对少数类样例进行上采样, 使数据集的非平衡率降低到一定程度, 然后用 Boosting 和 Bagging 算法进行集成学习. 这是一种松散的两阶段思想. 本节介绍的 SMOTEBoost 算法 [118] 和 SMOTEBagging 算法 [117] 都不采用这种松散的结合方式, 但它们的思想非常简单. SMOTEBoost 算法是在 Boosting 的每一轮迭代中用 SMOTE 算法对少数类样例进行上采样, 目的是使每个学习器 (分类器) 从更多的少数类样本中学习, 并为少数类学习更大的决策区域. SMOTEBoost 算法的伪代码如算法 5.1 所示.

算法 5.1: SMOTEBoost 算法

1　**输入:** 训练集 $D = \{(\boldsymbol{x}_i, y_i) | \boldsymbol{x}_i \in \mathbf{R}^d, y_i \in Y\}$, $Y = \{1, 2, \cdots, C\}$, $i = 1, 2, \cdots, n$,

　　$C_p(C_p < C)$ 表示一个少数类 (或正类), 迭代次数 T.

2　**输出:** 最终的分类器 h_{fn}.

3　令 $B = \{(i, y) | i = 1, 2, \cdots, n; y \neq y_i\}$;

4　初始化 $D_1(i) = \dfrac{1}{n}$;

5　**for** $(t = 1; t \leqslant T; t = t + 1)$ **do**

6　　使用 SMOTE 算法对少数类 C_p 进行上采样, 生成 m 个人工合成的少数类样例,
　　　以改变分布 D_t;

7　　使用改变后的分布 D_t 训练一个弱学习器 (分类器);

8　　计算弱假设 $h_t : \mathbf{R}^d \times Y \to [0, 1]$;

9　　用下面的公式计算弱假设 h_t 的伪损失, 即

$$\varepsilon_t = \sum_{(i,y) \in B} D_t(i, y)(1 - h_t(\boldsymbol{x}_i, y_i) + h_t(\boldsymbol{x}_i, y))$$

10　令 $\beta_t = \dfrac{\varepsilon_t}{1 - \varepsilon_t}$, $w_t = \dfrac{1}{2}(1 - h_t(\boldsymbol{x}_i, y) + h_t(\boldsymbol{x}_i, y_i))$;

11　用下面的公式更新分布 D_t, 即

$$D_{t+1}(i, y) = \beta_t^{w_t} \left(\frac{D_t(i, y)}{Z_t} \right)$$

12　输出最终的分类器, 即

$$h_{fn} = \underset{y \in Y}{\mathrm{argmax}} \sum_{t=1}^{T} \left(\log \frac{1}{\beta_t} \right) h_t(\boldsymbol{x}, y)$$

13　**end**

SMOTEBagging 算法的基本思想是在子集构造过程中用 SMOTE 算法人工合成少数类样例. 此外, SMOTEBagging 算法还考虑 SMOTE 算法中的两个参数, 即最近邻个数 k 和少数类的上采样数量 m. 对于存在多个少数类的情况，不同少数类包含的样例数之间也存在不平衡. 在用 SMOTE 算法对少数类进行上采样时, SMOTEBagging 算法考虑上采样后各少数类之间的相对分布, 而不是通过使用不同的 m 值独立地对每个少数类进行上抽样. SMOTE 算法使用一个百分比值 $b\%$ 控制每个少数类中新生成的样例数量. 其伪代码如算法 5.2 所示.

算法 5.2: SMOTEBagging 算法

1 **输入:** 训练集 $D = \{(\boldsymbol{x}_i, y_i) | \boldsymbol{x}_i \in \mathbf{R}^d, y_i \in Y\}$, $Y = \{1, 2, \cdots, C\}$, $i = 1, 2, \cdots, n$; 参数 K, 表示基本分类器的个数; 测试样例 $\boldsymbol{x}$.

2 **输出:** $\boldsymbol{x}$ 的集成分类结果 $y(\boldsymbol{x})$.

3 **for** $(k = 1; k \leqslant K; k = k + 1)$ **do**

4 　　// 构造子集 D_k, 它包含来自所有类相同数量的样例;

5 　　按替换率 100% 重新抽样第 C 类样例;

6 　　**for** $(c = 1; c \leqslant C - 1; c = c + 1)$ **do**

7 　　　　按替换率 $(n_C/n_i) \times b\%$ 从原始数据中重新抽样样例;

8 　　　　令 $n = (n_C/n_i) \times (1 - b\%) \times 100$;

9 　　　　调用算法 SMOTE(k, n) 生成新的样例;

10 　　**end**

11 　　用训练集 D_k 训练一个基本分类器;

12 　　变更百分比 $b\%$;

13 **end**

14 **for** $(k = 1; k \leqslant K; k = k + 1)$ **do**

15 　　用每一个分类器对测试样例 $\boldsymbol{x}$ 进行分类;

16 　　统计 $\boldsymbol{x}$ 的分类得票数, 返回得票最多的类 $y(\boldsymbol{x})$;

17 **end**

18 输出 $y(\boldsymbol{x})$.

5.3　基于改进 D2GAN 上采样和分类器融合的两类非平衡数据分类

第 3 章介绍了上采样算法 SMOTE 及其存在的不足. 本节介绍的算法是一种结合多样性上采样和分类器融合的两类非平衡数据分类算法 [186]. 其中, 多样性上采样是一种基于改进 D2GAN (dual discriminator generative adversarial net, 双鉴别器生成对抗网络) 的方法, 分类器融合是一种基于模糊积分的融合方法, 模糊积分可以很好地对基分类器之间的交互作用进行建模, 从而有效地增强分类算法的泛化能力. 与已有的基于生成对抗网络的方法不同, 本节介绍的算法 D2GANDO (D2GAN diversity oversampling, 多样性上采样 D2GAN) 的新颖之处在于, 在 D2GAN 中引入分类器, 以保证合成样本的多样性; 引入衡量生成样例的多样性和可分离性的评价指标 MMD 评分和轮廓系数评分. 这两个指标对非平衡数据分类算法的性能有重要影响.

5.3.1　基于改进 D2GAN 的上采样方法

GAN 生成对抗网络 [102] 是一种概率生成模型. D2GAN[187] 是 GAN 的一种

变体, 使用 GAN 或其变体生成人工正类样本来解决不平衡问题是一个自然的想法. 然而, 如果直接使用 D2GAN 学习正类样本的分布, 生成的样本缺乏多样性, 还容易造成正类样本和负类样本之间的重叠. 为此, 我们对 D2GAN 进行改进, 在 D2GAN 模型中引入分类器学习正类样本和负类样本之间的区别, 保证生成样本的类别正确性, 解决生成的正类样本和负类样本之间的重叠问题.

　　GAN 由生成器网络 G 和判别器网络 D 构成. G 的输入 z 是从一个已知分布 p_{noise} 抽样得到的, 其输出 x' 的分布记为 p_{gen}. D 的输入包括 G 生成的数据 x' 和真实数据 x, 其中 x 的分布 p_{data} 是未知的. D 的输出是一个后验概率, 描述数据是来自分布 p_{data} 和 p_{gen} 的概率. D2GAN 可以较好地解决 GAN 模式崩溃问题. D2GAN 有两个判别器, 一个用高分值奖励来自真实数据分布 p_{data} 的样本, 另一个偏爱来自生成器的数据, 生成器产生的数据用于愚弄两个判别器. 此外, D2GAN 将 KL 散度和反向 KL 散度组合到一个统一的目标函数中, 目的是使 D2GAN 生成的样品具有良好的多样性. 我们发现, D2GAN 生成的样本虽然具有较好的多样性, 但是类间的可分离性较差. 为此, 我们通过引入分类器 C 改进 D2GAN。改进 D2GAN 的结构如图 5.1 所示.

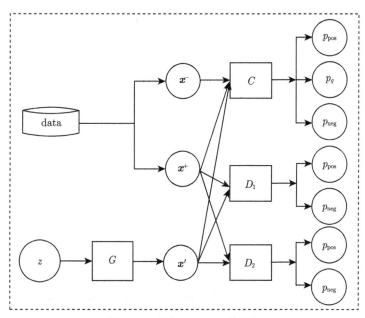

图 5.1　改进 D2GAN 的结构

　　从图 5.1 可以看出, 分类器 C 的输出是一个三维向量, 三个分量 p_{pos}、p_{neg} 和 p_g 分别表示分类样本分别来自正类、负类和生成的样本. 在对抗训练过程中, 我们希望生成器 G 生成的样本能成功愚弄分类器 C, 即当样本输入给分类器时, 我

们希望输出接近 p_{pos}. 分类器 C 不仅可以学习到样本的分布, 还可以学习到正类和负类之间良好的分类边界.

式 (5.1)~ 式 (5.3) 是改进 D2GAN 的目标函数, 即

$$
\begin{aligned}
\max_{D_1, D_2} L(D_1, D_2) = {} & \alpha \times E_{\boldsymbol{x} \sim p_{\text{pos}}}(\log D_1(\boldsymbol{x})) \\
& + E_{\boldsymbol{z} \sim p_{\boldsymbol{z}}}(-D_1(G(\boldsymbol{z}))) \\
& + E_{\boldsymbol{x} \sim p_{\text{pos}}}(-D_2(\boldsymbol{x})) \\
& + \beta \times E_{\boldsymbol{z} \sim p_{\boldsymbol{z}}}(\log D_2(G(\boldsymbol{z})))
\end{aligned}
\tag{5.1}
$$

$$
\max_C L(C) = J_1 + J_2 + J_3
\tag{5.2}
$$

$$
\max_G L(G) = L(D_1, D_2) - J_4
\tag{5.3}
$$

其中, $D_i(\cdot)(i = 1, 2)$ 表示分类器 D_i 的输出; E 为期望算子; α 和 β 为参数, $0 \leqslant \alpha, \beta \leqslant 1$; 目标函数中 $J_1 \sim J_4$ 为

$$
J_1 = E_{\boldsymbol{x} \sim p_{\text{neg}}} \log C_1(\boldsymbol{x}) + E_{\boldsymbol{x} \sim p_{\text{neg}}}(\log(1 - C_2(\boldsymbol{x}))) + E_{\boldsymbol{x} \sim p_{\text{neg}}}(\log(1 - C_3(\boldsymbol{x})))
$$

$$
J_2 = E_{\boldsymbol{x} \sim p_{\text{pos}}} \log C_2(\boldsymbol{x}) + E_{\boldsymbol{x} \sim p_{\text{pos}}}(\log(1 - C_1(\boldsymbol{x}))) + E_{\boldsymbol{x} \sim p_{\text{pos}}}(\log(1 - C_3(\boldsymbol{x})))
$$

$$
J_3 = E_{\boldsymbol{x} \sim p_g} \log C_3(\boldsymbol{x}) + E_{\boldsymbol{x} \sim p_g}(\log(1 - C_1(\boldsymbol{x}))) + E_{\boldsymbol{x} \sim p_g}(\log(1 - C_2(\boldsymbol{x})))
$$

$$
J_4 = E_{\boldsymbol{x} \sim p_g} \log C_2(\boldsymbol{x}) - E_{\boldsymbol{x} \sim p_g}(\log C_1(\boldsymbol{x})) - E_{\boldsymbol{x} \sim p_g}(\log C_3(\boldsymbol{x}))
$$

在获得两个最优判别器和一个最优分类器的前提下, 生成器的优化目标为

$$
\begin{aligned}
\min_G L(G) = {} & \alpha(\log \alpha - 1) + \beta(\log \beta - 1) + \alpha D_{\text{KL}}(p_{\text{pos}} \parallel p_g) \\
& + (\beta + 1) D_{\text{KL}}(p_g \parallel p_{\text{pos}}) - H(p_g, p_{\text{neg}})
\end{aligned}
\tag{5.4}
$$

其中, $D_{\text{KL}}(\cdot \parallel \cdot)$ 为两个分布之间的 KL 散度; $H(\cdot, \cdot)$ 为两个分布之间的交叉熵.

下面证明式 (5.4) 成立. 对 $L(D_1, D_2)$ 关于 D_1 和 D_2 求偏导数, 并令偏导数为零, 可得

$$
D_1^*(\boldsymbol{x}) = \frac{\alpha p_{\text{pos}}(\boldsymbol{x})}{p_g(\boldsymbol{x})}
$$

$$
D_2^*(\boldsymbol{x}) = \frac{\beta p_g(\boldsymbol{x})}{p_{\text{pos}}(\boldsymbol{x})}
$$

对 $L(C)$ 关于 C_1 的求偏导数, 并令偏导数为零, 可得

$$\frac{p_{\mathrm{neg}}}{C_1(\boldsymbol{x})} - \frac{p_{\mathrm{pos}}}{1 - C_1(\boldsymbol{x})} - \frac{p_g}{1 - C_1(\boldsymbol{x})} = 0$$

因此

$$C_1^*(\boldsymbol{x}) = \frac{p_{\mathrm{neg}}}{p_{\mathrm{neg}} + p_{\mathrm{pos}} + p_g}$$

类似地, 可得

$$C_2^*(\boldsymbol{x}) = \frac{p_{\mathrm{pos}}}{p_{\mathrm{neg}} + p_{\mathrm{pos}} + p_g}$$

$$C_3^*(\boldsymbol{x}) = \frac{p_g}{p_{\mathrm{neg}} + p_{\mathrm{pos}} + p_g}$$

将 D_1^*、D_2^*、$C_1^*(\boldsymbol{x})$、$C_2^*(\boldsymbol{x})$ 和 $C_3^*(\boldsymbol{x})$ 代入式 (5.3), 可得

$$L(G) = \alpha E_{\boldsymbol{x} \sim p_{\mathrm{pos}}} \left(\log \alpha + \log \frac{p_{\mathrm{pos}}(\boldsymbol{x})}{p_g(\boldsymbol{x})} \right) - \alpha \int_{\boldsymbol{x}} p_g(\boldsymbol{x}) \frac{p_{\mathrm{pos}}(\boldsymbol{x})}{p_g(\boldsymbol{x})} \mathrm{d}\boldsymbol{x}$$

$$- \beta \int_{\boldsymbol{x}} p_{\mathrm{pos}}(\boldsymbol{x}) \frac{p_g(\boldsymbol{x})}{p_{\mathrm{pos}}(\boldsymbol{x})} \mathrm{d}\boldsymbol{x} + \beta E_{\boldsymbol{x} \sim p_g} \left(\log \beta + \log \frac{p_g(\boldsymbol{x})}{p_{\mathrm{pos}}(\boldsymbol{x})} \right)$$

$$- \int_{\boldsymbol{x}} p_g(\boldsymbol{x}) \log \frac{p_{\mathrm{pos}}(\boldsymbol{x})}{p_g(\boldsymbol{x})} \mathrm{d}\boldsymbol{x} + \int_{\boldsymbol{x}} p_g(\boldsymbol{x}) \log(p_{\mathrm{neg}}(\boldsymbol{x})) \mathrm{d}\boldsymbol{x}$$

$$= \alpha(\log \alpha - 1) + \beta(\log \beta - 1) + \alpha D_{\mathrm{KL}}(p_{\mathrm{pos}} \parallel p_g)$$

$$+ (\beta + 1) D_{\mathrm{KL}}(p_g \parallel p_{\mathrm{pos}}) - H(p_g, p_{\mathrm{neg}})$$

由式 (5.4) 不难发现, 与 D2GAN 相比, 改进的 D2GAN 中 G 的优化目标增加了生成分布与负类分布之间的交叉熵损失. 在优化 G 的过程中, 模型引入负类样本的分布信息, 可以防止正类与负类样本之间的重叠. 因此, 改进的 D2GAN 模型既能通过双判别器保证生成样本的多样性, 又能捕获负类样本的分布信息, 避免生成样本与负类样本的重叠. 算法 5.3 给出了上采样算法 D2GANDO 的伪代码.

5.3.2　基于改进 D2GAN 上采样和分类器融合的两类非平衡数据分类

在改进 D2GAN 上采样方法的基础上, 我们提出一种基于模糊积分分类器融合的两类非平衡数据分类算法. 该算法包括以下两个阶段.

(1) 构造平衡训练集和训练基本分类器.

(2) 用模糊积分融合训练后的基本分类器.

算法 5.3: 上采样算法 D2GANDO

1 **输入:** 非平衡数据集 $S = S^+ \cup S^-$, 批次大小 m, 迭代次数 n, 训练次数 t.

2 **输出:** S_{up}^+.

3 用小随机数初始化生成器 G 的参数 $\boldsymbol{\theta}_g$, 判别器 D_1 的参数 $\boldsymbol{\theta}_{d_1}$, 判别器 D_2 的参数 $\boldsymbol{\theta}_{d_2}$ 和分类器 C 的参数 $\boldsymbol{\theta}_c$;

4 **for** $(i = 1; i \leqslant n; i = i + 1)$ **do**

5 　　**for** $(j = 1; j \leqslant t; j = j + 1)$ **do**

6 　　　　从噪声先验分布 $p_{\boldsymbol{z}}$ 抽样 m 个样本, 并输入生成器 G, 得到 m 个生成的样本 $\{\boldsymbol{x}_1^g, \boldsymbol{x}_2^g, \cdots, \boldsymbol{x}_m^g\}$;

7 　　　　从 S^+ 中抽样 m 个样本 $\{\boldsymbol{x}_1^+, \boldsymbol{x}_2^+, \cdots, \boldsymbol{x}_m^+\}$;

8 　　　　从 S^- 中抽样 m 个样本 $\{\boldsymbol{x}_1^-, \boldsymbol{x}_2^-, \cdots, \boldsymbol{x}_m^-\}$;

9 　　　　固定 $\boldsymbol{\theta}_g$、$\boldsymbol{\theta}_{d_1}$、$\boldsymbol{\theta}_{d_2}$, 用梯度上升算法更新 $\boldsymbol{\theta}_c$;

10 　　　　从噪声先验分布 $p_{\boldsymbol{z}}$ 抽样 m 个样本, 并输入生成器 G, 得到 m 个生成的样本 $\{\boldsymbol{x}_1^g, \boldsymbol{x}_2^g, \cdots, \boldsymbol{x}_m^g\}$;

11 　　　　固定 $\boldsymbol{\theta}_g$ 和 $\boldsymbol{\theta}_c$, 用梯度上升算法更新 $\boldsymbol{\theta}_{d_1}$ 和 $\boldsymbol{\theta}_{d_2}$;

12 　　　　从噪声先验分布 $p_{\boldsymbol{z}}$ 抽样 m 个样本, 并输入生成器 G, 得到 m 个生成的样本 $\{\boldsymbol{x}_1^g, \boldsymbol{x}_2^g, \cdots, \boldsymbol{x}_m^g\}$;

13 　　　　固定 $\boldsymbol{\theta}_{d_1}$、$\boldsymbol{\theta}_{d_2}$、$\boldsymbol{\theta}_c$, 用梯度上升算法更新 $\boldsymbol{\theta}_g$;

14 　　**end**

15 　　从噪声先验分布 $p_{\boldsymbol{z}}$ 抽样 m 个样本, 并输入生成器 G, 得到 m 个生成的样本; $S_g = \{\boldsymbol{x}_1^g, \boldsymbol{x}_2^g, \cdots, \boldsymbol{x}_m^g\}$;

16 　　$S_{\mathrm{up}}^+ = S_{\mathrm{up}}^+ \cup S_g$;

17 **end**

18 输出 S_{up}^+.

在第一个阶段, 我们按如下方式构造平衡训练集, 并训练基本分类器.

首先, 将负类数据集 S^- 划分为 l 个子集 $S_1^-, S_2^-, \cdots, S_l^-$, 其中 $l = \dfrac{|S^-|}{|S_{\mathrm{up}}^+|}$.

然后, 构建 l 个平衡的训练集 $S_i = S_i^- \cup S_{\mathrm{up}}^+, 1 \leqslant i \leqslant l$.

最后, 用 l 个平衡的训练集训练 l 个基本分类器 $C_1, C_2, \cdots, C_l$, 为下一阶段用模糊积分融合分类器做好准备.

从基本分类器的构造过程可以看出, 训练基本分类器的每一个平衡的训练集中都包含上采样后的正类数据子集. 显然, 用这样的训练集训练出来的基本分类器不可能是相互独立的, 基本分类器之间肯定存在交互作用. 交互作用可能是正交互的. 在这种情况下, 基本分类器之间相互促进. 集成正交互作用的基本分类器可以提高分类精度. 交互作用也可能是负交互的. 在这种情况下, 基本分类器之间相互抑制. 集成负交互作用的基本分类器可能降低分类精度. 模糊积分可以对基本分类器之间的交互作用很好地建模. 用模糊积分集成基本分类器可以最大限度地增强正交互的作用, 降低负交互作用, 而且是在集成过程中自动完成的, 不需要人为通过参数控制. 正是由于模糊积分具有这种好的特性, 我们才选择模糊积分作为集成基本分类器的工具. 1.7 节详细介绍了模糊积分的相关概念, 以及用模糊积分集成基本分类器的方法步骤. 这里直接给出基于模糊积分集成分类器的两类非平衡数据分类算法的伪代码, 如算法 5.4 所示.

算法 5.4: 基于模糊积分集成分类器的两类非平衡数据分类算法

1　**输入:** 非平衡数据集 $S = S^+ \cup S^-$, 测试样例 $\boldsymbol{x}$.

2　**输出:** 测试样例 $\boldsymbol{x}$ 的类别标签 j^*.

3　调用算法 5.3, 得到 S_{up}^+;

4　// 第一个阶段: 构造平衡训练集并训练基本分类器;

5　划分负类数据集 S^- 为 l 个子集 $S_1^-, S_2^-, \cdots, S_l^-$, 其中 $l = \dfrac{|S^-|}{|S_{\mathrm{up}}^+|}$;

6　**for** $(i = 1; i \leqslant l; i = i + 1)$ **do**

7　　构造平衡的训练集 $S_i = S_i^- \cup S_{\mathrm{up}}^+$;

8　　用平衡的训练集 S_i 训练基本分类器 C_i;

9　　对 C_i 的输出进行软最大化变换, 得到 $p_{i1}(\boldsymbol{x}), p_{i2}(\boldsymbol{x}), \cdots, p_{ik}(\boldsymbol{x})$;

10　**end**

11　// 第二个阶段: 用模糊积分集成基本分类器;

12　用 $g_i = \delta \dfrac{p_i}{\sum\limits_{j=1}^{l} p_j}$ 计算模糊密度 $g_i (1 \leqslant i \leqslant l)$;

13　// 其中, $\delta \in [0, 1]$, p_i 是分类器 C_i 在验证集的验证精度;

14　解方程 $\lambda + 1 = \prod\limits_{i=1}^{l} (1 + \lambda g_i)$, 计算参数 λ;

15　计算决策矩阵 $\mathrm{DM}(\boldsymbol{x}) = [\mu_{ij}(\boldsymbol{x})]_{l \times k}$;

16　// $\mu_{ij}(\boldsymbol{x}) \in [0, 1]$ 表示分类器 $C_i (1 \leqslant i \leqslant l)$ 将测试样例 $\boldsymbol{x}$ 分类到第 $j (1 \leqslant j \leqslant k)$ //类的隶属度;

17　**for** $(j = 1; j \leqslant k; j = j + 1)$ **do**

18　　对决策矩阵 $\mathrm{DM}(\boldsymbol{x})$ 的第 j 列按降序排序, 排序后的结果记为
　　　$(d_{i_1 j}, d_{i_2 j}, \cdots, d_{i_l j})$;

19　　令 $g(F_1) = g_{i_1}$;

20　　**for** $(t = 2; t \leqslant l; t = t + 1)$ **do**

21　　　$g(F_t) = g_{i_t} + g(F_{t-1}) + \lambda g_{i_t} g(F_{t-1})$;

22　　**end**

23　　$p_j(x) = \sum\limits_{t=2}^{l+1} (d_{i_{t-1} j}(x) - d_{i_t j}(x)) g(F_{t-1})$;

24　**end**

25　$p_{j^*}(\boldsymbol{x}) = \underset{1 \leqslant j \leqslant k}{\mathrm{argmax}} \{p_j(\boldsymbol{x})\}$;

26　输出 j^*.

5.3.3 算法实现及与其他算法的比较

我们用 Python 语言编程实现本节介绍的算法, 并与相关算法进行实验比较. 实验环境是 PyCharm Community Edition 2017.1.1 和 Keras. 在 8 个数据集上与 7 种代表性的算法进行实验比较. 这 7 种算法包括 4 种 SMOTE 相关的算法和 3 种 GAN 相关的算法. 4 种 SMOTE 相关的算法是 SMOTE[79]、B-SMOTE[103]、ADASYN[83]、K-SMOTE[104]. 3 种 GAN 相关的算法是 Vanilla-GAN[102]、AC-GAN[109]、MFC-GAN[110]. 8 个数据集包括 1 个人工数据集、4 个 KEEL 数据集 [188]、3 个肝脏数据集 [189], 其基本信息如表 5.1 所示. 实验比较的指标分别是 MMD 评分、轮廓系数评分、F 度量、G 均值和 AUC 面积. 实验环境是 Intel (R) Core (TM) i7-6600k CPU @ 3.10GHz, 16GB 内存, 64 位 MAC 操作系统.

表 5.1　实验使用的 8 个数据集的基本信息

数据集	属性数	样例数	非平衡率	备注
Gaussian	2	10000	100	1 个人工数据集
Blocks0	10	5472	8.79	
Segment0	19	2308	6.02	4 个 KEEL 数据集
Yeast1	8	1484	2.46	
Vowel0	13	988	9.98	
Liver1	5	12400	61	
Liver2	5	14000	13	3 个肝脏数据集
Liver3	5	13000	25	

表 5.1 中的人工数据集是一个二维两类数据集. 两类均服从高斯分布. 两个高斯分布的均值向量和协方差矩阵如表 5.2 所示. 在人工数据集上, 实验主要验证本节介绍的算法的可行性, 以及可视化生成样本的分布情况.

表 5.2　两个高斯分布的均值向量和协方差矩阵

i	μ_i	Σ_i
1	$(1.0, 1.0)^{\mathrm{T}}$	$\begin{bmatrix} 0.6 & -0.2 \\ -0.2 & 0.6 \end{bmatrix}$
2	$(2.5, 2.5)^{\mathrm{T}}$	$\begin{bmatrix} 0.2 & -0.1 \\ -0.1 & 0.2 \end{bmatrix}$

关于网络结构和参数设置, 在改进的 D2GAN 中, 生成器、两个判别器和分类器均采用单隐含层前馈神经网络, 并且两个判别器和分类器具有相同的网络结构, 即它们有相同的隐节点数, 用 #HNodes 表示, 生成器的隐节点数用 #HNodesG 表示. 噪声 z 的维数统一设置为 100. 迭代次数 n、训练次数 k、加权参数 λ, 以及每次上采样数 #O-sampling 这 4 个参数的设置如表 5.3 所示. 在第二阶段, 使用支持向量机、决策树和极限学习机作为集成的基本分类器, 验证本节介绍的算

法的优越性与基本分类器的选择无关. 对于支持向量机, 参数 C 设置为 1.0, 核函数采用高斯核函数, 其系数 γ 是特征维度的倒数. 对于决策树, 用 Gini 指数作为启发式, 树的深度没有约束. 对于极限学习机, 激活函数采用 Sigmoid 函数, 对于不同的数据集, 隐含层节点数 #HNodes 是不同的. 极限学习机隐含层节点设置如表 5.4 所示.

表 5.3　模型参数设置

数据集	#HNodesG	#HNodes	n	k	λ	#O-sampling
Gaussian	150	100	3	500	0.01	1970
Blocks0	250	100	5	500	0.01	460
Segment0	250	100	3	2000	0.01	330
Yeast1	250	150	5	500	0.01	100
Vowel0	250	100	5	500	0.01	80
Liver1	250	150	5	2000	0.10	2240
Liver2	250	150	5	2000	0.10	1600
Liver3	250	150	5	2000	0.10	2000

表 5.4　极限学习机隐含层节点设置

节点数	Gaussian	Blocks0	Segment0	Yeast1	Vowel0	Liver1	Liver2	Liver3
#HNodes	15	50	55	25	35	50	50	50

我们采用 5 折交叉验证的方法, 在 5 个评价指标上对 D2GANDO 算法与 7 种代表性方法进行比较, 并在人工数据集上对生成的样本进行可视化, 证明其有效性和优越性. MMD 评分和轮廓系数评分在 8 个数据集上的实验结果如表 5.5 和表 5.6 所示.

表 5.5　在 8 个数据集上 MMD 评分的实验比较

数据集	SMOTE	B-SMOTE	ADASYN	K-SMOTE	Vanilla-GAN	AC-GAN	MFC-GAN	D2GANDO
Gaussian	0.026	0.394	0.397	0.024	0.580	1.181	1.436	**1.646**
Blocks0	0.006	0.348	0.322	**2.441**	0.125	0.437	1.124	1.650
Segment0	0.012	1.179	0.624	0.406	0.408	1.371	1.495	**3.172**
Yeast1	0.011	0.040	0.023	0.285	0.067	0.653	0.805	**2.614**
Vowel0	0.042	0.425	0.206	0.038	0.398	1.139	1.217	**3.225**
Liver1	0.018	0.049	0.046	0.014	0.238	0.959	0.353	**3.512**
Liver2	0.004	0.056	0.049	0.003	0.203	0.391	0.033	**1.700**
Liver3	0.008	0.051	0.038	0.060	0.277	1.321	1.357	**2.631**

可以看出, D2GANDO 算法在 7 个数据集上的 MMD 得分大于 6 个相关方法的 MMD 得分. 在数据集 Blocks0 上, D2GANDO 算法的 MMD 得分低于其他算法. 总体而言, 算法 D2GANDO 生成的正类样本具有更好的多样性, 在人工数据集上生成的正类样本的可视化可以进一步证实这一结果, 如图 5.2 所示. 在图 5.2

表 5.6　在 8 个数据集上轮廓系数评分的实验比较

数据集	SMOTE	B-SMOTE	ADASYN	K-SMOTE	Vanilla-GAN	AC-GAN	MFC-GAN	D2GANDO
Gaussian	0.449	0.394	0.380	0.438	0.441	0.382	0.425	**0.566**
Blocks0	0.171	0.098	0.091	**0.520**	0.216	0.231	0.407	0.438
Segment0	0.186	0.229	0.214	0.218	0.080	0.439	0.233	**0.665**
Yeast1	0.051	0.042	0.042	0.133	0.066	0.391	0.360	**0.678**
Vowel0	0.094	0.254	0.106	0.038	0.124	0.556	0.471	**0.637**
Liver1	0.081	0.049	0.057	−0.130	−0.150	0.280	0.670	**0.728**
Liver2	0.069	0.049	0.042	−0.090	−0.080	0.233	0.151	**0.406**
Liver3	0.074	0.053	0.049	−0.120	−0.110	0.207	0.187	**0.470**

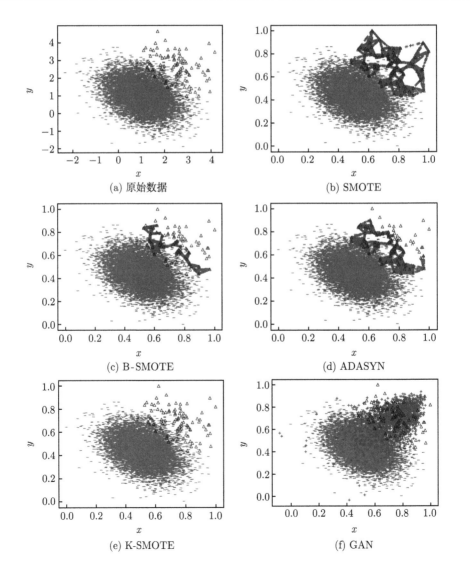

(a) 原始数据　(b) SMOTE
(c) B-SMOTE　(d) ADASYN
(e) K-SMOTE　(f) GAN

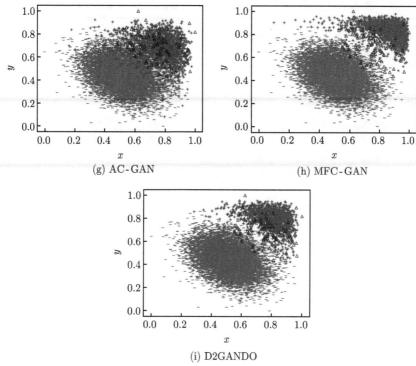

(g) AC-GAN　　　　　　　(h) MFC-GAN

(i) D2GANDO

图 5.2　在人工数据集上生成的正类样本的可视化

中, "−" 表示负类样本, "△" 表示正类样本, "+" 表示生成的正类样本. 可以看出,
算法 D2GANDO 生成的样本与 7 种比较算法生成的样本相比具有更好的多样性.
其中, 算法 K-SMOTE 是一个例外, 它不能在人工数据集上生成正类样本. 这是
由于算法 K-SMOTE 采用的上采样机制, 它首先使用 K-means 对人工数据集进
行聚类, 然后对每个聚类计算其非平衡率, 并选择非平衡率小于设定阈值的聚类.
在我们的实验中, 阈值设置为 2.0. 由于每个簇的非平衡率都大于 2.0, 因此没有进
行上采样. 虽然 MFC-GAN 具有较好的多样性, 但是其可分离性较差, 即生成的
正类样本与原始的负类样本有重叠.

众所周知, 生成的正类样本的多样性越好, 质量也越好. 生成的正类样本质量
好可以有效扩大正类样本的训练范围, 进而有效提高分类算法的性能. 这一点可
以通过三个分类性能指标 (F 度量、G 均值和 AUC 面积) 的实验结果得到证实.
以支持向量机作为分类器, F 度量、G 均值和 AUC 面积的实验结果如表 5.7~
表 5.9 所示. 以决策树作为分类器, F 度量、G 均值和 AUC 面积的实验结果如
表 5.10~表 5.12 所示. 以极限学习机作为分类器, F 度量、G 均值和 AUC 面积
的实验结果如表 5.13~表 5.15 所示.

表 5.7　支持向量机分类器在 8 个数据集上 F 度量的实验结果

数据集	SMOTE	B-SMOTE	ADASYN	K-SMOTE	Vanilla-GAN	AC-GAN	MFC-GAN	D2GANDO
Gaussian	0.34	0.33	0.26	0.14	0.61	0.62	0.68	**0.73**
Blocks0	0.65	0.56	0.56	0.64	0.63	0.54	0.60	**0.74**
Segment0	0.88	0.63	0.66	0.90	0.89	0.86	**0.96**	0.93
Yeast1	0.46	0.45	0.40	0.50	0.49	0.39	0.40	**0.57**
Vowel0	0.93	0.92	0.93	0.93	0.93	0.88	0.90	**0.94**
Liver1	**0.85**	0.05	0.05	0.05	0.59	0.63	0.71	0.76
Liver2	0.86	0.87	0.89	0.90	0.92	0.91	0.87	**0.96**
Liver3	0.86	0.86	0.78	**0.91**	0.81	0.76	0.82	0.88

表 5.8　支持向量机分类器在 8 个数据集上 G 均值的实验结果

数据集	SMOTE	B-SMOTE	ADASYN	K-SMOTE	Vanilla-GAN	AC-GAN	MFC-GAN	D2GANDO
Gaussian	0.45	0.46	0.34	0.54	0.69	0.69	0.70	**0.82**
Blocks0	0.72	0.63	0.63	0.73	0.70	0.63	0.69	**0.86**
Segment0	0.90	0.72	0.70	0.91	0.91	0.92	0.93	**0.94**
Yeast1	0.58	0.59	0.59	0.63	0.58	0.62	0.62	**0.66**
Vowel0	0.95	0.93	0.94	0.96	0.93	0.96	**0.97**	0.95
Liver1	0.85	0.67	0.16	0.00	0.70	0.84	0.75	**0.98**
Liver2	0.95	0.95	0.95	0.98	0.91	0.98	0.98	**0.99**
Liver3	0.93	0.95	0.89	0.97	0.91	0.90	0.95	**0.98**

表 5.9　支持向量机分类器在 8 个数据集上 AUC 面积的实验结果

数据集	SMOTE	B-SMOTE	ADASYN	K-SMOTE	Vanilla-GAN	AC-GAN	MFC-GAN	D2GANDO
Gaussian	0.60	0.61	0.56	0.27	0.74	0.67	0.70	**0.83**
Blocks0	0.76	0.70	0.70	0.85	0.74	0.82	0.84	**0.86**
Segment0	0.90	0.76	0.75	0.91	0.92	0.95	**0.96**	0.93
Yeast1	0.62	0.59	0.62	0.65	0.62	0.59	0.60	**0.68**
Vowel0	0.95	0.98	0.98	0.97	0.92	0.94	0.93	**0.99**
Liver1	**0.90**	0.67	0.67	0.50	0.58	0.77	0.76	0.81
Liver2	0.91	0.92	0.93	0.92	0.90	0.93	0.89	**0.94**
Liver3	**0.93**	0.91	0.89	0.90	0.91	0.84	0.86	**0.93**

表 5.10　决策树分类器在 8 个数据集上 F 度量的实验结果

数据集	SMOTE	B-SMOTE	ADASYN	K-SMOTE	Vanilla-GAN	AC-GAN	MFC-GAN	D2GANDO
Gaussian	0.37	0.28	0.26	0.17	0.64	0.65	0.66	**0.73**
Blocks0	0.58	0.46	0.52	0.61	0.64	0.57	0.63	**0.76**
Segment0	0.76	0.66	0.63	0.87	0.86	0.82	**0.94**	0.92
Yeast1	0.49	0.51	0.43	0.53	0.53	0.43	0.45	**0.58**
Vowel0	0.84	0.83	0.87	0.89	0.89	0.86	0.86	**0.93**
Liver1	**0.80**	0.23	0.12	0.09	0.64	0.66	0.72	0.74
Liver2	0.83	0.87	0.86	0.86	0.81	0.88	0.86	**0.96**
Liver3	0.88	0.85	0.80	0.88	0.83	0.85	0.81	**0.89**

表 5.11　决策树分类器在 8 个数据集上 G 均值的实验结果

数据集	SMOTE	B-SMOTE	ADASYN	K-SMOTE	Vanilla-GAN	AC-GAN	MFC-GAN	D2GANDO
Gaussian	0.43	0.45	0.34	0.53	0.67	0.69	0.68	**0.82**
Blocks0	0.72	0.67	0.64	0.73	0.72	0.62	0.69	**0.87**
Segment0	0.91	0.71	0.71	0.89	0.92	0.93	0.92	**0.96**
Yeast1	0.57	0.63	0.58	0.63	0.6	0.63	0.63	**0.66**
Vowel0	0.93	0.91	0.91	0.95	0.93	**0.96**	**0.96**	0.96
Liver1	0.84	0.67	0.24	0.01	0.71	0.84	0.77	**0.98**
Liver2	0.93	0.94	0.95	0.95	0.93	0.98	0.93	**0.99**
Liver3	0.93	0.94	0.91	0.95	0.93	0.93	0.95	**0.99**

表 5.12　决策树分类器在 8 个数据集上 AUC 面积的实验结果

数据集	SMOTE	B-SMOTE	ADASYN	K-SMOTE	Vanilla-GAN	AC-GAN	MFC-GAN	D2GANDO
Gaussian	0.6	0.59	0.56	0.27	0.71	0.68	0.71	**0.83**
Blocks0	0.75	0.64	0.7	0.83	0.71	0.81	0.83	**0.86**
Segment0	0.91	0.71	0.73	0.9	0.86	**0.95**	**0.95**	0.93
Yeast1	0.61	0.58	0.62	0.66	0.58	0.59	0.61	**0.69**
Vowel0	0.94	0.94	0.97	0.96	0.91	0.93	0.91	**0.99**
Liver1	**0.88**	0.63	0.69	0.53	0.57	0.77	0.75	0.82
Liver2	0.88	0.91	0.93	0.87	0.91	0.93	0.88	**0.94**
Liver3	0.88	0.91	0.92	0.87	0.91	0.88	0.86	**0.94**

表 5.13 极限学习机分类器在 8 个数据集上 F 度量的实验结果

数据集	SMOTE	B-SMOTE	ADASYN	K-SMOTE	Vanilla-GAN	AC-GAN	MFC-GAN	D2GANDO
Gaussian	0.34	0.35	0.26	0.16	0.62	0.62	0.72	**0.74**
Blocks0	0.66	0.57	0.55	0.64	0.72	0.53	0.62	**0.74**
Segment0	0.88	0.64	0.68	0.91	0.88	0.86	**0.96**	0.95
Yeast1	0.47	0.46	0.43	0.53	0.48	0.42	0.45	**0.58**
Vowel0	0.93	0.91	0.91	0.92	0.93	0.87	0.92	**0.95**
Liver1	**0.86**	0.14	0.07	0.05	0.59	0.67	0.73	0.77
Liver2	0.86	0.86	0.88	0.91	0.92	0.91	0.91	**0.96**
Liver3	0.86	0.86	0.86	0.88	0.82	0.75	0.86	**0.89**

表 5.14 极限学习机分类器在 8 个数据集上 G 均值的实验结果

数据集	SMOTE	B-SMOTE	ADASYN	K-SMOTE	Vanilla-GAN	AC-GAN	MFC-GAN	D2GANDO
Gaussian	0.46	0.45	0.36	0.55	0.73	0.71	0.71	**0.85**
Blocks0	0.73	0.63	0.64	0.74	0.72	0.62	0.69	**0.88**
Segment0	0.91	0.72	0.73	0.92	0.91	0.91	0.94	**0.96**
Yeast1	0.58	0.58	0.64	0.64	0.63	0.63	0.65	**0.67**
Vowel0	0.95	0.92	0.93	0.89	0.92	0.96	**0.99**	0.98
Liver1	0.86	0.67	0.18	0.02	0.72	0.88	0.75	**0.98**
Liver2	0.95	0.95	0.94	0.95	0.94	0.96	**0.99**	0.99
Liver3	0.94	0.96	0.91	0.94	0.94	0.96	0.96	**0.99**

表 5.15 极限学习机分类器在 8 个数据集上 AUC 面积的实验结果

数据集	SMOTE	B-SMOTE	ADASYN	K-SMOTE	Vanilla-GAN	AC-GAN	MFC-GAN	D2GANDO
Gaussian	0.62	0.63	0.57	0.31	0.73	0.67	0.68	**0.86**
Blocks0	0.76	0.72	0.71	0.81	0.74	0.83	0.81	**0.86**
Segment0	0.92	0.76	0.78	0.88	0.91	**0.96**	0.95	0.94
Yeast1	0.64	0.63	0.64	0.66	0.65	0.62	0.72	**0.79**
Vowel0	0.96	0.95	0.95	0.96	0.93	0.96	0.96	**0.99**
Liver1	0.87	0.67	0.68	0.52	0.60	0.77	0.79	**0.91**
Liver2	0.88	0.91	0.94	0.91	0.91	0.92	0.89	**0.94**
Liver3	0.89	0.91	0.89	0.90	0.91	0.83	0.88	**0.94**

从表 5.7 ~ 表 5.9 可以看出, 以支持向量机作为分类器, 在 F 度量、G 均值和 AUC 面积 3 个指标上, 算法 D2GANDO 在绝大多数数据集上都可以取得比其他方法好的效果. 从表 5.10 ~ 表 5.15 可以看出, 以决策树和极限学习机作为分类器, 在 F 度量、G 均值和 AUC 面积 3 个指标上实验结果是类似的. 总体而言, 算法 D2GANDO 在 5 个度量指标上均优于比较的 7 种算法. 我们认为原因如下.

(1) 算法 D2GANDO 采用 MMD 评分保证生成的正类样本具有良好的多样性. 良好的多样性可以有效扩展正类样本的训练域.

(2) 在 D2GAN 中引入分类器, 不仅可以学习样本的分布, 还可以学习正类和负类之间良好的分类边界. 此外, 轮廓系数评分可以很好地衡量生成的正类样本与负类样本的可分离性. MMD 评分与轮廓系数评分的结合可以进一步有效地提高生成正类样本的质量, 进而提高算法 D2GANDO 的整体性能.

(3) 由于基本分类器是在包含相同上采样正类样本集的平衡训练集上训练的, 不同基本分类器之间存在内在的交互作用, 交互作用可能是正交互的, 因此基本分类器之间相互促进. 此外, 交互作用也可能是负交互的, 在这种情况下, 基本分类器之间相互抑制. 模糊积分可以很好地建模基本分类器之间相互作用, 增强集成分类器的泛化性能.

5.4　基于 MapReduce 和极限学习机集成的
两类非平衡大数据分类

本节介绍的算法 [190] 用于两类非平衡大数据分类. 对于两类非平衡大数据, 大数据是指负类数据, 正类数据是中小型数据. 第 3 章介绍了大数据及流行的大数据处理框架 MapReduce. 众所周知, 大数据处理的通用策略是分而治之. 在本节介绍的算法中, 采用 MapReduce 自带的分治技术将负类大数据划分为若干子集, 部署到不同的计算节点, 在各个节点计算正类样例的 k 个异类近邻, 并进行上采样. 此外, 该算法采用交替采样方法来增强采样样例的多样性.

5.4.1　交替上采样方法

交替上采样方法的第一步是计算当前正类样例子集的最小包围球, 并在最小包围球球心 (当前正类样例的中心) 和每一个正类样例的直线上上采样正类样例点, 如图 5.3 所示. 对于任意的正类样例点 x^+, 在它与正类样例中心 x_{cen}^+ 的直线上进行上采样时按下式计算, 即

$$x_{\text{new}}^+ = x_{\text{cen}}^+ + \lambda \times (x^+ - x_{\text{cen}}^+) \tag{5.5}$$

其中, λ 为控制参数.

第二步, 对每一个正类样例点 x^+, 用 MapRedcue 在负类中寻找其 k 个近邻 $x_j^-(1 \leqslant j \leqslant k)$, 并在正类样例 x^+ 及其 k 个负类近邻 x_j 之间的直线上进行上采样, 如图 5.4 所示. 对于任意的正类样例点 x^+, 为了降低它与 k 个最近邻 x_j 直线上的采样点不是正类的风险, 我们在靠近正类样例 x^+ 一侧的二分之一直线段

上采样. 采样按下式计算, 即

$$x_{\mathrm{new}}^{+} = x^{+} + \frac{\lambda}{2} \times (x_{j}^{-} - x^{+}) \tag{5.6}$$

第二步上采样可有效扩大正类样例的训练域, 增强上采样正类样例的多样性. 上述两步交替重复 p 次可以完成上采样的过程, 其中 p 是用户定义的参数.

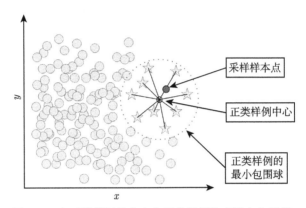

图 5.3   在正类样例的中心和正类样例的直线上上采样

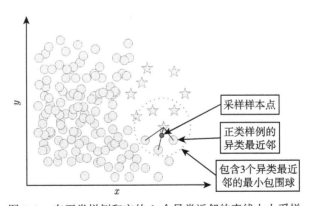

图 5.4   在正类样例和它的 k 个异类近邻的直线上上采样

5.4.2 基于交替上采样和集成学习的两类非平衡大数据分类

交替上采样结束后, 以上采样后的正类样例子集为基准, 随机地从负类数据中下采样相同大小的负类子集, 与正类样例子集构成一个平衡的训练集. 这样重复 l 次, 可以得到 l 个平衡的训练集. 然后, 用极限学习机训练 l 个基本分类器. 最后, 用多数投票法集成训练的 l 个基本分类器. 算法的伪代码如算法 5.5 所示.

算法 5.5: 基于交替上采样和集成学习的两类非平衡大数据分类算法

1 **输入:** 训练集 $T = T^+ \cup T^-$; 交替采样次数 p, 异类近邻个数 k; 基本分类器个数 l, 用户预定义的阈值参数 $\lambda(0 < \lambda \leqslant 0.5)$.

2 **输出:** 集成分类器系统.

3 **for** $(i = 1; i \leqslant p; i++)$ **do**

4 　　$\text{Sum} = 0$;

5 　　**for** $(s = 1; s \leqslant |T^+|; s++)$ **do**

6 　　　　$\text{Sum} = \text{Sum} + x_s$;

7 　　**end**

8 　　$c = \dfrac{1}{|T^+|}\text{Sum}$;

9 　　$A = \varnothing$;

10 　　**for** $(s = 1; s \leqslant |T^+|; s++)$ **do**

11 　　　　$c_s = \dfrac{1}{2}(c + x_s)$;

12 　　　　$A = A \cup \{c_s\}$;

13 　　**end**

14 　　$T^+ = T^+ \cup A$;

15 　　**for** $(s = 1; s \leqslant |T^+|; s++)$ **do**

16 　　　　寻找正类样例 x_s 的 k 个异类最近邻;

17 　　　　**for** $(t = 1; s \leqslant k; t++)$ **do**

18 　　　　　　$c_{\text{st}} = \dfrac{x_s + \lambda y_t}{1 + \lambda}$;

19 　　　　　　$T^+ = T^+ \cup \{c_{\text{st}}\}$;

20 　　　　**end**

21 　　**end**

22 **end**

23 **for** $(i = 1; i \leqslant l; i++)$ **do**

24 　　$Y_i = \varnothing$;

25 　　从 T^- 中随机下采样和 T^+ 相同大小的子集 S_i;

26 　　$Y_i = S_i \cup T^+$;

27 **end**

28 **for** $(i = 1; i \leqslant l; i++)$ **do**

29 　　用极限学习机算法在 Y_i 上训练基本分类器 SLFN_i;

30 **end**

31 用多数投票法集成 l 个训练的基本分类器.

算法 5.5 的计算开销主要来自第 15~21 步. 对于非平衡的大数据集, 在单机上没办法完成这一计算, 我们使用 MapReduce 机制来实现计算. 对应的 Map 函数和 Reduce 函数分别在算法 5.6 和算法 5.7 中给出. 其中, key 为正类样例的索引, value 为负类样例的索引、条件属性值和正类样例与负类样例之间的距离构成

的向量.

算法 5.6: Map 函数

1　**输入:** $(key, value)$.
2　**输出:** $(key, value, a[\ ])$.
3　**for** $(i = 1; i \leqslant |T^{+}|; i++)$ **do**
4　　　**for** $(j = 1; j \leqslant |T^{-}|; j++)$ **do**
5　　　　$d[i][j]$=distance$(\boldsymbol{x}_i, \boldsymbol{x}_j)$;
6　　　　对 $d[i]$ 按由小到大排序;
7　　　　// 获得 $d[i]$ 排序后的 k 个最小元素
8　　　　$a[\ ]$=Getnearest$(d[i], k)$;
9　　　**end**
10　**end**
11　输出 $(key, value, a[\ ])$.

算法 5.7: Reduce 函数

1　**输入:** $(key, value, a[\ ]))$.
2　**输出:** $(key, value)$.
3　**for** (每一个计算节点) **do**
4　　　**for** (Map 的每一个计算结果) **do**
5　　　　// 比较不同计算节点 Map 的计算结果, 得到 $a[\ ]$ 的 k 个最小元素
6　　　　$c[\ ]$=compare$(a[\ ])$;
7　　　**end**
8　**end**
9　输出 $(key, value)$.

5.4.3　算法实现及与其他算法的比较

我们在具有 5 个节点的大数据平台上用 MapReduce 实现算法, 并通过两个实验证明其有效性. 实验一评估算法在加速比和扩展比方面的可行性; 实验二通过与三种代表性的算法 SMOTE-Vote、SMOTE-Boost 和 SMOTE-Bagging 进行比较, 验证算法的有效性和效率. 大数据计算平台配置如表 5.16 所示. 计算平台节点配置如表 5.17 所示.

表 5.16　大数据计算平台配置

配置项	具体配置
Operating System	Ubuntu 13.04
Hadoop	Hadoop 0.20.2
JDK	JDK-7u71-linux-i586
Eclipse	Eclipse-java-luna-SR1-linux

表 5.17　计算平台节点配置

配置项	具体配置
CPU	Inter Xeon E5-4603 with two cores, 2.0GHz
Memory	8GB
Network Card	Broadcom 5720 QP 1Gb
Hard Disk	1TB

实验选择 7 个数据集, 包括 3 个小型数据集和 4 个大型数据集. 数据集 A (小数据集) 是由 UCI 数据集 Yeast 变换而来, 包含 10 个类别的 1484 个样例. 我们用第 5 类作为正类, 把其他 9 类放在一起作为负类. 因此, 正类样例数为 51, 负类样例数为 1433. 数据集 B (小数据集) 是由 UCI 数据集 Abalone 转换而来, 包含 29 个类的 4177 个样例. 我们用第 19 类作为正类, 其他 28 类放在一起作为负类. 这样, 正类样例数为 32, 负类样例数为 4145. 数据集 C (小数据集) 由 UCI 数据集 Shuttle 转换而来, 包含 12380 个样例. 转换后的数据集 C 包含 952 个正类样例和 11428 个负类样例. 数据集 D (大数据集) 由 UCI 数据集 Skin_segment 转换而来, 包含 117728 个样例. 转换后的数据集 D 包含 3679 个正类样例和 114039 个负类样例. 数据集 E (大数据集) 由 UCI 数据集 MiniBooNE 转换而来, 包含 201355 个样例. 转换后的数据集 E 包含 4800 个正类样例和 196555 个负类样例. 数据集 F (大数据集) 由 UCI 数据集 Cod_rna 转换而来, 包含 335910 个样例. 转换后的数据集 F 包含 7742 个正类样例和 328168 个负类样例. 数据集 G 为人工数据集, 包含 321341 个样例, 正类样例 150 个, 负类样例 321191 个. 表 5.18 列出了 7 个数据集的基本信息, 其中 #P-Instances 和 #N-Instances 分别表示正类样例数和负类样例数, #Attributes 表示属性数. 在实验中, 参数 k、p、l 的设置如表 5.19 所示.

表 5.18　实验使用的 7 个数据集的基本信息

数据集	#P-Instances	#N-Instances	#Attributes	非平衡率/%
A	51	1433	7	28.10
B	32	4145	8	129.53
C	952	11428	16	12.00
D	3679	114039	3	31.00
E	4800	196555	10	40.95
F	7742	328168	8	42.39
G	150	321191	4	2141.27

实验一的目的是验证算法的可行性, 评价标准是加速比和扩展比. 它们的定义为

$$\text{Speedup}(m) = \frac{t_1^{(1)}}{t_m^{(1)}} \tag{5.7}$$

$$\text{Scaleup}(m) = \frac{t_1{}^{(2)}}{t_m{}^{(2)}} \tag{5.8}$$

其中, $t_1{}^{(1)}$ 为一个节点上的计算时间; $t_m{}^{(1)}$ 为 m 节点上的计算时间; $t_1{}^{(2)}$ 为处理一个节点上的数据所需计算时间; $t_m{}^{(2)}$ 为处理 m 节点上 m 倍数据的计算时间.

表 5.19　三个参数 k、p、l 的设置

参数	数据集						
	A	B	C	D	E	F	G
k	2	2	1	1	1	4	3
p	1	2	1	2	1	1	3
l	5	3	3	3	3	5	3

　　加速比指的是衡量一个并行算法比串行算法快的程度. 为了衡量加速比, 我们将大数据平台的节点数从 1 个增加到 5 个, 并记录加速比值. 算法加速比实验结果如图 5.5 所示. 可以看出, 随着节点数量的增加, 算法加速效果也更好.

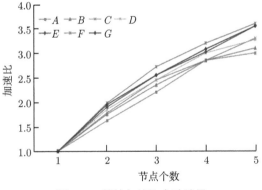

图 5.5　算法加速比实验结果

　　扩展比用于刻画并行算法的可扩展性, 特别是在大型数据集上. 在扩展比实验中, 增加节点个数, 并记录扩展比值. 算法扩展比实验结果如图 5.6 所示. 一般情况下, 并行算法的可扩展性随着节点数目的增加逐渐呈下降趋势. 本节介绍算法的可扩展性随着节点数量的增加而缓慢下降, 因此算法具有良好的可扩展性.

　　实验二通过与 3 个代表性的相关算法进行比较, 以说明本节介绍算法的有效性. 在这个实验中, 使用 5 折交叉验证方法评估算法的性能, 选择的 3 个比较算法是 SMOTE-Vote、SMOTE-Boost 和 SMOTE-Bagging. 我们用 G 均值作为评价算法性能的指标. 在 7 个数据集上与 SMOTE-Vote、SMOTE-Boost 和 SMOTE-Bagging 比较的实验结果如表 5.20 和图 5.7 所示. 实验结果表明, 本节介绍的算法性能优于其他三种算法.

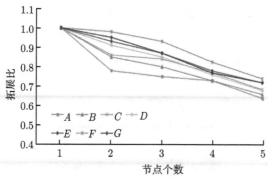

图 5.6　算法扩展比实验结果

表 5.20　与三种算法在 G 均值上的实验比较结果

算法	数据集						
	A	B	C	D	E	F	G
本节算法	0.8233	0.6560	0.9694	0.8566	0.9101	0.9174	0.9105
SMOTE-Vote	0.7827	0.6384	0.9450	0.8307	0.9030	0.8720	0.9117
SMOTE-Boost	0.7629	0.6255	0.9614	0.8323	0.9185	0.8743	0.9093
SMOTE-Bagging	0.8006	0.6535	0.9417	0.8526	0.9039	0.8966	0.9312

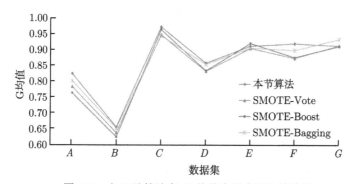

图 5.7　与三种算法在 G 均值上的实验比较结果

为了进一步验证算法的有效性, 在置信水平 0.05 下, 对 G 均值的实验结果用成对 T 检验进行统计分析. 首先, 对于每个数据集和每个算法, 运行 10 次 5 折交叉验证; 分别得到对应于 SMOTE-Vote、SMOTE-Boost、SMOTE-Bagging, 以及本节算法的 4 个统计量, 分别表示为 X_1、X_2、X_3、X_4 (记为 $X_i(i=1,2,3,4)$, 是一个 50 维向量). 然后, 通过计算 MATLAB 函数 ttest2(X_1, X_4)、ttest2(X_2, X_4) 和 ttest2(X_3, X_4) 的值 (分别记为 P_1、P_2 和 P_3), 对实验结果进行成对 T 检验. 从

表 5.21 可以看出, 从统计意义上可以确认本节算法优于 SMOTE-Vote、SMOTE-Boost 和 SMOTE-Bagging. 经计算, 该结论以 95% 的概率成立.

表 5.21 对 G 均值实验结果的统计分析

数据集	P_1	P_2	P_3
A	2.152×10^{-5}	1.555×10^{-4}	2.061×10^{-5}
B	1.981×10^{-4}	2.000×10^{-5}	2.143×10^{-5}
C	3.082×10^{-6}	2.971×10^{-5}	3.002×10^{-6}
D	2.649×10^{-5}	2.044×10^{-4}	1.985×10^{-4}
E	3.005×10^{-4}	3.129×10^{-5}	2.874×10^{-5}
F	1.677×10^{-6}	2.002×10^{-6}	2.101×10^{-6}
G	1.342×10^{-4}	1.782×10^{-4}	1.605×10^{-4}

5.5 基于异类最近邻超球上采样和集成学习的两类非平衡大数据分类

上一节介绍的两类非平衡大数据分类用交替采样扩充正类样例集合的规模, 用简单的多数投票法集成基本分类器. 本节介绍我们提出的另一种两类非平衡大数据分类算法. 该算法用异类最近邻超球进行上采样, 用模糊积分集成基本分类器. 下面首先介绍基于异类最近邻超球的上采样方法.

5.5.1 基于 MapReduce 和异类最近邻超球的上采样

令 $S = S^+ \cup S^-$ 是非平衡大数据集, S^+ 和 S^- 分别表示正类样例子集和负类样例子集, $|S^+| = n^+$, $|S^-| = n^-$, $n^+ \ll n^-$, 即正类样例子集和负类样例子集分别包含 n^+ 和 n^- 个样例, 且 n^+ 远远小于 n^-. 基于异类最近邻超球上采样的基本思想可以用图 5.8 刻画. 图中符号 "□" 表示负类样例, "△" 表示正类样例, "▲" 表示在 $\boldsymbol{x}^+$ 这一正类样例的异类最近邻圆 (高维空间中为超球) 内按均匀分布随机生成的正类样例, $\boldsymbol{x}^-$ 是它的异类最近邻. 对于每一个正类样例 $\boldsymbol{x} \in S^+$, 在其对应的异类最近邻圆 (或异类最近邻超球) 内按均匀分布随机生成 p 个正类样例, p 为用户自定义的参数.

因为 $n^+ \ll n^-$, 且 S 是一个大数据集, 这说明 S^- 是一个大数据集, 而 S^+ 是一个中小型数据集. 对于 $\forall \boldsymbol{x}^+ \in S^+$, 为了从大数据集 S^- 中高效找到它的异类最近邻, 算法采用 MapReduce 框架. MapReduce 提供了一种简单可行的并行编程模式, 使用 Map 和 Reduce 两个函数完成基本的并行计算任务. 对于给定的大数据问题, 用户只需要实现这两个函数, 而不用管很多系统底层细节. 在本节介绍的算法中, Map 和 Reduce 函数分别在算法 5.8 和算法 5.9 中给出.

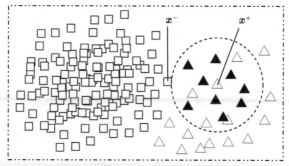

图 5.8　基于异类最近邻超球上采样的基本思想示意图

算法 5.8: 计算异类最近邻的 Map 函数

1　**输入:** $< k_1, v_1 >$
2　**输出:** $< k_2, v_2 >$
3　// 寻找正类样例 x_i 的异类（即负类）最近邻;
4　**for** $(i = 1; i < \text{PositiveSet.size}(); i = i + 1)$ **do**
5　　　**for** $(j = 1; j < \text{NegativeSet.size}(); j = j + 1)$ **do**
6　　　　　distance-EuclideanDistance(PositiveSet.size(i), NegativeSet.size(j));
7　　　　　**if** (distance $\leqslant$ minDistance) **then**
8　　　　　　minDistance=distance;
9　　　　　**end**
10　　**end**
11　**end**
12　// 在正类样例 x_i 的异类最近邻超球内进行上采样;
13　OverSampleSet.add(newSample);
14　// 输出上采样的正类样例;
15　**for** $(i = 1; i < \text{OverSampleSet.size}(); i = i + 1)$ **do**
16　　context.write(OverSampleSet.get(i),NullWritable.get());
17　**end**
18　输出 $< k_2, v_2 >$.

算法 5.9: 计算异类最近邻的 Reduce 函数

1　**输入:** $< k_2, v_2 >$
2　**输出:** $< k_3, v_3 >$
3　**for** (NullWritable $v2 : v2s$) **do**
4　　context.write(OverSample,NullWritable.get());
5　**end**
6　输出 $< k_3, v_3 >$.

经过随机上采样, 可以得到一个新的正类样例子集 S_{up}^+, 其大小为 $q = (1 + p)n^+$. 接下来, 构造 l 个平衡的训练集, 并用极限学习机算法训练 l 个基本分类器, 为集成学习做好准备. 这一过程如图 5.9 中虚线框部分所示. 图中 $S^- = S_1^- \cup S_2^- \cup \cdots \cup S_l^-$, l 由下式确定, 即

$$l = \frac{n^-}{q} = \frac{n^-}{(1+p)n^+} \tag{5.9}$$

参数 l 是平衡训练集的个数, 也是集成的基分类器的个数. 给定一个非平衡的两类大数据集, 由于 n^- 是一个常数, 从式 (5.9) 可以发现 l 实际上由 q 决定. 而 q 由 p 决定, p 是在异类最近邻超球中随机生成的正类样例数.

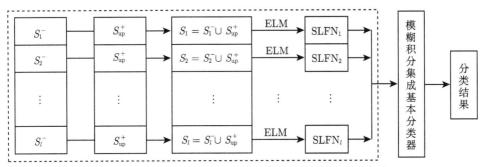

图 5.9   构造平衡训练集训练基本分类器的过程 (虚线部分)

5.5.2   基于异类最近邻超球上采样和模糊积分集成的两类非平衡大数据分类

前面章节已经介绍过用模糊积分集成分类器的方法和步骤. 这里直接给出集成算法, 如算法 5.10 所示.

5.5.3   算法实现及与其他算法的比较

我们用 MapReduce 实现提出的算法. 为方便描述, 本节算法用 MR-FI-ELM 表示. 在 MR-FI-ELM 算法中, 若将极限学习机算法替换为 BP 算法来训练基本分类器, 则对应的算法记为 MR-FI-BP (mapreduce fuzzy integral back propagation). 为了验证 MR-FI-ELM 的有效性, 在 6 个数据集上进行两个实验, 并对实验结果进行统计分析. 第一个实验与三种相关算法 SMOTE[79]、MR-V-ELM (mapreduce voting extreme learning machine)[190] 和 SMOTE-RF-BigData (SMOTE random forest bigdata)[191] 在 F 度量和 G 均值两项指标上进行比较. 第二个实验比较 MR-FI-ELM 和 MR-FI-BP 的运行时间. 所有实验均在 6 个数据集上进行, 其中包括 2 个人工非平衡大数据集、3 个 UCI 非平衡大数据集和 1 个真实世界数据集. 6 个数据集的基本信息如表 5.22 所示. 非平衡比率是正类实例数与负类实例数之间的比率.

算法 5.10: 基于模糊积分的两类非平衡大数据分类集成算法

1　**输入:** 两类非平衡大数据集 $D = S^+ \cup S^-$, 测试集 T, 基本分类器的个数 l, 上采样样
　　例数 p.

2　**输出:** 测试样例 $x \in T$ 的类标 j^*.

3　// 第一个阶段: 基于异类最近邻超球的上采样;

4　**for** $(i = 1; i \leqslant n^+; i = i + 1)$ **do**

5　　$\forall x_i^+ \in S^+$, 从 S^- 中用 MapReduce 寻找其异类最近邻 x_i^-;

6　　按均匀分布在 x_i^+ 的异类最近邻超球内随机生成 p 个正类样例;

7　**end**

8　// 第二个阶段: 构造平衡训练集训练基本分类器;

9　划分 S^- 为 l 个子集 $S_1^-, S_2^-, \cdots, S_l^-$;

10　**for** $(i = 1; i \leqslant l; i = i + 1)$ **do**

11　　构造 l 个平衡的训练集 $S_i = S_i^- \cup S_{\text{up}}^+$;

12　　用极限学习机算法训练基本分类器 SLFN_i, 并用软最大化函数将输出变换为后验
　　　概率分布 $(p_{i1}(x), p_{i2}(x), \cdots, p_{ik}(x))$;

13　**end**

14　// 第三个阶段: 用模糊积分集成训练的基本分类器;

15　计算模糊密度 $g_i(1 \leqslant i \leqslant l)$;

16　计算参数 λ;

17　**for** $(\forall x \in T)$ **do**

18　　计算决策矩阵 $\text{DM}(x)$;

19　　**for** $(j = 1; j \leqslant k; j = j + 1)$ **do**

20　　　对决策矩阵 $\text{DM}(x)$ 的第 j 列按降序排序, 得到 $(d_{i_1 j}, d_{i_2 j}, \cdots, d_{i_l j})$;

21　　　令 $g(A_1) = g_{i_1}$;

22　　　**for** $(t = 2; t \leqslant l; t = t + 1)$ **do**

23　　　　计算 $g(A_t) = g_{i_t} + g(A_{t-1}) + \lambda g_{i_t} g(A_{t-1})$;

24　　　**end**

25　　　计算 $p_j(x) = \sum\limits_{t=2}^{l+1} (d_{i_{t-1} j}(x) - d_{i_t j}(x)) g(A_{t-1})$;

26　　**end**

27　**end**

28　计算 $p_{j^*}(x) = \underset{1 \leqslant j \leqslant k}{\operatorname{argmax}} \{p_j(x)\}$;

29　输出 j^*.

第一个人工非平衡大数据集 (Artificial-1) 由式 (5.10) 生成, 即

$$f(x_1, x_2, \cdots, x_{10}) = \frac{x_1^2}{a_1^2} + \frac{x_2^2}{a_2^2} + \cdots + \frac{x_{10}^2}{a_{10}^2} \tag{5.10}$$

第二个人工非平衡大数据集 (Artificial-2) 是一个二维两类的数据集, 两类样

例都服从高斯分布 $p(x|\omega_i) \sim N(\mu_i, \mathbf{\Sigma}_i)$ $(i = 1, 2)$. 相应的均值向量和协方差矩阵如表 5.23 所示. 该数据集共包括 32156 个正类样例和 318348 个负类样例.

表 5.22   实验所用 6 个数据集的基本信息

数据集	样例数	属性数	非平衡率
Artificial-1	241335	10	0.11(10:90)
Artificial-2	321564	2	0.11(10:90)
Skin_segment	218704	3	0.11(10:90)
PokerHand	470120	10	0.11(10:90)
CoverType	232350	54	0.10(09:91)
Liver	13000	5	0.04(04:96)

表 5.23   两个高斯分布的均值向量和协方差矩阵

i	μ_i	$\mathbf{\Sigma}_i$
1	$(1.0, 1.0)^{\mathrm{T}}$	$\begin{bmatrix} 0.6 & -0.2 \\ -0.2 & 0.6 \end{bmatrix}$
2	$(2.5, 2.5)^{\mathrm{T}}$	$\begin{bmatrix} 0.2 & -0.1 \\ -0.1 & 0.2 \end{bmatrix}$

第一个 UCI 数据集由 Skin_segment 转换而来, 包括 21870 个正类样例和 196834 个负类样例. 第二个 UCI 数据集由 PokerHand 转换而来, 包括 47012 个正类样例和 423108 个负类样例. 第三个 UCI 数据集由 CoverType 转换而来, 包括 20911 个正类样例和 211439 个负类样例. 为了方便描述, 三个转换后的 UCI 数据集依然用 Skin_segment、PokerHand 和 CoverType 表示.

真实世界数据集是一个有两个非平衡类别的肝脏数据集, 包括 12500 个负类样例和 500 个正类样例. 在这个中等规模的数据集上进行实验有三个目的. 一是, 验证本节介绍的算法在中等规模的数据集上是否可行. 二是, 验证本节介绍的算法在极端不平衡数据集上是否可行. 三是, 验证其适用性, 即验证它是否能处理实际问题.

1. 实验 1: 与三个算法在 F 度量和 G 均值上的实验比较

实验在一个包含 5 个计算节点的大数据平台上进行. 大数据平台配置如表 5.24 所示. 计算节点配置如表 5.25 所示.

表 5.24   大数据平台配置

配置项	具体配置
Operating System	Ubuntu 13.04
Hadoop	Hadoop 0.20.2
JDK	JDK-7u71-linux-i586
Eclipse	Eclipse-java-luna-SR1-linux

表 5.25　　计算节点的配置

配置项	具体配置
CPU	Inter Xeon E5-4603, 2.0GHz
Memory	8GB
Network Card	Broadcom 5720 QP 1Gb
Hard Disk	1TB

从式 (5.9) 可以看出, 参数 p (即上采样样例数) 决定参数 l(基本分类器数), 而 l 对集成分类系统的性能有显著影响. 换句话说, 参数 p 对集成分类系统的性能有重要影响. 实验分析了参数 l 与 F 度量和 G 均值之间的关系, 结果如图 5.10 和图 5.11 所示. 从图 5.10 和图 5.11 可以发现, l 的合适值应该是 5 或 6. 在实验中, 设置参数 $l = 5$. 与 SMOTE、SMOTE+RF-BigData 和 MR-V-ELM 比较的 F 度量和 G 均值实验结果如表 5.26 和表 5.27 所示. 实验结果表明, 本节介绍的算法性能优于这三种算法. 原因包括以下两点.

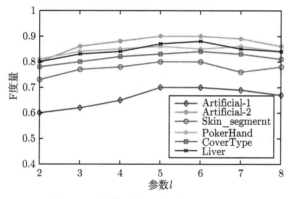

图 5.10　参数 l 与 F 度量之间的关系

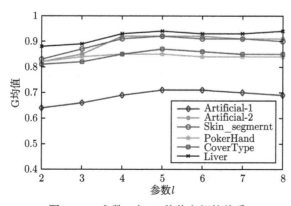

图 5.11　参数 l 与 G 均值之间的关系

表 5.26   与三种算法在 F 度量上的实验结果

数据集	MR-FI-ELM	SMOTE	SMOTE+RF-BigData	MR-V-ELM
Artificial-1	0.6985	0.6623	0.6744	0.6652
Artificial-2	0.9006	0.8559	0.8709	0.8708
Skin_segment	0.7864	0.6233	0.7510	0.7519
PokerHand	0.8562	0.8211	0.8361	0.8334
CoverType	0.8323	0.8310	0.8248	0.8106
Liver	0.8742	0.8210	0.8419	0.8527

表 5.27   与三种算法在 G 均值上的实验结果

数据集	MR-FI-ELM	SMOTE	SMOTE+RF-BigData	MR-V-ELM
Artificial-1	0.7062	0.6430	0.6918	0.6814
Artificial-2	0.9210	0.8860	0.8910	0.9097
Skin_segment	0.9201	0.8763	0.9009	0.8566
PokerHand	0.8531	0.7230	0.8291	0.8418
CoverType	0.8650	0.7764	0.8407	0.8315
Liver	0.9421	0.9060	0.9205	0.9206

(1) 模糊积分作为分类器融合的工具, 可以很好地建模基本分类器之间的交互作用.

(2) 上采样方法可以扩展正类样例的范围, 增强集成分类系统的分类能力.

此外, 从肝脏数据集上的实验结果可以发现, 本节介绍的算法不仅在非平衡大数据集上可行, 在中小型数据集上也可行; 这一算法在极端不平衡数据集上依然有效. 在肝脏数据集上的实验结果表明, 该算法可以有效地处理中等规模的现实任务.

2. 实验 2: 比较 MR-FI-ELM 和 MR-FI-BP 运行时间

算法 MR-FI-ELM 和 MR-FI-BP 是类似的, 唯一的区别是前者使用非迭代算法极限学习机训练基本分类器, 后者使用迭代算法 BP 训练基本分类器. 实验的目的是验证 MR-FI-ELM 比 MR-FI-BP 更有效. 在这个实验中, 主要比较两种算法在准确度 (F 度量和 G 均值) 处于同一水平的情况下, 在六个数据集上的运行时间. 如表 5.28 所示, 对于每个数据集, MR-FI-ELM 的运行时间都比 MR-FI-BP 要少得多. 换句话说, 从实验的角度来看, MR-FI-ELM 比 MR-FI-BP 效率更高的结论是正确的.

为了进一步验证本节算法的有效性, 将置信水平设置为 0.05, 对 F 度量和 G 均值的实验结果用成对 T-检验进行统计分析. 首先, 对于每个数据集和每个算法, 运行 10 折交叉验证 10 次, 得到 4 个统计量, 分别对应于 SMOTE、SMOTE+RF-BigData、MR-V-ELM 和 MR-FI-ELM, 用 X_1、X_2、X_3、X_4 表示. X_i 为 100 维的向量 $(i = 1, 2, 3, 4)$. 然后, 通过计算 MATLAB 函数 ttest2(X_i, X_4) 的值

$(i = 1, 2, 3)$, 对实验结果进行成对 T-检验. F 度量和 G 均值的统计分析结果如表 5.29 所示. 由此可知, MR-FI-ELM 在统计上优于 SMOTE、SMOTE+RF-BigData 和 MR-V-ELM.

表 5.28　算法 MR-FI-ELM 和 MR-FI-BP 在运行时间上的比较

数据集	MR-FI-ELM/s	MR-FI-BP/s
Artificial-1	72.50	184.29
Artificial-2	100.25	234.55
Skin_segment	119.32	285.14
PokerHand	80.31	199.00
CoverType	88.76	216.47
Liver	55.02	100.09

表 5.29　F 度量和 G 均值的统计分析结果

数据集	F 度量			G 均值		
	P_1	P_2	P_3	P_1	P_2	P_3
Artificial-1	1.846×10^{-6}	1.910×10^{-5}	2.781×10^{-3}	2.002×10^{-6}	1.155×10^{-4}	3.056×10^{-3}
Artificial-1	2.113×10^{-5}	1.515×10^{-4}	1.804×10^{-4}	2.109×10^{-5}	1.971×10^{-4}	2.159×10^{-4}
Skin_segment	2.777×10^{-6}	3.104×10^{-4}	1.999×10^{-4}	2.702×10^{-6}	2.616×10^{-5}	1.777×10^{-5}
PokerHand	1.999×10^{-5}	1.847×10^{-5}	3.006×10^{-5}	1.505×10^{-5}	1.874×10^{-4}	2.304×10^{-4}
CoverType	1.555×10^{-6}	2.089×10^{-4}	2.010×10^{-4}	1.664×10^{-5}	2.000×10^{-5}	1.405×10^{-4}
Liver	3.003×10^{-5}	2.508×10^{-5}	1.880×10^{-3}	1.874×10^{-5}	1.382×10^{-4}	2.507×10^{-3}

参 考 文 献

[1] 周志华. 机器学习. 北京: 清华大学出版社, 2016.

[2] Mitchell T M. 机器学习. 影印版. 北京: 机械工业出版社, 2003.

[3] Alpaydin E. Introduction to Machine Learning. Cambridge: MIT Press, 2004.

[4] Witten I H, Frank E, Hall M A. Data Mining: Practical Machine Learning Tools and Techniques. 3rd Ed. San Francisco: Morgan Kaufmann, 2014.

[5] Cover T, Hart P. Nearest neighbor pattern classification. IEEE Transactions on Information Theory, 1967, 13(1): 21-27.

[6] Zhai J H, Li N, Zhai M Y. The condensed fuzzy k-nearest neighbor rule based on sample fuzzy entropy//Proceedings of the 2011 International Conference on Machine Learning and Cybernetics, 2011: 282-286.

[7] Indyk P, Motwani R. Approximate nearest neighbors: Towards removing the curse of dimensionality//Proceedings of the 30th Annual ACM Symposium on Theory of Computing, 1998: 604-613.

[8] Slaney M, Casey M. Locality-sensitive Hashing for finding nearest neighbors. IEEE Signal Processing Magazine, 2008, 25(2): 128-131.

[9] Shakhnarovich G, Darrell T, Indyk P. Locality-Sensitive Hashing Using Stable Distributions. Cambridge: MIT Press, 2006.

[10] Datar M, Immorlica N, Indyk P, et al. Locality-sensitive hashing scheme based on p-stable distributions//Proceedings of Symposium on Computational Geometry, 2004: 253-262.

[11] Herranz J, Nin J, Sole M. KD-trees and the real disclosure risks of large statistical databases. Information Fusion, 2012, 13(4): 260-273.

[12] Liu S G, Wei Y W. Fast nearest neighbor searching based on improved VP-tree. Pattern Recognition Letters, 2015, (60-61): 8-15.

[13] Keller J M, Gray M R, Givens J A. A fuzzy k-nearest neighbor algorithm. IEEE Transactions on SMC, 1985, 15(4): 580-585.

[14] Quinlan J R. Induction of decision trees. Machine Learning, 1986, 1: 81-106.

[15] Fayyad U M, Irani K B. On the handling of continuous-valued attributes in decision tree generation. Machine Learning, 1992, 8: 87-102.

[16] Kumar S. 神经网络. 影印版. 北京: 清华大学出版社, 2006.

[17] Haykin S. 神经网络与机器学习. 3 版, 影印版. 北京: 机械工业出版社, 2009.

[18] Lecun Y, Bottou L, Bengio Y, et al. Gradient-based learning applied to document recognition. Proceedings of the IEEE, 1998, 86(11): 2278-2324.

[19] Gu J, Wang Z, Kuen J, et al. Recent advances in convolutional neural networks. Pattern Recognition, 2018, 77: 354-377.

[20] Krizhevsky A, Sutskever I, Hinton G E. ImageNet classification with deep convolutional neural networks//International Conference on Neural Information Processing Systems, 2012: 1097-1105.

[21] Szegedy C, Liu W, Jia Y, et al. Going deeper with convolutions//IEEE Conference on Computer Vision and Pattern Recognition 2015: 1-9.

[22] He K, Zhang X, Ren S, et al. Deep residual learning for image recognition//IEEE Conference on Computer Vision and Pattern Recognition 2016: 770-778.

[23] Dumoulin V, Visin F. A guide to convolution arithmetic for deep learning. https://arxiv.org/abs/1603.07285v2[2018-10-9].

[24] He K M, Zhang X Y, Ren S Q, et al. Delving deep into rectifiers: Surpassing human-level performance on ImageNet classification//IEEE International Conference on Computer Vision, 2015: 1026-1034.

[25] 邱锡鹏. 神经网络与深度学习. 北京: 机械工业出版社, 2020.

[26] Huang G B, Zhu Q Y, Siew C K. Extreme learning machine: A new learning scheme of feed forward neural networks//IEEE International Joint Conference on Neural Networks, 2004: 985-990.

[27] Huang G B, Zhu Q Y, Siew C K. Extreme learning machine: Theory and applications. Neurocomputing, 2006, 70(1-3): 489-501.

[28] Duan M X, Li K L, Liao X K, et al. A parallel multiclassification algorithm for big data using an extreme learning machine. IEEE Transactions on Neural Networks and Learning Systems, 2018, 29(6): 2337-2351.

[29] Vapnik V. The Nature of Statistical Learning Theory. New York: Springer, 1995.

[30] Cortes C, Vapnik V. Support-vector networks. Machine Learning, 1995, 20(3): 273-297.

[31] 邓乃扬, 田英杰. 数据挖掘中的新方法: 支持向量机. 北京: 科学出版社, 2004.

[32] 王宜举, 修乃华. 非线性最优化理论与方法. 北京: 科学出版社, 2012.

[33] 陈宝林. 最优化理论与算法. 2 版. 北京: 清华大学出版社, 2005.

[34] 黄平. 最优化理论与方法. 北京: 清华大学出版社, 2009.

[35] Schölkopf B, Smola A. Learning with Kernels. Cambridge: MIT Press, 2002.

[36] 张学工. 模式识别. 3 版. 北京: 清华大学出版社, 2010.

[37] 周志华. 集成学习: 基础与算法. 李楠, 译. 北京: 电子工业出版社, 2020.

[38] Dong X, Yu Z, Cao W, et al. A survey on ensemble learning. Frontiers of Computer Science, 2020, 14: 241-258.

[39] Opitz D, Maclin R. Popular ensemble methods: An empirical study. Journal of Artificial Intelligence Research, 1999, 11(1): 169-198.

[40] Kuncheva K I, Whitaker C J. Measures of diversity in classifier ensembles and their relationship with the ensemble accuracy. Machine Learning, 2003, 51: 181-207.

[41] Joseph J, Christophe G C. Diversity, accuracy and efficiency in ensemble learning: An unexpected result. Intelligent Data Analysis, 2019, 23(2): 297-311.

[42] Kuncheva L I. Combining classifiers: Soft computing solutions//Pal S K, Pal A. Pattern Recognition: From Classical to Modern Approaches. Singapore: World Scientific, 2001: 427-451.

[43] Breiman L. Bagging predictors. Machine Learning, 1996, 24: 123-140.

[44] Breiman L. Pasting small votes for classification in large databases and online. Machine Learning, 1996, 36: 85-103.

[45] Freund Y, Schapire R E. A decision-theoretic generalization of online learning and an application to boosting. Journal of Computer and System Sciences, 1997, 55(1): 119-139.

[46] Breiman L. Random forests. Machine Learning, 2001, 45: 5-32.

[47] Abdallah A C B, Frigui H, Gader P. Adaptive local fusion with fuzzy integrals. IEEE Transactions on Fuzzy Systems, 2012, 20(5): 849-864.

[48] 王熙照. 模糊测度和模糊积分及在分类技术中的应用. 北京: 科学出版社, 2008.

[49] Hanley J A, McNeil B J. The meaning and use of the area under a receiver operating characteristic (ROC) curve. Radiology, 1982, 143(1): 29-36.

[50] Fawcett T. An introduction to ROC analysis. Pattern Recognition Letters, 2006, 27: 861-874.

[51] Cortes C, Mohri M. AUC Optimization vs. error rate minimization//The 16 Neural Information Processing Systems, 2003: 313-320.

[52] Calders T, Jaroszewicz S. Efficient AUC optimization for classification//The Praetice of Knowledge Discoverg in Databases, 2007: 42-53.

[53] Gao W E, Wang L, Jin R, et al. One-pass AUC optimization. Artificial Intelligence, 2016, 236: 1-29.

[54] Yang Z, Xu Q, Bao S, et al. Learning with Multiclass AUC: Theory and algorithms. IEEE Transactions on Pattern Analysis and Machine Intelligence, 2022, 44(11): 7747-7763.

[55] Ren S, He K, Girshick R, et al. Faster R-CNN: Towards real-time object detection with region proposal networks. IEEE Transactions on Pattern Analysis and Machine Intelligence, 2017, 39(6): 1137-1149.

[56] Cui Y, Jia M, Lin T Y, et al. Class-balanced loss based on effective number of samples//IEEE/CVF Conference on Computer Vision and Pattern Recognition, 2019: 9260-9269.

[57] Aditya K M, Sadeep J, Ankit S R, et al. Long-tail learning via logit adjustment. https://arxiv.org/abs/2007.07314[2021-11-7].

[58] Ren J, Yu C, Ma X, et al. Balanced meta-softmax for long-tailed visual recognition. Advances in Neural Information Processing Systems, 2020: 4175-4186.

[59] Tan J, Wang C, Li B. et al. Equalization loss for long-tailed object recognition//IEEE/CVF Conference on Computer Vision and Pattern Recognition, 2020: 11659-11668.

[60] Fernando K R M, Tsokos C P. Dynamically weighted balanced loss: Class imbalanced learning and confidence calibration of deep neural networks. IEEE Transactions on Neural Networks and Learning Systems, 2022, 33(7): 2940-2951.

[61] Park S, Lim J, Jeon Y, et al. Influence-balanced loss for imbalanced visual classification//Proceedings of the IEEE/CVF International Conference on Computer Vision, 2021: 735-744.

[62] Cao K, Wei C, Gaidon A, et al. Learning imbalanced datasets with label-distribution-aware margin loss//The 33rd Conference on Neural Information Processing Systems, 2019: 1-12.

[63] Li M, Zhang X, Thrampoulidis C, et al. AutoBalance: Optimized loss functions for imbalanced data. https://arxiv.org/abs/2201.01212[2021-7-6].

[64] Lin T Y, Goyal P, Girshick R, et al. Focal loss for dense object detection. IEEE Transactions on Pattern Analysis and Machine Intelligence, 2020, 42(2): 318-327.

[65] Hadsell R, Chopra S, LeCun Y. Dimensionality reduction by learning an invariant mapping//IEEE Computer Society Conference on Computer Vision and Pattern Recognition, 2006: 1735-1742.

[66] Zhang X, Fang Z, Wen Y, et al. Range loss for deep face recognition with long-tailed training data//IEEE International Conference on Computer Vision, 2017: 5419-5428.

[67] Schroff F, Kalenichenko D, Philbin J. FaceNet: A unified embedding for face recognition and clustering//IEEE Conference on Computer Vision and Pattern Recognition, 2015: 815-823.

[68] Wang H, Wang Y, Zhou Z, et al. CosFace: Large margin cosine loss for deep face recognition//IEEE/CVF Conference on Computer Vision and Pattern Recognition, 2018: 5265-5274.

[69] Liu J, Sun Y, Han C, et al. Deep representation learning on long-tailed data: A learnable embedding augmentation perspective//IEEE/CVF Conference on Computer Vision and Pattern Recognition, 2020: 2967-2976.

[70] Deng J, Guo J, Xue N, et al. ArcFace: Additive angular margin loss for deep face recognition//IEEE/CVF Conference on Computer Vision and Pattern Recognition, 2019: 4685-4694.

[71] Wen Y, Zhang K, Li Z, et al. A discriminative feature learning approach for deep face recognition. https://doi.org/10.1007/978-3-319-46478-7_31[2016-9-25].

[72] Zhang Y, Kang B, Hooi B, et al. Deep long-tailed learning: A survey. https://arxiv.org/abs/2110.04596[2021-5-9].

[73] Geman S, Bienenstock E, Doursat R. Neural networks and the bias/variance dilemma. Neural Computation, 1992, 4(1): 1-58.

[74] Brown G, Wyatt J, Harris R, et al. Diversity creation methods: A survey and categorisation. Information Fusion, 2005, 6(1): 5-20.

[75] Cavalcanti G D C, Oliveira L S, Moura T J M, et al. Combining diversity measures for ensemble pruning. Pattern Recognition Letters, 2016, 74: 38-45.

[76] Sluban B, Lavrac N. Relating ensemble diversity and performance: A study in class noise detection. Neurocomputing, 2015, 160: 120-131.

[77] Tang E K, Suganthan P N, Yao X. An analysis of diversity measures. Machine Learning, 2006, 65: 247-271.

[78] Brown G, Kuncheva L I. "Good" and "Bad" diversity in majority vote ensembles. https://doi.org/10.1007/978-3-642-12127-2_13[2010-11-20].

[79] Chawla N V, Bowyer K W, Hall L O, et al. SMOTE: Synthetic minority oversampling technique. Journal Artificial Intelligence Research, 2002, 16: 321-357.

[80] Han H, Wang W Y, Mao B H. Borderline-SMOTE: A New Over-Sampling Method in Imbalanced Data Sets Learning. Berlin: Springer, 2005.

[81] Zhai J H, Qi J X, Shen C. Binary imbalanced data classification based on diversity oversampling by generative models. Information Sciences, 2022, 585: 313-343.

[82] Zhai J H, Wang M H, Zhang S F. Binary imbalanced big data classification based on fuzzy data reduction and classifier fusion. Soft Computing, 2022, 26(6): 2781-2792.

[83] He H B, Bai Y, Garcia E A, et al. ADASYN: Adaptive synthetic sampling approach for imbalanced learning//IEEE International Joint Conference on Neural Networks, 2008: 1322-1328.

[84] Douzas G, Bacao F. Geometric SMOTE a geometrically enhanced drop-in replacement for SMOTE. Information Sciences, 2019, 501: 118-135.

[85] Shin K, Han J, Kang S. MI-MOTE: Multiple imputation-based minority oversampling technique for imbalanced and incomplete data classification. Information Sciences, 2021, 575: 80-89.

[86] Kovács G. SMOTE-variants: A python implementation of 85 minority oversampling techniques. Neurocomputing, 2019, 366: 352-354.

[87] Fernández A, Garcá S, Hcrrcra F, et al. SMOTE for learning from imbalanced data: Progress and challenges, marking the 15-year anniversary. Journal of Artificial Intelligence Research, 2018, 61: 863-905.

[88] Maldonado S, Vairetti C, Fernandez A, et al. FW-SMOTE: A feature-weighted oversampling approach for imbalanced classification. Pattern Recognition,2022, 124: 108511.

[89] Chen B, Xia S, Chen Z, et al. RSMOTE: A self-adaptive robust SMOTE for imbalanced problems with label noise. Information Sciences, 2021, 553: 397-428.

[90] Li Y, Wang Y, Li T, et al. SP-SMOTE: A novel space partitioning based synthetic minority oversampling technique. Knowledge-Based Systems, 2021, 228: 107269.

[91] Yi X, Xu Y, Hu Q, et al. ASN-SMOTE: A synthetic minority oversampling method with adaptive qualified synthesizer selection. Complex & Intelligent Systems, 2022, 8: 2247-2272.

[92] Elreedy D, Atiya A F. A comprehensive analysis of synthetic minority oversampling technique (SMOTE) for handling class imbalance. Information Sciences, 2019, 505: 32-64.

[93] Bach M, Werner A, Palt M, et al. The proposal of undersampling method for learning from imbalanced datasets. Procedia Computer Science, 2019, 159: 125-134.

[94] Lin W C, Tsai C F, Hu Y H, et al. Clustering-based undersampling in class-imbalanced data. Information Sciences, 2017, 409-410: 17-26.

[95] Batista G, Prati R, Monard M. A study of the behavior of several methods for balancing machine learning training data. ACM SIGKDD Explorations Newsletter, 2004, 6(1): 20-29.

[96] Vuttipittayamongkol P, Elyan E. Neighbourhood-based undersampling approach for handling imbalanced and overlapped data. Information Sciences, 2020, 509: 47-70.

[97] García S, Herrera F. Evolutionary under-sampling for classification with imbalanced data sets: Proposals and taxonomy. Evolutionary Computation, 2009, 17(3): 275-306.

[98] Triguero I, Galar M, Vluymans S, et al. Evolutionary undersampling for imbalanced big data classification//IEEE Congress on Evolutionary Computation. 2015: 715-722.

[99] Triguero I, Galar M, Merino D, et al. Evolutionary undersampling for extremely imbalanced big data classification under Apache Spark//IEEE Congress on Evolutionary Computation, 2016: 640-647.

[100] Gretton A, Borgwardt K M, Rasch M, et al. A kernel method for the two-sample problem//Advances in Neural Information Processing Systems, 2006, 19: 1672-1679.

[101] Rousseeuw P J. Silhouettes: A graphical aid to the interpretation and validation of cluster analysis. Journal of Computational and Applied Mathematics,1987, 20: 53-65.

[102] Goodfellow I, Pouget-Abadie J, Mirza M, et al. Generative adversarial nets. Advances in Neural Information Processing Systems, 2014, 1: 2672-2680.

[103] Han H, Wang W Y, Mao B H. Borderline-SMOTE: A new oversampling method in imbalanced data sets learning//International Conference on Advances in Intelligent Computing, 2005: 878-887.

[104] Douzas K G, Bacao F, Last F. Improving imbalanced learning through a heuristic oversampling method based on k-means and SMOTE. Information Sciences, 2018, 465: 1-20.

[105] Siriseriwan W, Sinapiromsaran K. Adaptive neighbor synthetic minority oversampling technique under 1NN outcast handling. Songklanakarin Journal of Science and Technology, 2019, 39(5): 565-576.

[106] Koziarski M, Wozniak M. CCR: A combined cleaning and resampling algorithm for imbalanced data classification. International Journal of Applied Mathematics and Computer Science, 2017, 27: 727-736.

[107] Rivera W A. Noise reduction a priori synthetic over-sampling for class imbalanced data sets. Information Sciences, 2017, 408: 146-161.

[108] Douzas G, Bacao F. Self-organizing map oversampling (SOMO) for imbalanced data set learning. Expert Systems with Applications, 2017, 82: 40-52.

[109] Odena A, Olah C, Shlens J. Conditional image synthesis with auxiliary classifier GANs//Proceedings of the International Conference on Machine Learning, 2017, 70: 2642-2651.

[110] Ali-Gombe A, Elyan E. MFC-GAN: Class-imbalanced dataset classification using multiple fake class generative adversarial network. Neurocomputing, 2019, 361: 212-221.

[111] Wu X, Kumar V, Quinlan J R, et al. Top 10 algorithms in data mining. Knowledge Information System, 2008, 14(1): 1-37.

[112] 翟俊海, 张素芳. Hadoop/Spark 大数据机器学习. 北京: 科学出版社, 2021.

[113] Dunn J C. A fuzzy relative of the ISODATA process and its use in detecting compact well-separated clusters. Journal of Cybernetics, 1973, 3: 32-57.

[114] Pelleg D, Moore A. X-means: Extending K-means with efficient estimation of the number of clusters//Proceedings of the Seventeenth International Conference on Machine Learning, 2000: 1-8.

[115] 翟俊海. 数据约简-样例约简与属性约简. 北京: 科学出版社, 2015.

[116] Zhai J H, Qi J X, Zhang S F. An instance selection algorithm for fuzzy K-nearest neighbor. Journal of Intelligent & Fuzzy Systems, 2021, 40(1): 521-533.

[117] Wang S, Yao X. Diversity analysis on imbalanced data sets by using ensemble models//IEEE Symposium on Computational Intelligence and Data Mining, 2009: 324-331.

[118] Chawla N V, Lazarevic A, Hall L O, et al. SMOTEBoost: Improving prediction of the minority class in boosting//European Conference on Principles of Data Mining and Knowledge Discovery, 2003: 107-119.

[119] 翟俊海, 张明阳, 王陈希, 等. 基于 MapReduce 和上采样的两类非平衡大数据集成分类. 数据采集与处理, 2018, 33(3): 416-425.

[120] Dua D, Graff C. UCI machine learning repository. Irvine, CA: University of California, School of Information and Computer Science, 2019.

[121] 黄宜华, 苗凯翔. 深入理解大数据-大数据处理与编程实践. 北京: 机械工业出版社, 2014.

[122] 林子雨. 大数据-基础编程、实验和案例教程. 北京: 清华大学出版社, 2017.

[123] 林大贵. Hadoop+Spark 大数据巨量分析与机器学习整合开发实战. 北京: 清华大学出版社, 2017.

[124] Veropoulos K, Campbell C, Cristianini N. Controlling the sensitivity of support vector machines//Proceedings of the International Joint Conference on AI, 1999: 55-60.

[125] Sun Y, Kamel M S, Wong A K, et al. Cost-sensitive boosting for classification of imbalanced data. Pattern Recognition, 2007, 40(12): 3358-3378.

[126] Krawczyka B, Woźniaka M, Schaefer G. Cost-sensitive decision tree ensembles for effective imbalanced classification. Applied Soft Computing, 2014,14: 554-562.

[127] Cao P, Zhao D, Zaiane O. An optimized cost-sensitive SVM for imbalanced data learning//Pacific-Asia Conference on Knowledge Discovery and Data Mining, 2013: 280-292.

[128] López V, del Ró S, Benfez J M, et al. Cost-sensitive linguistic fuzzy rule based classification systems under the MapReduce framework for imbalanced big data. Fuzzy Sets and Systems, 2015, 258: 5-38.

[129] Castro C L, Braga A P. Novel cost-sensitive approach to improve the multilayer perceptron performance on imbalanced data. IEEE Transaction on Neural Networks and Learning Systems, 2013, 24(6): 888-899.

[130] Ramentol E, Vluymans S, Verbiest N, et al. IFROWANN: Imbalanced fuzzy-rough ordered weighted average nearest neighbor classification. IEEE Transactions on Fuzzy Systems, 2015, 23(5): 1622-1637.

[131] Lee W, Jun C H, Lee J S. Instance categorization by support vector machines to adjust weights in AdaBoost for imbalanced data classification. Information Sciences, 2017, 381: 92-103.

[132] Zong W W, Huang G B, Chen Y Q. Weighted extreme learning machine for imbalance learning. Neurocomputing, 2013, 101(3): 229-242.

[133] Fernández A, García, Prati M, et al. Learning from Imbalanced Data Sets. Cham: Springer, 2018.

[134] Goodfellow I, Bengio Y, Courville A. Deep Learning. Cambridge: MIT Press, 2017.

[135] Yang L, Jiang H, Song Q, et al. A survey on long-tailed visual recognition. International Journal of Computer Vision, 2022, 130(7): 1837-1872.

[136] Fu Y, Xiang L, Zahid Y, et al. Long-tailed visual recognition with deep models: A methodological survey and evaluation. Neurocomputing, 2022, 509: 290-309.

[137] Liu Z, Miao Z, Zhan X, et al. Large-scale long-tailed recognition in an open world//IEEE/CVF Conference on Computer Vision and Pattern Recognition, 2019: 2532-2541.

[138] Zhang M, Li T, Zhu R, et al. Conditional wasserstein generative adversarial network-gradient penalty-based approach to alleviating imbalanced data classification. Information Sciences, 2020, 512: 1009-1023.

[139] Zhou B, Cui Q, Wei X S, et al. BBN: Bilateral-branch network with cumulative learning for long-tailed visual recognition//IEEE/CVF Conference on Computer Vision and Pattern Recognition, 2020: 9716-9725.

[140] Kang B, Xie S, Rohrbach M, et al. Decoupling representation and classifier for long-tailed recognition. https://arxiv.org/abs/1910.09217[2020-2-19].

[141] Li M, Cheung Y M, Hu Z. Key point sensitive loss for long-tailed visual recognition. IEEE Transactions on Pattern Analysis and Machine Intelligence, 2023, 45(4): 4812-4825.

[142] Cui J, Liu S, Tian Z, et al. ResLT: Residual learning for long-tailed recognition. IEEE Transactions on Pattern Analysis and Machine Intelligence, 2023, 45(3): 3695-3706.

[143] Li J, Tan Z, Wan J, et al. Nested collaborative learning for long-tailed visual recognition//IEEE/CVF Conference on Computer Vision and Pattern Recognition, 2022: 6939-6948.

[144] Xiang L, Ding G, Han J. Learning from multiple experts: self-paced knowledge distillation for long-tailed classification. Lecture Notes in Computer Science, 2020, 12350: 247-263.

[145] Wang L, Zhang X, Qi X, et al. Deep attention-based imbalanced image classification. IEEE Transactions on Neural Networks and Learning Systems, 2022, 33(8): 3320-3330.

[146] Huang C, Li Y, Loy C C, et al. Deep imbalanced learning for face recognition and attribute prediction. IEEE Transactions on Pattern Analysis and Machine Intelligence, 2020, 42(11): 2781-2794.

[147] Hou R, Chen J, Feng Y, et al. Contrastive-weighted self-supervised model for long-tailed data classification with vision transformer augmented. Mechanical Systems and Signal Processing, 2022, 177: 109174.

[148] Zhu J, Wang Z, Chen J, et al. Balanced contrastive learning for long-tailed visual recognition//IEEE/CVF Conference on Computer Vision and Pattern Recognition, 2022: 6898-6907.

[149] Wang P, Han K, Wei X S, et al. Contrastive learning based hybrid networks for long-tailed image classification//IEEE/CVF Conference on Computer Vision and Pattern Recognition, 2021: 943-952.

[150] Li Z, Zhao H, Lin Y. Multi-task convolutional neural network with coarse-to-fine knowledge transfer for long-tailed classification. Information Sciences, 2022, 608: 900-916.

[151] Cui Y, Song Y, Sun C, et al. Large scale fine-grained categorization and domain-specific transfer learning//IEEE/CVF Conference on Computer Vision and Pattern Recognition, 2018: 4109-4118.

[152] Kim J, Jeong J, Shin J. M2M: Imbalanced classification via major-to-minor translation//IEEE/CVF Conference on Computer Vision and Pattern Recognition, 2020: 13893-13902.

[153] Kang N, Chang H, Ma B, et al. A comprehensive framework for long-tailed learning via pretraining and normalization. IEEE Transactions on Neural Networks and Learning Systems, 2022, 10: 319-336.

[154] Ma Y, Kan M, Shan S, et al. Learning deep face representation with long-tail data: An aggregate-and-disperse approach. Pattern Recognition Letters, 2020, 133: 48-54.

[155] Lango M, Stefanowski J. What makes multi-class imbalanced problems difficult? An experimental study. Expert Systems with Applications, 2022, 199: 116962.

[156] Ferri C, Flach P A, Hernández-Orallo J. Learning decision trees using the area under the ROC curve//Proceedings of the Nineteenth International Conference on Machine Learning, 2002: 139-146.

[157] Narasimhan H, Agarwal S. Support vector algorithms for optimizing the partial area under the ROC curve. Neural Computation, 2017, 29(7): 1919-1963.

[158] Huang C, Li Y N, Loy C C, et al. Learning deep representation for imbalanced classification//IEEE Conference on Computer Vision and Pattern Recognition, 2016: 5375-5384.

[159] Le-Khac P H, Healy G, Smeaton A F. Contrastive representation learning: A framework and review. IEEE Access, 2020, 8: 193907-193934.

[160] Liu X, Zhang F, Hou Z, et al. Self-supervised learning: Generative or contrastive. IEEE Transactions on Knowledge and Data Engineering, 2023, 35(1): 857-876.

[161] Wang F, Liu H. Understanding the behaviour of contrastive loss//IEEE/CVF Conference on Computer Vision and Pattern Recognition, 2021: 2495-2504.

[162] Jing L, Tian Y. Self-supervised visual feature learning with deep neural networks: A survey. IEEE Transactions on Pattern Analysis and Machine Intelligence, 2021, 43(11): 4037-4058.

[163] Li T, Cao P, Yuan Y, et al. Targeted supervised contrastive learning for long-tailed recognition//IEEE/CVF Conference on Computer Vision and Pattern Recognition, 2022: 6908-6918.

[164] Wang T, Isola P. Understanding contrastive representation learning through alignment and uniformity on the hypersphere//International Conference on Machine Learning, 2020: 9929-9939.

[165] Niu S, Liu Y, Wang J, et al. A decade survey of transfer learning (2010-2020). IEEE Transactions on Artificial Intelligence, 2020, 1(2): 151-166.

[166] Zhuang F, Qi Z, Duan K, et al. A comprehensive survey on transfer learning. Proceedings of the IEEE, 2021, 109(1): 43-76.

[167] Wang X, Jing L, Lyu Y, et al. Deep generative mixture model for robust imbalance classification. IEEE Transactions on Pattern Analysis and Machine Intelligence, 2023, 45(3): 2897-2912.

[168] Wang Y, Ramanan D, Hebert M. Learning to model the tail//Proceedings of the 31st International Conference on Neural Information Processing Systems, 2017: 7032-7042.

[169] Yin X, Yu X, Sohn K, et al. Feature transfer learning for face recognition with underrepresented data//Proceedings of the IEEE Conference on Computer Vision and Pattern Recognition, 2019: 5704-5713.

[170] Gao H, Shou Z, Zareian A, et al. Low-shot learning via covariance preserving adversarial augmentation networks//Advances in Neural Information Processing Systems, 2018: 975-985.

[171] Sarah P, Pedro M, Steven M, et al. Long-tail recognition via compositional knowledge transfer//Proceedings of the IEEE Conference on Computer Vision and Pattern Recognition, 2022: 6939-6948.

[172] Chen Z, Lin T, Xia X, et al. A synthetic neighborhood generation based ensemble learning for the imbalanced data classification. Applied Intelligence, 2018, 48: 2441-2457.

[173] Lim P, Goh C K, Tan K C. Evolutionary cluster-based synthetic oversampling ensemble (ECO-Ensemble) for imbalance learning. IEEE Transactions on Cybernetics, 2017, 47(9): 2850-2861.

[174] Ren F L, Cao P, Li W, et al. Ensemble based adaptive over-sampling method for imbalanced data learning in computer aided detection of microaneurysm. Computerized Medical Imaging and Graphics, 2017, 55: 54-67.

[175] Li Q, Li G, Niu W, et al. Boosting imbalanced data learning with Wiener process oversampling. Frontiers of Computer Science, 2017, 11: 836-851.

[176] Abdi L, Hashemi S. To combat multi-class imbalanced problems by means of oversampling and boosting techniques. Soft Computing, 2015, 19: 3369-3385.

[177] Huang Y, Jin Y, Li Y, et al. Towards imbalanced image classification: A generative adversarial network ensemble learning method. IEEE Access, 2020, 8: 88399-88409.

[178] Liu X Y, Wu J X, Zhou Z H. Exploratory undersampling for class-imbalance learning. IEEE Transactions on Systems, Man, And Cybernetics-Part B: Cybernetics,2009, 39(2): 539-550.

[179] Seiffert C, Khoshgoftaar T M, Hulse J V, et al. RUSBoost: A hybrid approach to alleviating class imbalance. IEEE Transactions on Systems, Man, and Cybernetics-Part A: Systems and Humans, 2010, 40(1): 185-197.

[180] Galar M, Fernández A, Barrenechea E, et al. EUSBoost: Enhancing ensembles for highly imbalanced data-sets by evolutionary undersampling. Pattern Recognition, 2013, 46: 3460-3471.

[181] Sun Z, Song Q, Zhu X, et al. A novel ensemble method for classifying imbalanced data. Pattern Recognition, 2015, 48(5): 1623-1637.

[182] Chen D, Wang X J, Zhou C J, et al. The distance-based balancing ensemble method for data with a high imbalance ratio. IEEE Access, 2019, 7: 68940-68956.

[183] Wang Z, Cao C, Zhu Y. Entropy and confidence-based undersampling boosting random forests for imbalanced problems. IEEE Transactions on Neural Networks and Learning Systems, 2020, 31(12): 5178-5191.

[184] Yang K, Yu Z, Wen X, et al. Hybrid classifier ensemble for imbalanced data. IEEE Transactions on Neural Networks and Learning Systems, 2020, 31(4): 1387-1400.

[185] Galar M, Fernández A, Barrenechea E, et al. A review on ensembles for the class imbalance problem: Bagging-, boosting-, and hybrid-based approaches. IEEE Transactions on Systems, Man, and Cybernetics-Part C: Applications and Reviews, 2012, 42(4): 463-484.

[186] Zhai J H, Qi J X, Zhang S F. Binary imbalanced data classification based on modified D2GAN oversampling and classifier fusion. IEEE Access, 2020, 8: 169456-169469.

[187] Nguyen T, Le Y, Vu H, et al. Dual discriminator generative adversarial nets. Advances in Neural Information Processing Systems, 2017: 2670-2680.

[188] Alcalá-Fdez J, Fernandez A, Luengo J, et al. KEEL data-mining software tool: Data set repository, integration of algorithms and experimental analysis framework. Journal of Multiple-Valued Logic and Soft Computing, 2011, 17(2-3): 255-287.

[189] Zhai J H, Zhang S F, Zhang M Y, et al. Fuzzy integral-based ELM ensemble for imbalanced big data classification. Soft Computing, 2018, 22(11): 3519-3531.

[190] Zhai J H, Zhang S F, Wang C X. The classification of imbalanced large data sets based on MapReduce and ensemble of ELM classifiers. International Journal of Machine Learning and Cybernetics, 2017, 8(3): 1009-1017.

[191] Río S D, López V, Benítez J M, et al. On the use of MapReduce for imbalanced big data using random forest. Information Sciences, 2014, 285: 112-137.